编委会

主 编

俞汉青

编 委

（以姓氏拼音排序）

陈洁洁　刘　畅　刘武军

刘贤伟　卢　姝　吕振婷

裴丹妮　盛国平　孙　敏

汪雯岚　王楚亚　王龙飞

王维康　王允坤　徐　娟

俞汉青　虞盛松　院士杰

翟林峰　张爱勇　张　锋

"十四五"国家重点出版物出版规划重大工程

有机污染物降解中的新型铋基纳米材料可见光催化研究

Novel Visible-Light-Driven Bismuth-Based Nanomaterials
for the Photocatalytic Degradation
of Organic Pollutants

王楚亚 著

中国科学技术大学出版社

内容简介

铋基半导体纳米材料是一类理想的光催化剂,然而,可见光利用率低、污染物矿化率不高和稳定性差这三大缺陷严重限制了其在水污染控制领域的实际应用。本书针对上述三大问题,以有机污染物高效降解为目标,从材料的晶体结构与能带结构出发,设计了物相调控、形貌设计、元素掺杂、晶格缺陷引入、固溶体构筑、异质结构筑等多种带隙调控、载流子分离效率增强和稳定性提升策略,通过对材料理化性质的表征和光催化机理的解析,论证了这些改性策略的合理性与有效性。这些改性后的铋基纳米材料光催化性能显著提升,实现了典型难降解有机污染物(如双酚 A、四环素、罗丹明 B 等)的高效降解和豆制品加工废水、酿酒废水等实际工业废水的有效处理。此外,基于材料的晶体结构、半导体性质与催化性能之间的构效关系,明确了不同改性策略背后的增效机制,从而为铋基纳米材料的设计提供了科学依据,也为铋基光催化剂在水污染控制领域拓展了应用前景。

图书在版编目(CIP)数据

有机污染物降解中的新型铋基纳米材料可见光催化研究/王楚亚著.—合肥:中国科学技术大学出版社,2022.3

(污染控制理论与应用前沿丛书/俞汉青主编)

国家出版基金项目

"十四五"国家重点出版物出版规划重大工程

ISBN 978-7-312-05398-6

Ⅰ.有… Ⅱ.王… Ⅲ.有机污染物—有机物降解—研究 Ⅳ.X703

中国版本图书馆 CIP 数据核字(2022)第 031190 号

有机污染物降解中的新型铋基纳米材料可见光催化研究
YOUJI WURANWU JIANGJIE ZHONG DE XINXING BI JI NAMI CAILIAO KEJIANGUANG CUIHUA YANJIU

出版	中国科学技术大学出版社
	安徽省合肥市金寨路 96 号,230026
	http://www.press.ustc.edu.cn
	https://zgkxjsdxcbs.tmall.com
印刷	安徽联众印刷有限公司
发行	中国科学技术大学出版社
开本	787 mm×1092 mm 1/16
印张	17.75
字数	336 千
版次	2022 年 3 月第 1 版
印次	2022 年 3 月第 1 次印刷
定价	108.00 元

总 序

建设生态文明是关系人民福祉、关乎民族未来的长远大计,在党的十八大以来被提升到突出的战略地位。2017年10月,党的十九大报告明确提出"污染防治"是生态文明建设的重要战略部署,是我国决胜全面建成小康社会的三大攻坚战之一。2018年,国务院政府工作报告进一步强调要打好"污染防治攻坚战",确保生态环境质量总体改善。这都显示出党和国家推动我国生态环境保护水平同全面建成小康社会目标相适应的决心。

当前,我国环境污染状况有所缓解,但总体形势仍然严峻,已严重制约了我国经济社会的持续健康发展。发展以资源回收利用为导向的污染控制新理论与新技术,是进一步推动污染物高效、低成本、稳定去除的发展方向,已成为国家重大战略需求和国际重要学术前沿。

为了配合国家对生态文明建设、"污染防治攻坚战"的一系列重大布局,抢占污染控制领域国际学术前沿制高点,加快传播与普及生态环境污染控制的前沿科学研究成果,促进相关领域人才培养,推动科技进步及成果转化,我们组织一批来自多个"双一流"大学、活跃在我国环境科学与工程前沿领域、有影响力的科学家共同撰写"污染控制理论与应用前沿丛书"。

本丛书是作者团队承担的国家重大重点科研项目(国家重大科技专项、国家863计划、国家自然科学基金)和获得的重大科技成果奖励(2014年国家自然科学奖二等奖、2020年国家科学技术进步奖二等奖)的系统总结,是作者团队攻读博士学位期间取得的重要的前沿学术成果(全国百篇优秀博士论文、中科院优秀博士论文等)的系统凝练,是一套系统反映污染控制基础科学理论与前沿高新技术研究成果的系列图书。本丛书围绕我国环境领域的污染物生化控制、转化机理、无害化处置、资源回收利用等亟须解决的一些重大科学问题与技术问题,将物理学、化学、生物学、材料学等学科的最新理论成果以及前沿高新技术应用到污染控制过程中,总结了我国目前在污染控制领域(特别是废水和固废领域)的重要研究进展,探索、建立并发展了常温空气阴极燃料电池技术、纳米材料技术、新兴生物电化学系统、新型膜生物反应器、水体污染物的化学及生物转化,以及固体废弃物污染控制与清洁转化等方面的前沿理论与技术,形成了具有广阔应用前景的新理论和新方法,为污染控制与治理提供了理论基础和科学依据。

"污染控制理论与应用前沿丛书"是服务国家重大战略需求、推动生态文明建设、打赢"污染防治攻坚战"的一套丛书。其出版将有利于促进最前沿的科研成果得到及时的传播和应用,有利于促进污染治理人才和高水平创新团队的培养,有利于推动我国环境污染控制和治理相关领域的发展和国际竞争力的提升;同时为环境污染控制与治理实践提供新思路、新技术、新材料,也可以为政府环境决策、强化环境管理、履行国际环境公约等提供科学依据和技术支撑,在保障生态环境安全、实施生态文明建设、打赢"污染防治攻坚战"中起到不可替代的作用。

编委会

2021 年 10 月

前言

随着水环境中有机污染物种类和数量日益增多,人类赖以生存的清洁水资源受到了严重的威胁,需要高效的污染物降解技术以满足水环境保护的国家重大需求。光催化技术能够实现污染物的降解与完全矿化,反应速度快,成本低,条件温和且不产生二次污染。但目前最普遍使用的二氧化钛光催化剂由于带隙较宽,只能利用有限的紫外光激发光生载流子,且量子效率偏低,极大地限制了其实际应用。而铋基半导体纳米材料由于其 Bi 6s 和 O 2p 的轨道杂化,提高了价带的位置,减小了禁带宽度,具有可见光响应,因而引起了环境污染控制领域的广泛关注。但是,铋基催化剂存在着可见光利用率低、污染物矿化率不高和稳定性差三大缺陷。因此,本书针对这三大问题,从物相调控、形貌设计、元素掺杂、晶格缺陷引入、异质结构筑等多种光生载流子分离效率增强和稳定性提升策略对铋基光催化剂进行了改性和优化,实现了典型难降解有机污染物(如双酚 A、四环素、罗丹明 B 等)的高效降解和豆制品加工废水、酿酒废水等实际工业废水的有效处理,并通过对材料理化性质的表征和光催化机理的解析,证实了这些方法的合理性与可行性,从而为铋基光催化剂应用于水处理提供了新的思路和科学依据。

针对部分铋基光催化剂缺乏可见光响应的问题,以层状 $[Bi_2O_2]^{2+}$ 和 $[Cl_2]^{2-}$ 结构交替排列的宽带隙氯氧化铋(BiOCl)为研究对象,在水-乙二醇混合溶剂热体系中,通过调节醇水比和诱导金属离子的类型实现了 BiOCl 单晶纳米材料的尺寸与形貌调控;阐明了 BiOCl 单晶纳米盘的生长机制:初始阶段快速成核,随后生长为平板状纳米晶体,最后经过奥氏熟化形成二维的纳米盘结构。在此基础上,通过控制混合溶剂热体系原料的投料比或加入 NaOH 削弱卤素层以实现 BiOCl 的富氧化处理,制备出 $Bi_{12}O_{15}Cl_6$ 纳米片和 $Bi_{12}O_{17}Cl_2$ 纳米带。与 BiOCl 相比,这两种不同形貌富氧化产物的能带结构发生了改变,导带底位置向价带顶方向偏移,禁带宽度大幅度减小，产生了强烈的可见光响应，并实现了可见光驱动的典型环境内分泌干扰素——双酚 A 的高效降解。

考虑到三种卤氧化铋材料 BiOCl、BiOBr 和 BiOI 具有相似的晶体结构，均以层状 $[Bi_2O_2]^{2+}$ 和 $[X_2]^{2-}$（X = Cl、Br 或 I）结构交替排列而成，卤素层中的阴离子可以被其他阴离子取代，从而形成三种 BiOX 材料之间的固溶体。在水-乙二醇混合溶剂热体系中，同时加入 Cl 和 Br 或者 Br 和 I 两种阴离子，即可得到 $BiOCl_xBr_{1-x}$ 和 $BiOBr_xI_{1-x}$ 两种固溶体，且 x 的数值可通过改变两种阴离子的投料比实现连续调控。固溶体的禁带宽度也随 x 数值的变化而变化，$BiOCl_xBr_{1-x}$ 和 $BiOBr_xI_{1-x}$ 两种固溶体的禁带宽度均随着 x 从 1 到 0 的渐变而逐渐减小，从而实现禁带宽度从 BiOCl 到 BiOBr 再到 BiOI 之间的连续调控。由此方法所制备的一系列固溶体材料，表现出了良好的可见光催化活性，实现了典型有机染料罗丹明 B 在可见光下的高效降解。

为进一步提高铋基光催化剂可见光利用率，通过元素掺杂引入中间能级减小带隙，合成了 Co 掺杂的 BiOCl 纳米片，能带结构分析表明，在 BiOCl 带隙之中成功引入了 Co 掺杂能级，辅助激发并有效分离光生电子，强化了催化剂可见光催化活性。此外，Co 的引入没有改变 BiOCl 主晶的物相，其层状晶体结构得以保留，层间电场对载流子的诱导效应仍能发挥作用，且 Co 元素的引入进一步优化了 BiOCl 的电化学性质，促进了光生载流子的分离输运效率。另外，在水热过程中引入硫脲作为硫源制备了 S 掺杂 BiOBr 纳米片，S 取代了部分晶格氧。与 Co 掺杂 BiOCl 不同的是，S 掺杂 BiOBr 并未引入掺杂能级，而是直接减小了材料的本征带隙，同样有效提升了材料的可见光催化活性。因此，Co 掺杂 BiOCl 和 S 掺杂 BiOBr 均表现出更高的可见光催化活性，实现了可见光驱动的双酚 A 高效矿化降解。

为有效提升铋基光催化剂的矿化效率，采取了增强光生空穴氧化性的策略，使其能够直接氧化水分子而产生 ·OH。通过调控溴氧化铋（BiOBr）的能带结构，制得了具有更强氧化性的 $Bi_{24}O_{31}Br_{10}$ 纳米带，其价带顶势能超过 $OH^-/·OH$

的反应势垒,因此光生空穴能够直接氧化水分子而产生·OH,反应过程中自由基浓度大幅提高,从而使催化剂的矿化效率显著提升,实现了对双酚A的快速降解矿化。在被应用于豆制品加工废水和酿酒废水等实际工业废水的处理试验中,该催化剂具有很高的污染物降解效率,展示了良好的应用前景。

为进一步强化催化剂降解效率和矿化能力,一方面,通过形貌调控合成了厚度可控的$Bi_{24}O_{31}Br_{10}$纳米片,发现随着厚度的降低,纳米片表面与浅晶格中的氧空位比例不断提升,这些晶格缺陷起到电子阱的作用,可有效捕获光生电子,显著提升载流子分离效率,从而大幅提升可见光下对四环素的降解效果;另一方面,将$Bi_{24}O_{31}Br_{10}$与氧化锌(ZnO)耦合得到$ZnO/Bi_{24}O_{31}Br_{10}$异质结,通过异质结界面诱导效应彻底分离光生电子与空穴到两个物相中,有效抑制两者的复合,显著提升了光催化过程中活性氧自由基的产率,确定了自由基氧化机制在催化降解过程中占据主导地位,从而实现了双酚A的高效开环矿化降解。

针对卤氧化铋晶体中卤素层仅靠范德华力结合,在水相反应过程中容易发生离子溶出和置换,从而导致催化剂失活的问题,将具有高活性的碘氧化铋(BiOI)与具有高稳定性的钨酸铋(Bi_2WO_6)进行耦合形成优势互补,通过元素掺杂合成了碘掺杂Bi_2WO_6。一方面,碘的引入提升了Bi_2WO_6的可见光利用率和载流子分离效率;另一方面,Bi_2WO_6晶体结构的稳定性得以保留,所得材料不仅表现出良好的可见光催化活性,同时还具有更高的循环稳定性和抗S^{2-}干扰的能力,在水污染控制领域具有广阔的应用前景。

因此,铋基光催化剂在经过针对性的改性和修饰后,能够有效利用可见光降解水中的有机污染物,且具有良好的矿化效率和稳定性,展现了在水处理领域的美好应用前景。

目 录

总序 —— i

前言 —— iii

第 1 章
绪论 —— 001

1.1 引言 —— 003

1.2 铋基光催化剂 —— 006

1.3 铋基光催化剂研究进展 —— 009

1.4 铋基光催化剂存在的问题及改性策略 —— 012

第 2 章
{001} 晶面高暴露的 BiOCl 单晶纳米盘的制备 —— 037

2.1 引言 —— 039

2.2 2D BiOCl-Y001 纳米盘的制备 —— 040

2.3 BiOCl 单晶纳米盘的微观结构 —— 040

2.4 BiOCl 纳米盘的形成机理及因素 —— 043

2.5 BiOCl 纳米盘的光吸收特性与 BET 表面积 —— 048

2.6 BiOCl 纳米盘的光催化活性 —— 049

第 3 章
富氧化 $Bi_{12}O_{15}Cl_6$ 纳米片可见光催化降解双酚 A —— 057

3.1 引言 —— 059

3.2 $Bi_{12}O_{15}Cl_6$ 纳米片的制备方法 —— 060

3.3 $Bi_{12}O_{15}Cl_6$ 纳米片的微观结构 —— 060

3.4 $Bi_{12}O_{15}Cl_6$ 纳米片的能带结构 —— 064

3.5 $Bi_{12}O_{15}Cl_6$ 纳米片光催化降解双酚 A —— 065

第 4 章

一维 $Bi_{12}O_{17}Cl_2$ 纳米带的合成及光催化性能 —— 077

4.1 引言 —— 079

4.2 $Bi_{12}O_{17}Cl_2$ 纳米带的制备方法 —— 080

4.3 $Bi_{12}O_{17}Cl_2$ 纳米带的微观结构 —— 081

4.4 $Bi_{12}O_{17}Cl_2$ 纳米带光催化降解双酚 A —— 083

4.5 催化剂改性增效机制 —— 087

第 5 章

厚度可调的 $Bi_{24}O_{31}Br_{10}$ 纳米片降解四环素 —— 095

5.1 引言 —— 097

5.2 $Bi_{24}O_{31}Br_{10}$ 纳米片的厚度调控 —— 098

5.3 $Bi_{24}O_{31}Br_{10}$ 纳米片的微观结构 —— 099

5.4 $Bi_{24}O_{31}Br_{10}$ 纳米片的光、电性质 —— 105

5.5 $Bi_{24}O_{31}Br_{10}$ 纳米片光催化降解四环素 —— 108

第 6 章

能带结构优化的 $Bi_{24}O_{31}Br_{10}$ 纳米带及其矿化率提升 —— 119

6.1 引言 —— 121

6.2 $Bi_{24}O_{31}Br_{10}$ 纳米带的制备 —— 122

6.3 $Bi_{24}O_{31}Br_{10}$ 纳米带的微观结构 —— 123

6.4 $Bi_{24}O_{31}Br_{10}$ 纳米带的光催化性能 —— 127

6.5 催化剂改性的增效机制 —— 132

第 7 章

$ZnO/Bi_{24}O_{31}Br_{10}$ 异质结强化载流子分离 —— 145

7.1 引言 —— 147

7.2 $ZnO/Bi_{24}O_{31}Br_{10}$ 异质结的制备 —— 148

7.3 ZnO/$Bi_{24}O_{31}Br_{10}$ 异质结的微观结构 —— 149

7.4 ZnO/$Bi_{24}O_{31}Br_{10}$ 异质结的光、电性质 —— 153

7.5 ZnO/$Bi_{24}O_{31}Br_{10}$ 异质结光催化降解双酚 A —— 156

第 8 章
$BiOCl_xBr_{1-x}$ 固溶体的制备与能带调控 —— 167

8.1 引言 —— 169

8.2 $BiOCl_xBr_{1-x}$ 固溶体的制备 —— 170

8.3 $BiOCl_xBr_{1-x}$ 固溶体的微观结构 —— 171

8.4 $BiOCl_xBr_{1-x}$ 的紫外可见漫反射光谱和能带结构 —— 177

8.5 $BiOCl_xBr_{1-x}$ 纳米片光催化降解罗丹明 B —— 179

第 9 章
$BiOBr_xI_{1-x}$ 固溶体的制备与能带调控 —— 185

9.1 引言 —— 187

9.2 $BiOBr_xI_{1-x}$ 固溶体的制备 —— 188

9.3 $BiOBr_xI_{1-x}$ 纳米片固溶体的微观表征 —— 189

9.4 $BiOBr_xI_{1-x}$ 的能带结构 —— 193

9.5 $BiOBr_xI_{1-x}$ 纳米片光催化降解罗丹明 B —— 195

第 10 章
BiOCl 的钴掺杂修饰及其可见光催化活性 —— 203

10.1 引言 —— 205

10.2 Co-BiOCl 纳米片的制备 —— 206

10.3 Co-BiOCl 纳米片的微观结构 —— 207

10.4 钴掺杂产生的影响 —— 213

10.5 Co-BiOCl 纳米片光催化降解双酚 A —— 217

10.6 钴掺杂的增效机制 —— 222

第 11 章
硫掺杂 BiOBr 纳米片可见光催化降解双酚 A
—— 229

11.1 引言 —— 231

11.2 S-BiOBr 纳米片的制备 —— 232

11.3 S-BiOBr 纳米片的表征 —— 232

11.4 S-BiOBr 能带结构和电化学性质 —— 237

11.5 S-BiOBr 纳米片光催化降解双酚 A —— 240

第 12 章
碘掺杂 Bi_2WO_6 的可见光催化活性及稳定性
—— 249

12.1 引言 —— 251

12.2 碘掺杂 Bi_2WO_6 纳米片的制备 —— 252

12.3 碘的掺杂形式 —— 253

12.4 碘掺杂的影响 —— 257

12.5 碘掺杂 Bi_2WO_6 纳米片光催化降解双酚 A —— 260

第 1 章

绪 论

第 I 章

分 析

1.1 引言

随着工业化和城市化进程的不断推进,由废气、有机物、聚合物和生物质等引起的污染问题变得日益严峻[1-3]。其中,部分人工合成的有机污染物,尽管在环境中浓度很低,但仍具有较高的毒性,这就需要通过高效且绿色的处理技术将这些污染物转化为非毒性(或低毒性)且不产生二次污染的物质[4-6]。在过去几年里,一些物理方法和化学方法已经用于解决这一问题。物理处理技术主要包括吸附、超滤、絮凝等,化学处理技术主要包括臭氧氧化、紫外辐照、双氧水氧化、半导体光催化、超临界水氧化、芬顿工艺、声波降解、电化学处理、电子束处理工艺、溶剂化电子还原、铁渗透反应墙,以及酶处理工艺等[7-8]。其中,半导体光催化技术能够完全消除有机污染物,反应速度快,工艺成本低,运行条件温和且环境友好,因此,该技术成为去除有机污染非常有效的绿色方法之一[9-12]。光催化技术以太阳能为驱动力,利用半导体纳米材料将光能转化为化学能,并用于降解有机物或处理重金属,适用于水处理和污水处理,因此,具有良好的应用前景[13]。

1.1.1 光催化机理

半导体光催化剂的催化机理是基于能带理论建立的,典型的反应过程可分为三个阶段,如图 1.1 所示[1,4]。首先,半导体材料吸收入射光,价带(valence band)中的电子(e^-)获得能量后受激发跃迁至导带(conduction band),同时在价带产生一个带正电的空穴(h^+)。由于电子跃迁过程是量子化的,电子必须一次性获得超过禁带的能量才能跃迁至导带,所以对应的入射光波长存在最大值,超过此波长的入射光由于能量过低而不能被半导体吸收和利用,这一波长称为吸收边(absorption edge)。接着,催化剂中部分导带的光生电子会与价带的光生空穴复合(recombination)并以热辐射的形式将吸收的光能重新释放出来,而另一部分光生电子和空穴则分别沿着晶格进行输运,直至到达催化剂表面,或者在输运的过程中与其他的空穴和电子发生复合。事实上,发生复合的空穴和电子不具有催化活性,只有输运到催化剂表面的空穴和电子才可能产生催化作用,这一过程称为载流子(即空穴与电子)的分离(separation)。最后,部分到达催化剂表面的空穴和电子注入吸附于催化剂表面的分子中,从而分别引发氧化(h^+)和还原(e^-)反应。需要注意的是,绝大多数光生电子被激发到导带的底端(导带底),而价带中产生的空穴则主要分布在价带的顶端(价带顶),因此导带底和价带顶分别决定了催化剂的还原和氧化能力。换言之,半导体光催化剂所能催化的反应中,氧化反应的势垒必须位于价带顶上方,而还原反应的势垒则必须位于导带底下方。

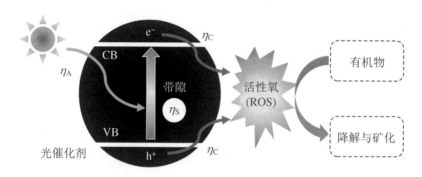

图1.1　光催化反应机理示意图

1.1.2

光催化剂

两位日本科学家 Fujishima 和 Honda 于1972年发现了紫外光照射下 TiO_2 晶体表面发生的水分解现象,"光催化"这一概念也自此进入人们的视野[14]。之后,TiO_2 成为了研究最多且最深入的光催化剂材料,基于 TiO_2 的光催化技术具有广泛的应用,包括化学燃料的生产、空气和水的净化、表面的自净和消毒等[15]。TiO_2 有两种常见的晶型,即金红石和锐钛矿,其禁带宽度均大于 3.0 eV,因此常规的 TiO_2 催化剂只能在紫外光下产生催化活性[16]。由于太阳光中紫外光所占的比例很少(约5%),因此 TiO_2 在太阳光下的催化效率很低[16-17]。为解决此问题,人们进行了很多研究工作以期提升 TiO_2 可见光催化效率[18]。其中,氮、碳等阴离子掺杂能够有效降低 TiO_2 的禁带宽度,从而提升其可见光响应[19-20]。此外,通过调控金红石和锐钛矿两相的比例形成同质结并结合硼掺杂进行修饰,也可以提升 TiO_2 的光催化效率[21]。

除 TiO_2 外,其他很多金属的氧化物也是良好的光催化剂。ZnO 就是一种典型的半导体光催化剂,无毒无害,广泛易得,且具有较高的量子效率,非常适用于有机污染物的降解[22-23]。与 TiO_2 类似,ZnO 的禁带宽度约为 3.2 eV,只能利用紫外光,几乎没有可见光响应[24]。除了元素掺杂、异质结等常规改性方法外,氧空位修饰也能够有效提升 ZnO 的可见光催化活性[25-29]。ZnO 光催化剂的合成方法有很多,最常用的是液相合成法。此外,也可以通过化学气相沉积(CVD)、等离子轰击、高温煅烧、前驱物分解等方法制备具有特殊性质的 ZnO,或从晶体结构上对 ZnO 进行修饰和调控[29-34]。

另外,作为非金属化合物,石墨状氮化碳($g\text{-}C_3N_4$)也具有良好的光催化活性,且具有强烈的可见光响应[35-36]。不仅如此,相较于很多金属化合物,$g\text{-}C_3N_4$ 的制备过程简单,基本不会产生污染,且原料(尿素、三聚氰胺等)廉价易得[37-43]。通过诸如共聚作用、元素掺杂、织构化、超分子组装、表面异质结等改性手段的调控,$g\text{-}C_3N_4$ 的光催化活性还能进一步提升[44-48]。然而,$g\text{-}C_3N_4$ 本身的氧化能力较弱,对有机物的降解通常不够彻底,尤其对酚类有机物的矿化率很低[49-50]。将基于 $g\text{-}C_3N_4$ 的光催化降解过程与电化学氧化耦合,或者与其他光(助)催化剂配合使用,能够有效解决此问题[51]。

随着纳米技术的快速发展,越来越多的纳米材料投入到实际应用中,有研究表明纳米材料对环境和人类健康的利弊很大程度上取决于它们的可持续设计。在大多情况下,纳米材料受到各种环境因素的影响,从而其毒性被进一步降低[52]。绿色纳米技术可以指导绿色纳米材料的设计、生产和应用,且通过对纳米技术的监管,能够在技术发展与环境保护之间取得平衡。纳米材料技术作为一种新型集成化的水处理工艺,仍需深入了解其有效性和对公共卫生的影响情况,以确保纳米技术应用于水处理领域的安全性[53]。

总而言之,光催化剂种类繁多且各有特点,铋基光催化剂将在下一节进行详细介绍,其他种类的光催化剂则不再一一列举。

1.2 铋基光催化剂

20世纪90年代,铋基半导体光催化剂开始进入人们的视野[54]。到目前为止,许多铋基半导体的光催化活性都已经得到证实,包括氧化铋(Bi_2O_3)、卤氧化铋(BiOX)、磷酸铋($BiPO_4$)、钛酸铋、钨酸铋(Bi_2WO_6)、钒酸铋($BiVO_4$)、钼酸铋(Bi_2MoO_6)、铁酸铋($BiFeO_3$)、硫化铋(Bi_2S_3)、铋酸钠($NaBiO_3$)等。

1.2.1 氯氧化铋

氯氧化铋(BiOCl)是一种典型的Ⅴ-Ⅵ-Ⅶ主族三元半导体化合物,是非常简单的Sillén族化合物之一[55]。不同于大多数金属化合物中阴阳离子相互交错的排列方式(如NaCl、ZnO等),BiOCl中氯离子形成$[Cl_2]^{2-}$层,铋和氧则形成$[Bi_2O_2]^{2+}$层,晶体中$[Bi_2O_2]^{2+}$层和$[Cl_2]^{2-}$层交替出现,并沿c轴方向(即[001]方向)形成四方晶系的晶体结构,如图1.2所示。

较早以前,BiOCl通常被用作催化材料、铁电材料以及颜料[56-60]。而在近几年,BiOCl则越来越多地被报道用作光催化材料,利用其光催化能力将有机污染物降解为无毒无害的分子,从而实现环境修复。

图1.2 BiOCl的晶体结构示意图

BiOCl良好的光催化活性来自于其开放的层状结构和间接的轨道跃迁形式(即间接带隙)。间接带隙是指光激发的导带电子需要在$k(k\neq0)$空间产生一段特定的位移才能被注入价带中,这就在一定程度上降低了空穴与电子复合的概率[61-64]。另外,由于Bi、O和Cl

之间电负性存在差异，BiOCl 开放的层状晶体结构能够产生足够的空间使相应的原子和轨道发生极化，从而产生垂直于[Bi_2O_2]$^{2+}$ 层（[001]方向）的诱导偶极矩，并使光生电子和空穴能够沿着[001]方向有效地进行分离[65-66]。因此，BiOCl 具有良好的光催化活性。

1.2.2
溴氧化铋

溴氧化铋（BiOBr）具有与 BiOCl 类似的晶体结构，也由[Bi_2O_2]$^{2+}$ 层和 [Br_2]$^{2-}$ 层交替堆叠形成层状结构，具有间接带隙，且原子层间同样具有诱导偶极矩的作用，故 BiOBr 也具有良好的光催化活性[67]。BiOBr 的晶体结构如图 1.3 所示。

密度泛函理论计算（DFT calculation）的结果显示了 BiOBr 与 BiOCl 在光催化性能上的一些差异。对于 BiOCl 和 BiOBr，二者的导带均主要由 Bi 6p 轨道构成，但二者的价带则由 O 2p 分别与 Cl 3p 和 Br 4p 轨道构成。因此，BiOCl 与 BiOBr 的能带结构是有差异的[66,68]。通常，BiOCl

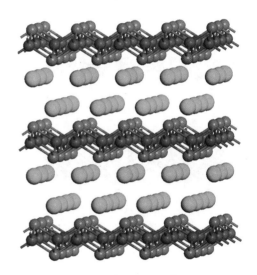

图 1.3 BiOBr 的晶体结构示意图

的最大吸收边在 370 nm，其禁带宽度大约是 3.3 eV；而 BiOBr 的最大吸收边则在 440 nm 附近，对应的禁带宽度约为 2.7 eV[68-69]。这就表明，BiOCl 是典型的宽带隙光催化剂（类似于 TiO_2），仅在紫外光辐照下才能表现出催化活性；而 BiOBr 则具有较窄的带隙，能够在可见光下产生催化活性。但是，由于 BiOBr 带隙较窄，其导带的光生电子回到价带与空穴复合的概率更大一些。

1.2.3
钨酸铋

钨酸铋(Bi_2WO_6)晶体也具有典型的层状结构,由$[Bi_2O_2]^{2+}$层和类钙钛矿型的$[Br_2]^{2-}$层交替堆叠而成,具有稳定的物理和化学性质[70]。Bi_2WO_6的禁带宽度约为2.8 eV,具有一定的可见光响应[71-72]。Bi_2WO_6晶体结构如图1.4所示。

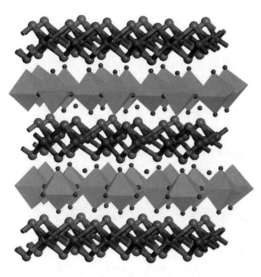

图1.4 Bi_2WO_6的晶体结构示意图

Bi_2WO_6被认为是一种具有潜在应用价值的用于可见光催化分解水产氧气(OER)的催化剂[73-74]。基于不同的合成方法可以得到多种形貌的Bi_2WO_6晶体,包括纳米颗粒、纳米片、实心或空心球、八面体、介孔结构等[75-78]。然而,Bi_2WO_6本身的载流子分离效率较低,光生电子与空穴很容易在体相中复合[79]。为了提升其光催化活性,Bi_2WO_6在使用时通常需要添加助催化剂(石墨烯、C_{60}、碳量子点、Ag_2O等),或者与其他光催化剂形成异质结复合体系(TiO_2/Bi_2WO_6、$g-C_3N_4/Bi_2WO_6$、$BiVO_4/Bi_2WO_6$等)[70,72,79-84]。

1.2.4
其他铋基光催化剂

碘氧化铋(BiOI)与BiOCl和BiOBr一样,也具有层状结构,其价带由O 2p和I 5p轨道组成,具有更窄的带隙(1.8 eV),吸收边可达670 nm,具有强烈的可见光响应[85]。但是,相比于BiOCl和BiOBr,由于BiOI带隙更窄,其光生电子与空穴也更容易发生复合,且由于其价带顶位置较高,BiOI的氧化能力比

BiOCl 和 BiOBr 要弱一些。氟氧化铋（BiOF）尽管也具有与 BiOCl、BiOBr 和 BiOI 相似的晶体结构，但从能带结构上看，BiOF 属于直接带隙的半导体，光生电子无需在 k 空间发生位移即可直接回到价带，故 BiOF 的空穴-电子分离效率明显低于其他三种卤氧化铋[68]。因此，在光催化方面的研究中，人们更多地关注 BiOCl、BiOBr 和 BiOI 这三种卤氧化铋。

钛酸铋是一类由 Bi_2O_3 和 TiO_2 组合成的复合氧化物，二者比例的变化会产生不同的物相，包括 $Bi_4Ti_3O_{12}$、$Bi_2Ti_2O_7$、$Bi_{12}TiO_{20}$ 等[86]。其晶体由 BiO_n 和 TiO_n 多面体组合而成，禁带宽度在 2.5~2.8 eV，能够被可见光激发[87-88]。钼酸铋（Bi_2MoO_6）是一种具有类似钙钛矿结构的三元化合物，有三种常见的物相，即 α-Bi_2MoO_6、β-Bi_2MoO_6 和 γ-Bi_2MoO_6。Bi_2MoO_6 可以通过固相反应、液相沉淀、水热、溶剂热等方法制备，具有良好的可见光催化活性[85]。钒酸铋（$BiVO_4$）也是一种三元金属氧化物光催化剂，具有三种物相，即四方相锆石结构、四方相白钨矿结构和单斜相白钨矿结构。其中，单斜相 $BiVO_4$ 的光催化活性最高，且禁带宽度较窄（约 2.4 eV），能够有效吸收可见光[89-90]。铋酸盐（$MBiO_3$）是一类含 +5 价 Bi 的三元氧化物，另一种金属离子为 +1 价，主要包括 $LiBiO_3$、$NaBiO_3$、$KBiO_3$、$AgBiO_3$ 等。铋酸盐具有间接带隙，晶体内[MO_6]八面体层和[BiO_6]八面体层分层排列，通常带隙较窄，具有良好的光催化活性[85,91-93]。

1.3
铋基光催化剂研究进展

1.3.1
催化剂的合成

催化剂的合成方法在很大程度上决定了产物的形貌、尺寸和比表面积等参数，从而影响催化剂的吸附能力和光催化活性。对于工业化生产而言，一种廉价且"绿色"的合成方法是必需的[94-96]。绝大多数铋基光催化剂都可以通过水热法（或溶剂热法）来制备。其中，Bi 源通常可选用 $Bi(NO_3)_3 \cdot 5H_2O$、$NaBiO_3 \cdot 2H_2O$、Bi_2O_3、单质 Bi、$BiCl_3$、BiI_3 等。卤化物、氢卤酸、十六烷基三甲基卤化铵、含卤素的离子液体等均可用于合成卤氧化铋（BiOX）；Na_2WO_4 可用于合成 Bi_2WO_6；NH_4VO_3 可用于合成 $BiVO_4$；Na_2MoO_4 可用于合成 Bi_2MoO_6……在水热反应的过程中，乙二醇、甘露醇、CTAX、曲拉通（Triton）等可用作表面活性剂来调控产物的形貌及暴露的晶面，而溶液的 pH、反应温度和反应时间等参数的改变也会对所得产物的理化性质有所影响[79,97-128]。除水热法外，沉淀法、反向微乳液法、模版法、固相煅烧法、微波辐射法等合成方法也适合制备铋基光催化剂[69,119,129-134]。

1.3.2
光催化降解有机物

BiOCl 在紫外光下具有良好的催化活性，能够快速降解染料分子（罗丹明、甲基橙、刚果红、亚甲基蓝等）和苯酚，而在可见光下，借助敏化作用，BiOCl 同样能够有效降解染料分子[135-137]。BiOI 的禁带宽度较小，能够有效吸收可见光，因此，BiOI 具有比 BiOCl 和 BiOBr 更高的可见光催化活性。有报道表明，BiOI 降解 MO 的活性比 BiOCl 和 BiOBr 更高[138]。BiOBr 的能带结构介于 BiOCl 和 BiOI 之间，故 BiOBr 的吸光范围比 BiOCl 更大，且 BiOBr 的氧化/还原能力又比 BiOI 更强。因此，BiOBr 能够去除更多种类的有机物，包括染料、苯酚、甲苯、四溴双酚 A 等[112,139-143]。此外，BiOBr 还被报道用于光催化降解生物质。多层次的 BiOBr 微米球能够在日光灯下有效杀灭里拉微球菌，BiOBr 还能够在可见光下有效降解微囊藻毒素 LR[140,144-145]。

选择性也是催化过程中的一个重要指标。由于 TiO_2 表面的吸附选择性较差，其光催化的选择性也很差。而 BiOX 的(001)晶面暴露 100% 终端 O 原子，带有更高密度的负电荷，故(001)晶面高暴露的 BiOX 对偶氮染料具有选择性吸附，这也使 BiOX 产生了对偶氮染料的光催化选择性[13]。一方面，通过在 BiOI 光催化降解 RhB 过程中采集样品并分析其 UV-Vis 吸收光谱，可以发现罗丹明 B（RhB）的特征吸收峰产生了显著的蓝移（从 554 nm 移至 500 nm），这说明 RhB 的光催化降解的第一步通常是去甲基化；另一方面，一旦 RhB 被 BiOI 吸附，在 401.1 eV 的位置会出现一个新的 XPS 信号峰，与纯 RhB 相比偏移了

1.8 eV，这是由 RhB 中 N^+ 与 BiOI 的（001）晶面相互作用而产生的。这就证实了 BiOI 对偶氮染料分子的吸附选择性，从而导致了 BiOI 对偶氮染料具有光催化选择性。不仅如此，TiO_2 对于甲基橙（MO）和亚甲基蓝（MB）的降解速率很接近，但 BiOI 对 MB 的降解速率却远高于对 MO 的，其光催化选择性 R（$R = k_{MB}/k_{MO}$）为 6.9，是 TiO_2 的 6 倍。因此，高暴露（001）晶面的 BiOI 具有较高的光催化选择性[146]。

1.3.3
光催化降解的反应路径

在现有的光催化领域相关研究中，大部分工作着眼于提升催化剂的性能，而对于污染物的降解与转化路径则研究得很少。在气相光催化反应中，NO 的降解路径和中间产物被详细地研究过[147]。其中 NO_3^- 的累计含量与反应时间成正比，但 NO_2^- 的总量则几乎保持不变，这就表示从 NO 到 NO_3^- 的氧化是气态 NO 在 BiOBr 微米球表面催化氧化的主要反应路径。由于 NO_2^- 主要由 NO_x 与 ·OH 反应产生，而 NO_3^- 则主要由 NO_x 与 $·O_2^-$ 反应产生，因此 $·O_2^-$ 是此催化反应的主要活性氧物质（ROS）。

对于液相的光催化过程，酚类物质通常被用于测试光催化剂的催化活性，而酚类的降解过程比较复杂。在 BiOX/UV-Vis 反应体系中，·OH 对酚类物质的降解具有重要作用。有研究表明，苯酚光催化降解的主要中间产物是其与 ·OH 的加合物（邻苯二酚和对苯二酚）[148]。而四溴双酚 A 降解过程的第一步则是几乎同时发生的羟基化和脱溴，一方面，·OH 取代 Br 实现脱溴，另一方面，·OH 进攻四溴双酚 A 分子中间的 C，从而得到羟基化的中间产物[141]。

此外，蓝藻水华发生时产生的微囊藻毒素 LR 对人类和其他动物而言，是一种能够致病的危险有机物，世界卫生组织（WHO）将其定义为强烈的肝脏毒素。有研究表明，BiOBr/Vis 反应系统能有效降解微囊藻毒素 LR，并对其降解路径和中间产物进行了详细的解析。通过同位素标记，囊藻毒素 LR 的脱羧反应需要有 BiOBr 的催化才能进行。而脱羧这一典型的氧化反应并不只有 ·OH 进攻唯一一种反应机理，相反，脱羧过程更倾向于由 BiOBr 表面光生空穴直接氧化囊藻毒素 LR 游离端羧基来实现[149]。

1.4 铋基光催化剂存在的问题及改性策略

1.4.1 存在的问题

光催化降解有机污染物之所以被认为是一种"绿色"的水处理技术,是因为此过程除了光照外无需其他额外的能量输入,同时除了催化剂本身以外也无需向反应体系中额外添加任何化学药剂。太阳能是一种公认的可再生清洁能源,而光催化技术从原理上说是能够直接利用太阳能的,因此这就使其成为一种既迎合当下需求又面向未来发展的工艺,受到越来越多的关注。然而到目前为止,绝大多数光催化剂材料(TiO_2、ZnO 等)对可见光的响应都很弱,甚至包括严格紫外光驱动的光催化剂,而太阳光中紫外光所占的比例很少(约 5%);因此现有的这些催化剂对太阳能的利用率很低,实际使用过程中必须辅以人工紫外光源才能表现出较好的降解效果。通常,配备紫外灯会使反应系统更加复杂,同时紫外灯较短的使用寿命也会进一步增加光催化工艺的运行成本。考虑到太阳光中可见光部分所占的比例很大(约 45%),如果能将这部分可见光有效地利用起来,那么就可以实现由太阳光直接驱动的光催化反应。因此,开发具有强烈可见光响应的光催化剂材料是有必要的[150]。如前文所述,BiOCl 就是一种紫外光驱动的光催化剂,在可见光下仅能够借助敏化作用降解一些有色的染料分子,对无色的有机物不能起到催化降解的作用;而 BiOBr 尽管具有可见光响应,但可见光利用率还有待进一步提高。

此外,在光催化降解有机物的反应体系中,除催化剂以外,无需添加额外的化学药剂,这在一定程度上避免了引入这些化学药剂带来的二次污染。然而光催化反应本身的氧化能力较弱,有机物分子能被破坏掉,但通常不能被彻底降解成 CO_2 和 H_2O(即矿化)。如前文所述,虽然铋基光催化剂能够有效降解偶氮染料、酚类、藻毒素等有机物,但在此过程中,偶氮染料的降解主要是去甲基化,酚类的降解主要是羟基化,而微囊藻毒素 LR 的降解主要是脱羧作用。尽管原始污染物分子被降解，但这些新生成的降解产物仍然是有机物，且种类众多，十分复杂，极有可能带有毒性，甚至毒性比原始污染物更强，这就给光催化技术造成了安全隐患。因此，为了提升光催化水处理工艺的安全性，合成矿化效率更高的催化剂是有必要的。

最后，催化剂的稳定性也是光催化工艺的重要指标。相比于实验室配制的模拟废水，实际废水中所含的污染物种类繁多，除了目标有机物外，通常还含有许多其他的有机物和无机物，对铋基催化剂而言都是不可忽视的干扰物。以卤氧化铋为例，S^{2-}在光催化过程中会与之发生离子交换，使卤素离子溶出并使卤氧化铋转变为硫化铋，从而导致催化剂中毒并失活。此外，在光催化反应进行的过程中，一些惰性的干扰物会在催化剂表面吸附并沉积，继而占据活性位点或覆盖活性晶面，一方面阻碍催化剂与目标污染物之间的传质，另一方面有可能会导致催化剂变性而使之中毒失活。此外，实际废水的pH也会对催化剂（尤其是无机半导体催化剂）的稳定性造成影响[13]。因此，在光催化反应体系中，为了满足处理实际废水的需要，可见光利用率、有机物矿化率和催化剂稳定性这三个指标仍有待进一步提高，对现有的光催化剂还需要进行改性和优化。常用的光催化剂改性策略包括物相调控、引入助催化剂、元素掺杂、形成异质结、形成固溶体、引入晶格缺陷、表面等离子共振等，这些策略将在以下几节分别介绍。

1.4.2
物相调控

针对BiOX系列的光催化剂，如前文所述，其导带主要由Bi 6p轨道构成，而价带则由O 2p分别与Cl 3p、Br 4p和I 5p轨道构成。因此，可以通过脱卤作用形成富氧化的$Bi_xO_yX_z$（即物相调控）来改变催化剂的能带结构。一方面，价带顶和导带底位置的改变能够相应地改变催化剂的氧化和还原能力；另一方面，禁带宽度的改变也能够从根本上改变催化剂对光的吸收范围和吸收效率。不仅如此，$Bi_xO_yX_z$具有与BiOX相似的层状结构，因此同样具有$[Bi_2O_2]^{2+}$层和$[X_2]^{2-}$层之间的极化偶极矩，并有助于诱导光生载流子的分离。换言之，物相调控不仅能够优化卤氧化铋光催化剂的能带结构，而且BiOX晶体结构上的特点与优势在脱卤和富氧化过程中能够被保留下来，所以，物相调控对卤氧化铋系列材料而言是一种有效的改性手段[151-153]。

1.4.3 助催化剂

负载在催化剂表面的助催化剂能够起到反应活性位点的作用,并作为电子阱或空穴阱来捕获光生载流子,从而有效提高载流子的分离效率[154-155]。因此,对于半导体光催化系统,寻找一种合适的助催化剂负载于催化剂表面能大幅提升催化剂的催化活性。助催化剂按照电学性质可分为两类:一类是捕获电子型助催化剂(电子阱),主要包括 Ag、Pt、Au 等贵金属单质;另一类是捕获空穴型助催化剂(空穴阱),主要包括 PbO_2、MnO_x 等[154-155]。到目前为止,无论是捕获电子型还是捕获空穴型的助催化剂,均有被报道用于光催化剂的改性并取得了成功,这就表示使用助催化剂是一种提升光催化降解有机污染物效率的有效策略[156-159]。

1.4.4 元素掺杂

向催化剂中引入杂原子以期改变催化性质也是催化剂改性的重要研究方向之一。掺杂的作用主要有两方面:一是杂原子捕获电子,从而提升载流子的分离效率;二是减小半导体禁带宽度,使电子可以被可见光激发。对于铋基光催化剂,已有多种元素被报道用于掺杂,包括 Mn、Fe、C、N、I 等,而掺杂后的催化剂均表现出了强化的可见光催化活性[160-164]。以自掺杂 BiOI($BiOI_{1.5}$)为例,为了证实元素掺杂对催化活性的影响,研究者采集了表面光电压谱(SPS)以及进行了瞬态光电压(TPV)测试。结果表明,$BiOI_{1.5}$ 对应的 SPS 信号强度明显高于 BiOI,说明 I 的掺杂有效提升了 BiOI 对可见光的利用率;而 $BiOI_{1.5}$ 对应的 TPV 信号显著增强也证明了催化剂本身的载流子分离效率大幅提升。因此,自掺杂的 $BiOI_{1.5}$ 在可见光下的催化活性比未掺杂的 BiOI 更高[165]。

1.4.5
异质结

将两种类型的半导体材料复合在一起形成异质结也是很常用的催化剂改性手段之一,通常这两种催化剂需要有相互匹配的能带结构,通过相互接触形成晶体的交界面,即异质结。在晶界面的诱导下,光生电子和空穴能够彻底分离在两种半导体材料中,从而强烈抑制载流子的复合,此外,相互匹配的能带结构也能在一定程度上拓展整个催化体系对入射光的响应区间。通常,两种光催化剂的耦合并不会表现出选择性,异质结的作用主要还是取决于两种催化剂相互接触的晶面[166-171]。以 BiOBr/g-C_3N_4 异质结为例,这两种催化剂之间的相互作用主要以晶面耦合的形式存在,即 BiOBr 的(001)晶面和 g-C_3N_4 的(002)晶面。这样,两个晶面耦合之后产生了界面诱导效应,提升了催化剂整体的载流子分离效率,因此异质结表现出了更高的可见光催化活性[172]。

1.4.6
固溶体

形成固溶体能够改变光催化剂的能带结构、晶体结构以及局部电子结构,从而改变催化剂的本征催化活性[173]。以 BiOX 为例,已经有相关研究报道了含有不同卤素的 BiOX 所形成的固溶体,包括 $BiOCl_{1-x}Br_x$、$BiOBr_{1-x}I_x$ 和 $BiOCl_{1-x}I_x$。这三种固溶体的吸收边位置均随着 x 取值的改变而发生变化,而且均表现出更高的可见光催化活性[174-176]。通过对催化机理的解析,人们认为形成固溶体对于催化活性的提升应当归因于价带顶位置的改变和晶体内部静电场的作用[175-176]。此外,通过 DFT 计算来模拟 $BiOCl_{1-x}Br_x$ 电子结构,结果表明,大部分光生载流子会被晶体中存在的 Bi 空位(V_{Bi})捕获[175]。

1.4.7
晶格缺陷

研究结果表明，对于金属氧化物半导体光催化剂，其晶格中含有的氧空位（晶格缺陷）能够有效提升对可见光的吸收效率，从而使得半导体在可见光下表现出良好的反应活性[177-179]。对于 Bi 基光催化剂，由于 Bi—O 键的键能较低且键长较长，在紫外光下晶体中的部分晶格氧会脱出，从而产生氧空位[180]。因此，含氧空位的黑色 BiOCl 纳米材料（BiOCl 通常是白色）可以通过紫外辐照来制备，且这种黑色 BiOCl 在可见光下降解 RhB 的催化活性比白色 BiOCl 高 20 倍[181]。此外，对于二维的纳米光催化剂，随着纳米材料厚度逐渐减小到近原子尺度，其晶格缺陷会从孤立的 Bi 空位（V'''_{Bi}）转化成 Bi—O—Bi 三元空位（$V'''_{Bi} V_O \cdot \cdot V'''_{Bi}$）[182]。事实上，光催化剂中的晶格缺陷并非总是起到正面作用，这些晶格缺陷可以有效捕获载流子，如果晶格缺陷存在于表面或浅晶格中，则可以作为催化剂的活性位点而提升催化效率；但如果晶格缺陷存在于深层的体相晶格之中，则载流子会在晶格缺陷处发生复合，这就使得半导体的载流子分离效率降低，不利于其催化性能的表达[183]。

1.4.8
表面等离子共振

表面等离子共振（SPR）是指在光诱导下，电子在贵金属上发生的强烈谐振，当激发光的频率与贵金属表面电子自发震荡的频率吻合时，震荡的电子可以从入射光中获得能量来抵抗原子核产生的回复力，从而产生 SPR 效应[184]。因此，SPR 效应能够大幅提升半导体材料对于可见光的利用率，从而使宽带隙半导体也能够被可见光激发。在诸多贵金属中，Ag 的 SPR 效应最强，因此有许多研究都集中在与 Ag 相关的复合材料光催化剂上，包括 Ag/AgX（X = Cl、Br、I）、Ag-TiO$_2$、Ag-ZnO、Ag-Ag$_3$PO$_4$、Ag/AgBr/TiO$_2$、Ag/AgBr/WO$_3$ 等[185-196]。对于 Bi 基光催化剂，有相关研究表明，Ag/AgBr/BiOX（X = Cl、Br、I）和 Ag/AgBr/Bi$_2$WO$_6$ 具有良好的可见光催化活性[197-205]。事实上，单质 Ag 在光催化过程中并不仅仅具有 SPR 效应这一种作用，有时则起到 Z 型桥（Z-scheme bridge)的作用。对于 Ag/AgX/BiOX 这样的三元光催化剂体系,当 X 为 Cl 时,Ag 起到 SPR 作用,但当 X 为 Br 时,Ag 则起到 Z 型桥的作用[204]。因此,单质 Ag 在光催化方面发挥着重要的作用,能够有效提升催化剂在可见光下的催化活性。

1.4.9 面向有机污染物高效光催化降解的改性策略

如上所述,光催化技术是一种用于降解水环境有机污染的有效方法,而铋基光催化剂种类繁多、性能各异,是一类有潜在应用价值的催化剂。在当前阶段,光催化技术的实际应用还有三个技术问题需要解决,即可见光利用率低、有机物矿化率低以及催化剂稳定差。因此,从光催化反应机理出发,本书针对上述问题分别分析了其成因并设计了可能的解决方法,从物相调控、形貌调控、元素掺杂、形成异质结、引入晶格缺陷等多种途径对铋基光催化剂(主要是卤氧化铋和钨酸铋)进行改性和优化,以期改善光催化剂这三方面的性质。本书通过对材料理化性质的表征和光催化机理的解析,证实了这些方法的合理性与可行性,从而为光催化技术应用于水污染控制提供了新的思路。本书后续章节主要内容概括如下:

(1) 基于水-乙二醇体系,考察了混合溶剂热法制备二维 BiOCl 纳米材料的有效性及其暴露晶面,研究了醇水比、反应时间、金属盐诱导等反应条件对产物微观形貌的影响,提出了混合溶剂热法制备 BiOCl 的生长机制,并证实了该方法合成 BiOBr 和 BiOI 的有效性。

(2) 通过水热—热处理两步法合成了 $Bi_{12}O_{15}Cl_6$ 纳米片光催化剂,并测试了其在可见光下降解双酚 A 的催化性能,通过一系列理化性质的测试,表征了催化剂的能带结构和吸光范围,从而解释了 $Bi_{12}O_{15}Cl_6$ 纳米片所具有的良好的可见光催化性能。

(3) 通过一步水热法合成了一维的 $Bi_{12}O_{17}Cl_2$ 纳米带光催化剂,表征了催化剂的能带结构和吸光范围,测试了其可见光催化降解双酚 A 的性能,通过自由基捕获和清除实验以及降解产物分析,建立了 $Bi_{12}O_{17}Cl_2$ 纳米带光催化降解双酚 A 的反应机理和双酚 A 的降解路径。

(4) 合成了一维的 $Bi_{24}O_{31}Br_{10}$ 纳米带光催化剂,测试了其在可见光下对豆制品废水和酒厂废水的矿化效率,并从能带结构和自由基的产生与转化这两方面提出了光生空穴直接氧化产生羟基自由基的反应机制,从而解释了 $Bi_{24}O_{31}Br_{10}$ 纳米带矿化效率的提升。

(5) 通过调节水热反应的投料比成功制备了厚度可调的 $Bi_{24}O_{31}Br_{10}$ 纳米片,分别测试了这些催化剂在可见光下降解盐酸四环素的性能,通过电化学性质的测试,探讨了晶格缺陷的分布差异(表面缺陷和体相缺陷)对载流子分离效率的影响,并解释了不同厚度 $Bi_{24}O_{31}Br_{10}$ 纳米片光催化活性的差异性。

(6) 以硝酸铋和溴化锌为原料合成了 $ZnO/Bi_{24}O_{31}Br_{10}$ 异质结,并通过多种表征手段建立了异质结的能带结构模型,在可见光照射下以双酚 A 为目标污染物测试了 $ZnO/Bi_{24}O_{31}Br_{10}$ 异质结的光催化降解能力和矿化能力,并从载流子分离角度揭示了形成异质结提升催化剂矿化效率的作用机制。

(7) 通过溶剂热法实现了(001)晶面暴露且带隙结构可调的 $BiOCl_xBr_{1-x}$ 纳米片的合成,材料的光催化活性由可见光下催化降解罗丹明 B 的实验所反映,根据基于计算所得的能带位置和 Brunauer-Emmett-Teller 比表面积的测量结果,提出了 $BiOCl_xBr_{1-x}$ 纳米片光催化活性增强的机理。

(8) 借鉴第 8 章中材料设计与制备的思路,实现了溶剂热法制备比例可调的 $BiOBr_xI_{1-x}$ 固溶体纳米片,实现了禁带宽度的调节,并在光吸收效率和氧化性之间寻找最佳的平衡点,通过在可见光下降解罗丹明 B 来评估其光催化活性,并根据能带位置的计算结果阐明 $BiOBr_xI_{1-x}$ 固溶体光催化活性增强的机理。

(9) 合成了 Co 掺杂的 BiOCl 纳米片,测试了其在可见光下降解双酚 A 的性能,通过电子显微镜观测了 Co 元素在 BiOCl 纳米片中的分布情况,利用 DFT 计算模拟了其能带结构,并证实 BiOCl 禁带中产生的 Co 掺杂能级,从而从机理上解释了 Co 掺杂对 BiOCl 纳米片可见光催化活性的影响。

(10) 制备了 S 掺杂的 BiOBr 纳米材料,表征了 S-BiOBr 的形态、晶体结构、能带结构和光电性质,考察了可见光照射下双酚 A 在 S-BiOBr 上的降解机理,基于密度泛函理论(DFT)计算明确了 S 掺杂改性与催化剂活性提升之间的构效关系。

(11) 合成了 I 掺杂 Bi_2WO_6 纳米片,测试了其可见光催化活性,并从能带结构的角度解释了 I 掺杂对 Bi_2WO_6 可见光催化活性的影响机制,此外,通过 S^{2-} 干扰实验验证了 I 掺杂 Bi_2WO_6 纳米片的稳定性。

参考文献

[1] Chen C, Ma W, Zhao J. Semiconductor-mediated photodegradation of pollutants under visible-light irradiation[J]. Chem. Soc. Rev., 2010, 39: 4206-4219.

[2] Konstantinou I K, Albanis T A. TiO_2-assisted photocatalytic degradation of azo dyes in aqueous solution: kinetic and mechanistic investigations[J]. Appl. Catal. B: Environ., 2004, 49: 1-14.

[3] Chen H, Nanayakkara C E, Grassian V H. Titanium dioxide photocatalysis in atmospheric chemistry[J]. Chem. Rev., 2012, 112: 5919-5948.

[4] Kubacka A, Fernandez-Garcia M, Colon G. Advanced nanoarchitectures for solar photocatalytic applications[J]. Chem. Rev., 2011, 112: 1555-1614.

[5] Wang Y, Wang X, Antonietti M. Polymeric graphitic carbon nitride as a heterogeneous organocatalyst: from photochemistry to multipurpose catalysis to sustainable chemistry[J]. Angew. Chem. Int. Ed., 2012, 51: 68-89.

[6] Chen X, Shen S, Guo L, et al. Semiconductor-based photocatalytic hydrogen generation[J]. Chem. Rev., 2010, 110: 6503-6570.

[7] Khin M M, Nair A S, Babu V J, et al. A review on nanomaterials for environmental remediation[J]. Energy Environ. Sci., 2012, 5: 8075-8109.

[8] Andreozzi R, Caprio V, Ermellino I, et al. Ozone solubility in phosphate-buffered aqueous solutions: effect of temperature, tert-butyl alcohol, and pH[J]. Ind. Eng. Chem. Res., 1996, 35: 1467-1471.

[9] Linsebigler A L, Lu G, Yates Jr J T. Photocatalysis on TiO_2 surfaces: principles, mechanisms, and selected results[J]. Chem. Rev., 1995, 95: 735-758.

[10] Dalrymple O K, Stefanakos E, Trotz M A, et al. A review of the mechanisms and modeling of photocatalytic disinfection[J]. Appl. Catal. B: Environ., 2010, 98: 27-38.

[11] Thompson T L, Yates J T. Surface science studies of the photoactivation of TiO_2 new photochemical processes[J]. Chem. Rev., 2006, 106: 4428-4453.

[12] Serpone N, Emeline A. Semiconductor photocatalysis: past, present, and future outlook[J]. J. Phys. Chem. Lett., 2012, 3: 673-677.

[13] Ye L, Su Y, Jin X, et al. Recent advances in BiOX (X = Cl, Br and I) photocatalysts: synthesis, modification, facet effects and mechanisms[J]. Environ. Sci.: Nano, 2014, 1: 90-112.

[14] Fujishima A, Honda K. Electrochemical photolysis of water at a semiconductor electrode[J]. Nature, 1972, 238: 37-38.

[15] Fujishima A, Zhang X, Tryk D A. TiO_2 photocatalysis and related surface phenomena[J]. Surf. Sci. Rep., 2008, 63: 515-582.

[16] Tao J, Luttrell T, Batzill M. A two-dimensional phase of TiO_2 with a reduced bandgap[J]. Nat. Chem., 2011, 3: 296-300.

[17] Bak T, Nowotny J, Rekas M, et al. Photo-electrochemical hydrogen generation from water using solar energy. Materials-related aspects[J]. Int. J. Hydrogen Energy, 2002, 27, 991-1022.

[18] Choi W, Termin A, Hoffmann M R. The role of metal ion dopants in quantum-sized TiO_2: correlation between photoreactivity and charge carrier recombination dynamics[J]. J. Phys. Chem., 1994, 98: 13669-13679.

[19] Asahi R, Morikawa T, Ohwaki T, et al. Visible-light photocatalysis in nitrogen-doped titanium oxides[J]. Science, 2001, 293: 269-271.

[20] Khan S U, Al-Shahry M, Ingler W B. Efficient photochemical water splitting by a chemically modified n-TiO_2[J]. Science, 2002, 297: 2243-2245.

[21] Wang W K, Chen J J, Gao M, et al. Photocatalytic degradation of atrazine by boron-doped TiO_2 with a tunable rutile/anatase ratio[J]. Appl. Catal. B: Environ., 2016, 195: 69-76.

[22] Wang J, Xia Y, Dong Y, et al. Defect-rich ZnO nanosheets of high surface area as an efficient visible-light photocatalyst[J]. Appl. Catal. B: Environ., 2016, 192: 8-16.

[23] Sakthivel S, Neppolian B, Shankar M, et al. Solar photocatalytic degradation of azo dye: comparison of photocatalytic efficiency of ZnO and TiO_2[J]. Sol. Energy Mater. Sol. Cells, 2003, 77: 65-82.

[24] Miyauchi M, Nakajima A, Watanabe T, et al. Photocatalysis and photoinduced hydrophilicity of various metal oxide thin films[J]. Chem. Mater., 2002, 14: 2812-2816.

[25] Sin J C, Lam S M, Satoshi I, et al. Sunlight photocatalytic activity enhancement and mechanism of novel europium-doped ZnO hierarchical micro/nanospheres for degradation of phenol[J]. Appl. Catal. B: Environ.,

2014, 148: 258-268.

[26] Lu Y, Lin Y, Wang D, et al. A high performance cobalt-doped ZnO visible light photocatalyst and its photogenerated charge transfer properties[J]. Nano Res., 2011, 4: 1144-1152.

[27] Liu S, Li C, Yu J, et al. Improved visible-light photocatalytic activity of porous carbon self-doped ZnO nanosheet-assembled flowers[J]. Cryst Eng Comm, 2011, 13: 2533-2541.

[28] Rehman S, Ullah R, Butt A, et al. Strategies of making TiO_2 and ZnO visible light active[J]. J. Hazard. Mater., 2009, 170: 560-569.

[29] Wang J, Wang Z, Huang B, et al. Oxygen vacancy induced band-gap narrowing and enhanced visible light photocatalytic activity of ZnO[J]. ACS Appl. Mater. Interfaces, 2012, 4: 4024-4030.

[30] Liu X, Wu X, Cao H, et al. Growth mechanism and properties of ZnO nanorods synthesized by plasma-enhanced chemical vapor deposition[J]. J. Appl. Phys., 2004, 95: 3141-3147.

[31] Liu F, Leung Y H, Djurišič A B, et al. Effect of plasma treatment on native defects and photocatalytic activities of zinc oxide tetrapods[J]. J. Phys. Chem. C, 2014, 118: 22760-22767.

[32] Tam K, Cheung C, Leung Y, et al. Defects in ZnO nanorods prepared by a hydrothermal method[J]. J. Phys. Chem. B, 2006, 110: 20865-20871.

[33] Mukhopadhyay S, Das P P, Maity S, et al. Solution grown ZnO rods: synthesis, characterization and defect mediated photocatalytic activity[J]. Appl. Catal. B: Environ., 2015, 165: 128-138.

[34] Guo H L, Zhu Q, Wu X L, et al. Oxygen deficient ZnO_{1-x} nanosheets with high visible light photocatalytic activity[J]. Nanoscale, 2015, 7: 7216-7223.

[35] Wang X, Maeda K, Chen X, et al. Polymer semiconductors for artificial photosynthesis: hydrogen evolution by mesoporous graphitic carbon nitride with visible light[J]. J. Am. Chem. Soc., 2009, 131: 1680-1681.

[36] Wang X, Maeda K, Thomas A, et al, Domen K, Antonietti M. A metal-free polymeric photocatalyst for hydrogen production from water under visible light[J]. Nat. Mater., 2009, 8: 76.

[37] Liu G, Niu P, Sun C, et al. Unique electronic structure induced high photoreactivity of sulfur-doped graphitic C_3N_4[J]. J. Am. Chem. Soc., 2010, 132: 11642-11648.

[38] Lee E Z, Jun Y S, Hong W H, et al. Cubic mesoporous graphitic carbon (Ⅳ) nitride: an all-in-one chemosensor for selective optical sensing of metal ions[J]. Angew. Chem. Int. Ed., 2010, 49: 9706-9710.

[39] Niu P, Zhang L, Liu G, et al. Graphene-like carbon nitride nanosheets for improved photocatalytic activities[J]. Adv. Funct. Mater., 2012, 22: 4763-4770.

[40] Bu Y, Chen Z, Yu J, et al. A novel application of g-C_3N_4 thin film in photoelectrochemical anticorrosion[J]. Electrochim. Acta, 2013, 88: 294-300.

[41] Cao S W, Yuan Y P, Barber J, et al. Noble-metal-free g-C_3N_4/Ni(dmgH)$_2$ composite for efficient photocatalytic hydrogen evolution under visible light irradiation[J]. Appl. Surf. Sci., 2014, 319: 344-349.

[42] Zhong Y, Wang Z, Feng J, et al. Improvement in photocatalytic H_2 evolution over g-C_3N_4 prepared from protonated melamine[J]. Appl. Surf. Sci., 2014, 295: 253-259.

[43] Cao S, Yu J. g-C_3N_4-based photocatalysts for hydrogen generation[J]. J. Phys. Chem. Lett., 2014, 5: 2101-2107.

[44] Zhang J, Zhang G, Chen X, et al. Co-monomer control of carbon nitride semiconductors to optimize hydrogen evolution with visible light[J]. Angew. Chem., 2012, 124: 3237-3241.

[45] Zheng Y, Lin L, Ye X, et al. Helical graphitic carbon nitrides with photocatalytic and optical activities[J]. Angew. Chem., 2014, 126: 12120-12124.

[46] Lin Z, Wang X. Nanostructure engineering and doping of conjugated carbon nitride semiconductors for hydrogen photosynthesis[J]. Angew. Chem. Int. Ed., 2013, 52: 1735-1738.

[47] Zhang J, Zhang M, Yang C, et al. Nanospherical carbon nitride frameworks with sharp edges accelerating charge collection and separation at a soft photocatalytic interface[J]. Adv. Mater., 2014, 26: 4121-4126.

[48] Zhang G, Zhang M, Ye X, et al. Iodine modified carbon nitride semiconductors as visible light photocatalysts for hydrogen evolution[J]. Adv. Mater., 2014, 26: 805-809.

[49] Xu J, Zhang L, Shi R, et al. Chemical exfoliation of graphitic carbon nitride for efficient heterogeneous photocatalysis[J]. J. Mater. Chem. A, 2013, 1: 14766-14772.

[50] Zhang M, Xu J, Zong R, et al. Enhancement of visible light photocatalytic activities via porous structure of g-C_3N_4[J]. Appl. Catal. B: Environ., 2014, 147, 229-235.

[51] Liang F, Zhu Y. Enhancement of mineralization ability for phenol via synergetic effect of photoelectrocatalysis of g-C_3N_4 film[J]. Appl. Catal. B: Environ., 2016, 180: 324-329.

[52] Naqvi S, Flora S J S. Nanomaterial's toxicity and its regulation strategies[J]. J. Environ. Biol., 2020, 41: 659-671.

[53] Martinez G, Merinero M, Perez-Aranda M, et al. Environmental Impact of Nanoparticles' Application as an Emerging Technology: A Review[J]. Materials, 2021, 14: 166.

[54] Maruthamuthu P, Gurunathan K, Subramanian E, et al. Visible light induced hydrogen production with Cu(II)/Bi_2O_3 and Pt/Bi_2O_3/RuO_2 from aqueous methyl viologen solution[J]. Int. J. Hydrogen Energy, 1993, 18: 9-13.

[55] Xu Y, Xu S, Wang S, et al. Citric acid modulated electrochemical synthesis and photocatalytic behavior of BiOCl nanoplates with exposed {001} facets[J]. Dalton T., 2014, 43: 479-485.

[56] Burch R, Chalker S, Loader P, et al. Investigation of ethene selectivity in the methane coupling reaction on chlorine-containing catalysts[J]. Appl. Catal. A: Gen., 1992, 82: 77-90.

[57] Kijima N, Matano K, Saito M, et al. Oxidative catalytic cracking of n-butane to lower alkenes over layered BiOCl catalyst[J]. Appl. Catal. A: Gen., 2001, 206: 237-244.

[58] Kusainova A M, Lightfoot P, Zhou W, et al. Ferroelectric properties and crystal structure of the layered intergrowth phase $Bi_3Pb_2Nb_2O_{11}Cl$[J]. Chem. Mater., 2001, 13: 4731-4737.

[59] Maile F J, Pfaff G, Reynders P. Effect pigments-past, present and future[J]. Prog. Org. Coat., 2005, 54: 150-163.

[60] 王莉玮, 袁占辉, 林棋, 等. 绿色珠光颜料氯氧化铋晶体的制备[J]. 中国陶瓷, 2012, 48: 51-53, 90.

[61] Zhang K L, Liu C M, Huang F Q, et al. Study of the electronic structure and photocatalytic activity of the BiOCl photocatalyst[J]. Appl. Catal. B: Environ., 2006, 68: 125-129.

[62] Huang W L, Zhu Q. Electronic structures of relaxed BiOX (X= F, Cl, Br,

I) photocatalysts[J]. Comp. Mater. Sci., 2008, 43: 1101-1108.

[63] Zhang H, Liu L, Zhou Z. First-principles studies on facet-dependent photocatalytic properties of bismuth oxyhalides (BiOXs)[J]. RSC Adv., 2012, 2: 9224-9229.

[64] Wang W, Yang W, Chen R, et al. Investigation of band offsets of interface $BiOCl:Bi_2WO_6$: a first-principles study[J]. Phys. Chem. Chem. Phys., 2012, 14: 2450-2454.

[65] Zhang X, Fan C, Wang Y, et al. DFT + U predictions: The effect of oxygen vacancy on the structural, electronic and photocatalytic properties of Mn-doped BiOCl[J]. Comp. Mater. Sci., 2013, 71: 135-145.

[66] Zhao L, Zhang X, Fan C, et al. First-principles study on the structural, electronic and optical properties of BiOX (X = Cl, Br, I) crystals[J]. Physica B, 2012, 407: 3364-3370.

[67] Wu D, Wang B, Wang W, et al. Visible-light-driven BiOBr nanosheets for highly facet-dependent photocatalytic inactivation of *Escherichia coli*[J]. J. Mater. Chem. A, 2015, 3: 15148-15155.

[68] Ganose A M, Cuff M, Butler K T, et al. Interplay of orbital and relativistic effects in bismuth oxyhalides: BiOF, BiOCl, BiOBr, and BiOI[J]. Chem. Mater., 2016, 28: 1980-1984.

[69] Di J, Xia J, Li H, et al. Bismuth oxyhalide layered materials for energy and environmental applications[J]. Nano Energy, 2017, 41: 172-192.

[70] Xu J, Wang W, Sun S, et al. Enhancing visible-light-induced photocatalytic activity by coupling with wide-band-gap semiconductor: a case study on Bi_2WO_6/TiO_2[J]. Appl. Catal. B: Environ., 2012, 111-112: 126-132.

[71] Li C, Chen G, Sun J, et al, A novel mesoporous single-crystal-like Bi_2WO_6 with enhanced photocatalytic activity for pollutants degradation and oxygen production[J]. ACS Appl. Mater. Interfaces, 2015, 7: 25716-25724.

[72] Tian J, Sang Y, Yu G, et al. A Bi_2WO_6-based hybrid photocatalyst with broad spectrum photocatalytic properties under UV, visible, and near-infrared irradiation[J]. Adv. Mater., 2013, 25: 5075-5080.

[73] Tang J, Zou Z, Ye J. Photocatalytic decomposition of organic contaminants by Bi_2WO_6 under visible light irradiation[J]. Catal. Lett., 2004, 92: 53-56.

[74] Kudo A, Hijii S. H_2 or O_2 evolution from qqueous solutions on layered oxide

photocatalysts consisting of Bi^{3+} with $6s^2$ configuration and d^0 transition metal ions[J]. Chem. Lett., 1999, 1999: 1103-1104.

[75] Amano F, Nogami K, Ohtani B. Enhanced photocatalytic activity of bismuth-tungsten mixed oxides for oxidative decomposition of acetaldehyde under visible light irradiation[J]. Catal. Commun., 2012, 20: 12-16.

[76] Xie H, Shen D, Wang X, et al. Microwave hydrothermal synthesis and visible-light photocatalytic activity of Bi_2WO_6 nanoplates[J]. Mater. Chem. Phys., 2007, 103: 334-339.

[77] Wu D, Zhu H, Zhang C, et al. Novel synthesis of bismuth tungstate hollow nanospheres in water-ethanol mixed solvent[J]. Chem. Commun., 2010, 46: 7250.

[78] Wang C Y, Hao Z, Fang L, et al. Degradation and mineralization of bisphenol A by mesoporous Bi_2WO_6 under simulated solar light irradiation[J]. Environ. Sci. Technol., 2010, 44: 6843-6848.

[79] Di J, Xia J, Ge Y, et al. Novel visible-light-driven CQDs/Bi_2WO_6 hybrid materials with enhanced photocatalytic activity toward organic pollutants degradation and mechanism insight[J]. Appl. Catal. B: Environ., 2015, 168-169: 51-61.

[80] Sun Z, Guo J, Zhu S, et al. A high-performance Bi_2WO_6-graphene photocatalyst for visible light-induced H_2 and O_2 generation[J]. Nanoscale, 2014, 6: 2186-2193.

[81] Zhu S H, Xu T G, Fu H B, et al. Synergetic effect of Bi_2WO_6 photocatalyst with C_{60} and enhanced photoactivity under visible irradiation[J]. Environ. Sci. Technol., 2007, 41: 6234-6239.

[82] Yu H, Liu R, Wang X, et al. Enhanced visible-light photocatalytic activity of Bi_2WO_6 nanoparticles by Ag_2O cocatalyst[J]. Appl. Catal. B: Environ., 2012, 111-112: 326-333.

[83] Tian Y, Chang B, Lu J, et al. Hydrothermal synthesis of graphitic carbon nitride-Bi_2WO_6 heterojunctions with enhanced visible light photocatalytic activities[J]. ACS Appl. Mater. Interfaces, 2013, 5: 7079-7085.

[84] Ju P, Wang P, Li B, et al. A novel calcined Bi_2WO_6/$BiVO_4$ heterojunction photocatalyst with highly enhanced photocatalytic activity[J]. Chem. Eng. J., 2014, 236: 430-437.

[85] He R A, Cao S, Zhou P, et al. Recent advances in visible light Bi-based

photocatalysts[J]. Chinese J. Catal., 2014, 35: 989-1007.

[86] Jin J, Yu J, Liu G, et al. Single crystal CdS nanowires with high visible-light photocatalytic H_2-production performance[J]. J. Mater. Chem. A, 2013, 1: 10927-10934.

[87] Li E. Bismuth-containing semiconductor photocatalysts[J]. Prog. Chem., 2010, 22: 2282-2289.

[88] Nogueira A E, Longo E, Leite E R, et al. Synthesis and photocatalytic properties of bismuth titanate with different structures via oxidant peroxo method (OPM)[J]. J. Colloid Interface Sci., 2014, 415: 89-94.

[89] Wang W Z, Shang M, Yin W Z, et al. Recent progress on the bismuth containing complex oxide photocatalysts[J]. J. Inorg. Mater., 2012, 27: 11-18.

[90] Zhao Y, Xie Y, Zhu X, et al. Surfactant-free synthesis of hyperbranched monoclinic bismuth vanadate and its applications in photocatalysis, gas sensing, and lithium-ion batteries[J]. Chem. Eur. J., 2008, 14: 1601-1606.

[91] Kako T, Zou Z, Katagiri M, et al. Decomposition of organic compounds over $NaBiO_3$ under visible light irradiation[J]. Chem. Mater., 2007, 19: 198-202.

[92] Liu J, Chen S, Liu Q, et al. Correlation of crystal structures and electronic structures with visible light photocatalytic properties of $NaBiO_3$[J]. Chem. Phys. Lett., 2013, 572: 101-105.

[93] 张婷婷, 曾琦荟, 毕娜, 等. 异质结型 $KBiO_3$/BiOCl 光催化剂制备及其可见光光催化性能[J]. 现代化工, 2016, 36: 75-79.

[94] Huang M H, Lin P H. Shape-controlled synthesis of polyhedral nanocrystals and their facet-dependent properties[J]. Adv. Funct. Mater., 2012, 22: 14-24.

[95] Tong H, Ouyang S, Bi Y, et al. Nano-photocatalytic materials: possibilities and challenges[J]. Adv. Mater., 2012, 24: 229-251.

[96] Jiang Z Y, Kuang Q, Xie Z X, et al. Syntheses and properties of micro/nanostructured crystallites with high-energy surfaces[J]. Adv. Funct. Mater., 2010, 20: 3634-3645.

[97] Zhang X, Ai Z, Jia F, et al. Generalized one-pot synthesis, characterization, and photocatalytic activity of hierarchical BiOX (X= Cl, Br, I) nanoplate microspheres[J]. J. Phys. Chem. C, 2008, 112: 747-753.

[98] Chang X, Huang J, Cheng C, et al. BiOX (X = Cl, Br, I) photocatalysts prepared using NaBiO$_3$ as the Bi source: characterization and catalytic performance[J]. Catal. Commun., 2010, 11: 460-464.

[99] Huizhong A, Yi D, Tianmin W, et al. Photocatalytic properties of BiOX (X = Cl, Br, and I) [J]. Rare Metals, 2008, 27: 243-250.

[100] Deng Z, Chen D, Peng B, et al. From bulk metal Bi to two-dimensional well-crystallized BiOX (X = Cl, Br) micro-and nanostructures: synthesis and characterization[J]. Cryst. Growth Des., 2008, 8: 2995-3003.

[101] Henle J, Simon P, Frenzel A, et al. Nanosized BiOX (X = Cl, Br, I) particles synthesized in reverse microemulsions[J]. Chem. Mater., 2007, 19: 366-373.

[102] Peng S, Li L, Zhu P, et al. Controlled synthesis of BiOCl hierarchical self-assemblies with highly efficient photocatalytic properties[J]. Chem. Asian J., 2013, 8: 258-268.

[103] Ye L, Zan L, Tian L, et al. The {001} facets-dependent high photoactivity of BiOCl nanosheets[J]. Chem. Commun., 2011, 47: 6951-6953.

[104] Peng H, Chan C K, Meister S, et al. Shape evolution of layer-structured bismuth oxychloride nanostructures via low-temperature chemical vapor transport[J]. Chem. Mater., 2008, 21: 247-252.

[105] Song J M, Mao C J, Niu H L, et al. Hierarchical structured bismuth oxychlorides: self-assembly from nanoplates to nanoflowers via a solvothermal route and their photocatalytic properties[J]. Cryst Eng Comm, 2010, 12: 3875-3881.

[106] Wang C, Zhang X, Yuan B, et al. Simple route to self-assembled BiOCl networks photocatalyst from nanosheet with exposed (001) facet[J]. Micro Nano Lett., 2012, 7: 152-154.

[107] Xiong J, Cheng G, Li G, et al. Well-crystallized square-like 2D BiOCl nanoplates: mannitol-assisted hydrothermal synthesis and improved visible-light-driven photocatalytic performance [J]. RSC Adv., 2011, 1: 1542-1553.

[108] Zhang L, Cao X F, Chen X T, et al. BiOBr hierarchical microspheres: microwave-assisted solvothermal synthesis, strong adsorption and excellent photocatalytic properties [J]. J. Colloid Interface Sci., 2011, 354: 630-636.

[109] Zhang D, Wen M, Jiang B, et al. Ionothermal synthesis of hierarchical BiOBr microspheres for water treatment[J]. J. Hazard. Mater., 2012, 211: 104-111.

[110] Xu J, Meng W, Zhang Y, et al. Photocatalytic degradation of tetrabromobisphenol A by mesoporous BiOBr: efficacy, products and pathway[J]. Appl. Catal. B: Environ., 2011, 107: 355-362.

[111] Feng Y, Li L, Li J, et al. Synthesis of mesoporous BiOBr 3D microspheres and their photodecomposition for toluene[J]. J. Hazard. Mater., 2011, 192: 538-544.

[112] Cheng H, Huang B, Wang Z, et al. One-pot miniemulsion-mediated route to BiOBr hollow microspheres with highly efficient photocatalytic activity [J]. Chem. Eur. J., 2011, 17: 8039-8043.

[113] Ai Z, Ho W, Lee S, et al. Efficient photocatalytic removal of NO in indoor air with hierarchical bismuth oxybromide nanoplate microspheres under visible light[J]. Environ. Sci. Technol., 2009, 43: 4143-4150.

[114] Jiang Z, Yang F, Yang G, et al. The hydrothermal synthesis of BiOBr flakes for visible-light-responsive photocatalytic degradation of methyl orange[J]. J. Photochem. Photobiol. A, 2010, 212: 8-13.

[115] Wang Y, Deng K, Zhang L. Visible light photocatalysis of BiOI and its photocatalytic activity enhancement by in situ ionic liquid modification[J]. J. Phys. Chem. C, 2011, 115: 14300-14308.

[116] Xia J, Yin S, Li H, et al. Self-assembly and enhanced photocatalytic properties of BiOI hollow microspheres via a reactable ionic liquid[J]. Langmuir, 2010, 27: 1200-1206.

[117] Li Y, Wang J, Yao H, et al. Efficient decomposition of organic compounds and reaction mechanism with BiOI photocatalyst under visible light irradiation[J]. J. Mol. Catal. A: Chem., 2011, 334: 116-122.

[118] Xiao X, Zhang W D. Facile synthesis of nanostructured BiOI microspheres with high visible light-induced photocatalytic activity [J]. J. Mater. Chem., 2010, 20: 5866-5870.

[119] Ye L, Tian L, Peng T, et al. Synthesis of highly symmetrical BiOI single-crystal nanosheets and their {001} facet-dependent photoactivity[J]. J. Mater. Chem., 2011, 21: 12479-12484.

[120] Shang M, Wang W, Zhang L. Preparation of BiOBr lamellar structure

with high photocatalytic activity by CTAB as Br source and template[J]. J. Hazard. Mater., 2009, 167: 803-809.

[121] Li Y, Liu J, Jiang J, et al. UV-resistant superhydrophobic BiOCl nanoflake film by a room-temperature hydrolysis process[J]. Dalton T., 2011, 40: 6632-6634.

[122] Wu S, Fang J, Hong X, et al. Facile preparation and characterization of BiOI-rectorite composite with high adsorptive capacity and photocatalytic activity[J]. Dalton T., 2014, 43: 2611-2619.

[123] Hahn N T, Hoang S, Self J L, et al. Spray pyrolysis deposition and photo-electrochemical properties of n-type BiOI nanoplatelet thin films[J]. ACS nano, 2012, 6: 7712-7722.

[124] Liu M, Zhang L, Wang K, et al. Low temperature synthesis of δ-Bi_2O_3 solid spheres and their conversion to hierarchical BiOI nests via the Kirkendall effect[J]. CrystEngComm, 2011, 13: 5460-5466.

[125] Liu Z, Fang J, Xu W, et al. Low temperature hydrothermal synthesis of Bi_2S_3 nanorods using BiOI nanosheets as self-sacrificing templates[J]. Mater. Lett., 2012, 88: 82-85.

[126] Zhang X, Ai Z, Jia F, et al. Selective synthesis and visible-light photocatalytic activities of $BiVO_4$ with different crystalline phases[J]. Mater. Chem. Phys., 2007, 103: 162-167.

[127] Zhang L, Xu T, Zhao X, et al. Controllable synthesis of Bi_2MoO_6 and effect of morphology and variation in local structure on photocatalytic activities[J]. Appl. Catal. B: Environ., 2010, 98: 138-146.

[128] Wang C Y, Zhang Y J, Wang W K, et al. Enhanced photocatalytic degradation of bisphenol A by Co-doped BiOCl nanosheets under visible light irradiation[J]. Appl. Catal. B: Environ., 2018, 221: 320-328.

[129] Li J, Li H, Zhan G, et al. Solar water splitting and nitrogen fixation with layered bismuth oxyhalides[J]. Acc. Chem. Res., 2016, 50: 112-121.

[130] Wang Y, Long Y, Zhang D. Facile in situ growth of high strong BiOI network films on metal wire meshes with photocatalytic activity[J]. ACS Sustain. Chem. Eng., 2017, 5: 2454-2462.

[131] Cheng H, Huang B, Dai Y. Engineering BiOX (X= Cl, Br, I) nanostructures for highly efficient photocatalytic applications[J]. Nanoscale, 2014, 6: 2009-2026.

[132] Chang X, Wang S, Qi Q, et al. Constrained growth of ultrasmall BiOCl nanodiscs with a low percentage of exposed {001} facets and their enhanced photoreactivity under visible light irradiation[J]. Appl. Catal. B: Environ., 2015, 176: 201-211.

[133] Ai L, Zeng Y, Jiang J. Hierarchical porous BiOI architectures: facile microwave nonaqueous synthesis, characterization and application in the removal of Congo red from aqueous solution[J]. Chem. Eng. J., 2014, 235: 331-339.

[134] Lei Y, Wang G, Song S, et al. Synthesis, characterization and assembly of BiOCl nanostructure and their photocatalytic properties[J]. CrystEngComm, 2009, 11: 1857-1862.

[135] Pare B, Sarwan B, Jonnalagadda S. The characteristics and photocatalytic activities of BiOCl as highly efficient photocatalyst[J]. J. Mol. Struct., 2012, 1007: 196-202.

[136] Zhang X, Wang X B, Wang L W, et al. Synthesis of a highly efficient BiOCl single-crystal nanodisk photocatalyst with exposing {001} facets[J]. ACS Appl. Mater. Interfaces, 2014, 6: 7766-7772.

[137] 陈伟鹏, 蔡培森, 卢广发, 等. BiOCl/MWCNTs复合催化剂对罗丹明B光催化降解研究[J]. 环境科学与技术, 2013, 36: 37-40.

[138] Zhang X, Ai Z, Jia F, et al. Generalized one-pot synthesis, characterization, and photocatalytic activity of hierarchical BiOX (X= Cl, Br, I) nanoplate microspheres[J]. J. Phys. Chem. C, 2008, 112: 747-753.

[139] Zhang L, Cao X F, Chen X T, et al. BiOBr hierarchical microspheres: microwave-assisted solvothermal synthesis, strong adsorption and excellent photocatalytic properties[J]. J. Colloid Interface Sci., 2011, 354: 630-636.

[140] Zhang D, Wen M, Jiang B, et al. Ionothermal synthesis of hierarchical BiOBr microspheres for water treatment[J]. J. Hazard. Mater., 2012, 211: 104-111.

[141] Xu J, Meng W, Zhang Y, et al. Photocatalytic degradation of tetrabromobisphenol A by mesoporous BiOBr: efficacy, products and pathway[J]. Appl. Catal. B: Environ., 2011, 107: 355-362.

[142] Feng Y, Li L, Li J, et al. Synthesis of mesoporous BiOBr 3D microspheres and their photodecomposition for toluene[J]. J. Hazard. Mater., 2011,

192: 538-544.

[143] Huo Y, Zhang J, Miao M, et al. Solvothermal synthesis of flower-like BiOBr microspheres with highly visible-light photocatalytic performances [J]. Appl. Catal. B: Environ., 2012, 111: 334-341.

[144] Fang Y, Huang Y, Yang J, et al. Unique ability of BiOBr to decarboxylate D-Glu and D-MeAsp in the photocatalytic degradation of microcystin-LR in water[J]. Environ. Sci. Technol., 2011, 45: 1593-1600.

[145] Fang Y F, Ma W H, Huang Y P, et al. Exploring the reactivity of multi-component photocatalysts: insight into the complex valence band of BiOBr [J]. Chem. Eur. J., 2013, 19: 3224-3229.

[146] Ye L, Chen J, Tian L, et al. BiOI thin film via chemical vapor transport: photocatalytic activity, durability, selectivity and mechanism[J]. Appl. Catal. B: Environ., 2013, 130: 1-7.

[147] Ai Z, Ho W, Lee S, et al. Efficient photocatalytic removal of NO in indoor air with hierarchical bismuth oxybromide nanoplate microspheres under visible light[J]. Environ. Sci. Technol., 2009, 43: 4143-4150.

[148] Chen F, Liu H, Bagwasi S, et al. Photocatalytic study of BiOCl for degradation of organic pollutants under UV irradiation[J]. J. Photochem. Photobiol. A, 2010, 215: 76-80.

[149] Yanfen F, Yingping H, Jing Y, et al. Unique ability of BiOBr to decarboxylate D-Glu and D-MeAsp in the photocatalytic degradation of microcystin-LR in water[J]. Environ. Sci. Technol., 2011, 45: 1593-1600.

[150] Li H, Zhang L. Oxygen vacancy induced selective silver deposition on the {001} facets of BiOCl single-crystalline nanosheets for enhanced Cr(VI) and sodium pentachlorophenate removal under visible light[J]. Nanoscale, 2014, 6: 7805-7810.

[151] Wang C Y, Zhang X, Song X N, et al. Novel $Bi_{12}O_{15}Cl_6$ photocatalyst for the degradation of bisphenol A under visible-light irradiation[J]. ACS Appl. Mater. Interfaces, 2016, 8: 5320-5326.

[152] Wang C Y, Zhang X, Qiu H B, et al. Photocatalytic degradation of bisphenol A by oxygen-rich and highly visible-light responsive $Bi_{12}O_{17}Cl_2$ nanobelts[J]. Appl. Catal. B: Environ., 2017, 200: 659-665.

[153] Wang C Y, Zhang X, Qiu H B, et al. $Bi_{24}O_{31}Br_{10}$ nanosheets with controllable thickness for visible-light-driven catalytic degradation of tetracycline

hydrochloride[J]. Appl. Catal. B: Environ., 2017, 205: 615-623.

[154] Ye L, Liu X, Zhao Q, et al. Dramatic visible light photocatalytic activity of MnO_x-BiOI heterogeneous photocatalysts and the selectivity of the cocatalyst[J]. J. Mater. Chem. A, 2013, 1: 8978-8983.

[155] Li R, Zhang F, Wang D, et al. Spatial separation of photogenerated electrons and holes among {010} and {110} crystal facets of $BiVO_4$[J]. Nat. Commun., 2013, 4: 1432.

[156] Zhu L, He C, Huang Y, et al. Enhanced photocatalytic disinfection of *E. coli* 8099 using Ag/BiOI composite under visible light irradiation[J]. Sep. Purif. Technol., 2012, 91: 59-66.

[157] Chang C, Zhu L, Fu Y, et al. Highly active Bi/BiOI composite synthesized by one-step reaction and its capacity to degrade bisphenol A under simulated solar light irradiation[J]. Chem. Eng. J., 2013, 233: 305-314.

[158] Liu H, Cao W, Su Y, et al. Synthesis, characterization and photocatalytic performance of novel visible-light-induced Ag/BiOI[J]. Appl. Catal. B: Environ., 2012, 111: 271-279.

[159] Yu C, Jimmy C Y, Fan C, et al. Synthesis and characterization of Pt/BiOI nanoplate catalyst with enhanced activity under visible light irradiation[J]. Mater. Sci. Eng. B, 2010, 166: 213-219.

[160] Zhang K, Zhang D, Liu J, et al. A novel nanoreactor framework of iodine-incorporated BiOCl core-shell structure: enhanced light-harvesting system for photocatalysis[J]. Cryst Eng Comm, 2012, 14: 700-707.

[161] Yu J, Wei B, Zhu L, et al. Flowerlike C-doped BiOCl nanostructures: facile wet chemical fabrication and enhanced UV photocatalytic properties [J]. Appl. Surf. Sci., 2013, 284: 497-502.

[162] Wang P Q, Bai Y, Liu J Y, et al. N, C-codoped BiOCl flower-like hierarchical structures[J]. Micro Nano Lett., 2012, 7: 876-879.

[163] Pare B, Sarwan B, Jonnalagadda S. Photocatalytic mineralization study of malachite green on the surface of Mn-doped BiOCl activated by visible light under ambient condition[J]. Appl. Surf. Sci., 2011, 258: 247-253.

[164] Mi Y, Wen L, Wang Z, et al. Fe(Ⅲ) modified BiOCl ultrathin nanosheet towards high-efficient visible-light photocatalyst[J]. Nano Energy, 2016, 30: 109-117.

[165] Zhang X, Zhang L. Electronic and band structure tuning of ternary semi-

conductor photocatalysts by self doping: the case of BiOI[J]. J. Phys. Chem. C, 2010, 114: 18198-18206.

[166] Cheng H, Huang B, Qin X, et al. A controlled anion exchange strategy to synthesize Bi_2S_3 nanocrystals/BiOCl hybrid architectures with efficient visible light photoactivity[J]. Chem. Commun., 2012, 48: 97-99.

[167] Zhang L, Wang W, Zhou L, et al. Fe_3O_4 coupled BiOCl: a highly efficient magnetic photocatalyst[J]. Appl. Catal. B: Environ., 2009, 90: 458-462.

[168] Kong L, Jiang Z, Xiao T, et al. Exceptional visible-light-driven photocatalytic activity over $BiOBr-ZnFe_2O_4$ heterojunctions[J]. Chem. Commun., 2011, 47: 5512-5514.

[169] Li Y, Liu Y, Wang J, et al. Titanium alkoxide induced $BiOBr-Bi_2WO_6$ mesoporous nanosheet composites with much enhanced photocatalytic activity[J]. J. Mater. Chem. A, 2013, 1: 7949-7956.

[170] Hou D, Hu X, Hu P, et al. $Bi_4Ti_3O_{12}$ nanofibers-BiOI nanosheets p-n junction: facile synthesis and enhanced visible-light photocatalytic activity[J]. Nanoscale, 2013, 5: 9764-9772.

[171] Cheng H, Huang B, Dai Y, et al. One-step synthesis of the nanostructured AgI/BiOI composites with highly enhanced visible-light photocatalytic performances[J]. Langmuir, 2010, 26: 6618-6624.

[172] Ye L, Liu J, Jiang Z, et al. Facets coupling of $BiOBr-g-C_3N_4$ composite photocatalyst for enhanced visible-light-driven photocatalytic activity[J]. Appl. Catal. B: Environ., 2013, 142: 1-7.

[173] Maeda K, Teramura K, Lu D, et al. Photocatalyst releasing hydrogen from water[J]. Nature, 2006, 440: 295.

[174] Liu Y, Son W J, Lu J, et al. Composition dependence of the photocatalytic activities of $BiOCl_{1-x}Br_x$ solid solutions under visible light[J]. Chem. Eur. J., 2011, 17: 9342-9349.

[175] Wang W, Huang F, Lin X, et al. Visible-light-responsive photocatalysts xBiOBr-$(1-x)$BiOI[J]. Catal. Commun., 2008, 9: 8-12.

[176] Ren K, Liu J, Liang J, et al. Synthesis of the bismuth oxyhalide solid solutions with tunable band gap and photocatalytic activities[J]. Dalton T., 2013, 42: 9706-9712.

[177] Nakamura I, Negishi N, Kutsuna S, et al. Role of oxygen vacancy in the plasma-treated TiO_2 photocatalyst with visible light activity for NO removal

[J]. J. Mol. Catal. A: Chem., 2000, 161: 205-212.

[178] Ihara T, Miyoshi M, Iriyama Y, et al. Visible-light-active titanium oxide photocatalyst realized by an oxygen-deficient structure and by nitrogen doping[J]. Appl. Catal. B: Environ., 2003, 42: 403-409.

[179] Chen X, Liu L, Peter Y Y, et al. Increasing solar absorption for photocatalysis with black hydrogenated titanium dioxide nanocrystals[J]. Science, 2011, 331: 746-750.

[180] Wang C, Zhang X, Yuan B, et al. Simple route to self-assembled BiOCl networks photocatalyst from nanosheet with exposed (001) facet[J]. IET Micro & Nano Letters, 2012, 7: 152-154.

[181] Ye L, Deng K, Xu F, et al. Increasing visible-light absorption for photocatalysis with black BiOCl[J]. Phys. Chem. Chem. Phys., 2012, 14: 82-85.

[182] Guan M, Xiao C, Zhang J, et al. Vacancy associates promoting solar-driven photocatalytic activity of ultrathin bismuth oxychloride nanosheets[J]. J. Am. Chem. Soc., 2013, 135: 10411-10417.

[183] Li J, Zhao K, Yu Y, et al. Facet-level mechanistic insights into general homogeneous carbon doping for enhanced solar-to-hydrogen conversion[J]. Adv. Funct. Mater., 2015, 25: 2189-2201.

[184] Linic S, Christopher P, Ingram D B. Plasmonic-metal nanostructures for efficient conversion of solar to chemical energy[J]. Nat. Mater., 2011, 10: 911.

[185] Zhang L, Wong K H, Chen Z, et al. AgBr-Ag-Bi_2WO_6 nanojunction system: a novel and efficient photocatalyst with double visible-light active components[J]. Appl. Catal. A: Gen., 2009, 363: 221-229.

[186] Zhang Y, Tang Z R, Fu X, et al. Nanocomposite of Ag-AgBr-TiO_2 as a photoactive and durable catalyst for degradation of volatile organic compounds in the gas phase[J]. Appl. Catal. B: Environ., 2011, 106: 445-452.

[187] Wang P, Huang B, Qin X, et al. Ag@AgCl: a highly efficient and stable photocatalyst active under visible light[J]. Angew. Chem. Int. Ed., 2008, 47: 7931-7933.

[188] Wang P, Huang B, Lou Z, et al. Synthesis of highly efficient Ag@AgCl plasmonic photocatalysts with various structures[J]. Chem. Eur. J., 2010,

16: 538-544.

[189] Wang P, Huang B, Zhang X, et al. Highly efficient visible-light plasmonic photocatalyst Ag@AgBr[J]. Chem. Eur. J., 2009, 15: 1821-1824.

[190] An C, Peng S, Sun Y. Facile synthesis of sunlight-driven AgCl: Ag plasmonic nanophotocatalyst[J]. Adv. Mater., 2010, 22: 2570-2574.

[191] Zhu M, Chen P, Liu M. Graphene oxide enwrapped Ag/AgX (X = Br, Cl) nanocomposite as a highly efficient visible-light plasmonic photocatalyst[J]. ACS nano, 2011, 5: 4529-4536.

[192] Xu H, Li H, Xia J, et al. One-pot synthesis of visible-light-driven plasmonic photocatalyst Ag/AgCl in ionic liquid[J]. ACS Appl. Mater. Interfaces, 2010, 3: 22-29.

[193] Li Y, Ding Y. Porous AgCl/Ag nanocomposites with enhanced visible light photocatalytic properties[J]. J. Phys. Chem. C, 2010, 114: 3175-3179.

[194] Tian G, Chen Y, Bao H L, et al. Controlled synthesis of thorny anatase TiO_2 tubes for construction of Ag-AgBr/TiO_2 composites as highly efficient simulated solar-light photocatalyst[J]. J. Mater. Chem., 2012, 22: 2081-2088.

[195] Elahifard M R, Rahimnejad S, Gholami M R, et al. Apatite-coated Ag/AgBr/TiO_2 visible-light photocatalyst for destruction of bacteria[J]. J. Am. Chem. Soc., 2007, 129: 9552-9553.

[196] Zhang L S, Wong K H, Yip H Y, et al. Effective photocatalytic disinfection of E. coli K-12 using AgBr-Ag-Bi_2WO_6 nanojunction system irradiated by visible light: the role of diffusing hydroxyl radicals[J]. Environ. Sci. Technol., 2010, 44: 1392-1398.

[197] Lei Y, Wang G, Guo P, et al. The Ag-BiOBr$_x$I$_{1-x}$ composite photocatalyst: preparation, characterization and their novel pollutants removal property[J]. Appl. Surf. Sci., 2013, 279: 374-379.

[198] Xiong W, Zhao Q, Li X, et al. One-step synthesis of flower-like Ag/AgCl/BiOCl composite with enhanced visible-light photocatalytic activity[J]. Catal. Commun., 2011, 16: 229-233.

[199] Cheng H, Huang B, Wang P, et al. In situ ion exchange synthesis of the novel Ag/AgBr/BiOBr hybrid with highly efficient decontamination of pollutants[J]. Chem. Commun., 2011, 47: 7054-7056.

[200] Yan T, Yan X, Guo R, et al. Ag/AgBr/BiOBr hollow hierarchical micro-

spheres with enhanced activity and stability for RhB degradation under visible light irradiation[J]. Catal. Commun., 2013, 42: 30-34.

[201] Li T, Luo S, Yang L. Microwave-assisted solvothermal synthesis of flower-like Ag/AgBr/BiOBr microspheres and their high efficient photocatalytic degradation for p-nitrophenol[J]. J. Solid State Chem., 2013, 206: 308-316.

[202] Cao J, Zhao Y, Lin H, et al. Facile synthesis of novel Ag/AgI/BiOI composites with highly enhanced visible light photocatalytic performances[J]. J. Solid State Chem., 2013, 206: 38-44.

[203] Li T, Luo S, Yang L. Three-dimensional hierarchical Ag/AgI/BiOI microspheres with high visible-light photocatalytic activity[J]. Mater. Lett., 2013, 109: 247-252.

[204] Ye L, Liu J, Gong C, et al. Two different roles of metallic Ag on Ag/AgX/BiOX (X = Cl, Br) visible light photocatalysts: surface plasmon resonance and Z-scheme bridge[J]. ACS Catal., 2012, 2: 1677-1683.

[205] Lin S, Liu L, Hu J, et al. Nano Ag@AgBr surface-sensitized Bi_2WO_6 photocatalyst: oil-in-water synthesis and enhanced photocatalytic degradation[J]. Appl. Surf. Sci., 2015, 324: 20-29.

第 2 章

{001} 晶面高暴露的 BiOCl 单晶纳米盘的制备

2.1
引言

以石墨烯[1]为代表的层状材料在传感[2]、催化[3]、制造设备[4-5]、固态润滑剂[6]和能量储存[7]方面具有广阔的应用前景,这些材料具有二维(2D)形貌结构、较大的比表面积以及单位体积内更多的未配位表面原子。近十年来,在类石墨烯材料发展的同时,具有复杂三元层化合物的 BiOCl 也得到了人们的广泛研究[8-12],一种采用晶面控制制备的形貌清晰的单晶 BiOCl 半导体引起了人们的极大兴趣[12-17]。结果表明,这些材料的光催化活性依赖于晶面暴露情况。具有不同晶面暴露的 BiOCl 单晶纳米盘的光催化活性之间的比较表明,在紫外线照射下,具有{001}晶面暴露的纳米盘对污染物的直接半导体光激发降解表现出更高的活性;而在可见光下,具有{010}晶面暴露的纳米盘借助染料敏化作用间接降解污染物表现出更高的活性[12]。此外,由于表面空穴缔合物的增加,具有原子级厚度的{001}晶面暴露的超薄 BiOCl 纳米盘具有更强的吸附能力,并能有效实现电子-空穴对的分离[16]。针对(001)、(110)和(010)晶面暴露的 BiOCl 纳米盘的密度泛函理论的计算结果证实了 X 端基(X = F、Cl、Br 或 I)的{001}晶面具有$[Bi_2O_2]$和$[X_2]$原子层交替排列的清晰边界,表现出很高的热力学稳定性,并能有效诱导光生电子-空穴对的分离[18-19]。

然而,由于Bi^{3+}离子在水溶液中容易水解,所以 BiOCl 纳米材料的合成通常在溶剂体热体系中进行,如乙二醇、二甘醇、三甘醇等[20-22],或者在酸性溶液中(如柠檬酸、盐酸等)[23-27]进行。在这些体系中,产物通常是三维微米球。对于这些三维微米球形貌,表面吸附污染物后会降低其催化活性。因此,迫切需要开发出高活性 BiOCl 催化剂的合成方法。如前所述,{001}晶面暴露的二维 BiOCl 纳米材料具有较高的催化活性,并且由于水热体系中固有的晶体生长趋势,层状 BiOCl 可以容易地生长为二维纳米结构。然而,要解决的主要问题是如何控制Bi^{3+}离子在水中的水解,以获得均匀、分散良好的高纯度的二维 BiOCl。因此,需要有效的方法来控制合成具有(001)面的二维 BiOCl 纳米材料。本章介绍了解决Bi^{3+}离子的水解问题的方法并制备出形貌均匀的高纯度{001}晶面高暴露的二维 BiOCl 纳米材料,同时提出了有机溶剂与水相结合的混合溶剂热方法,从晶体生长趋势方面阐明了这一过程的反应机理,并证明了混合溶剂热制得的产物具有良好的光催化降解活性。

2.2
2D BiOCl-Y001 纳米盘的制备

本章涉及的所有化学药品均购自中国上海化学试剂有限公司，均为分析纯。2D BiOCl-Y001 纳米盘的制备方法如下：将 0.972 g Bi(NO$_3$)$_3$·5H$_2$O(2 mmol)溶解于 15 mL 的乙二醇(EG)中，超声搅拌 10 min；将 0.541 g FeCl$_3$·6H$_2$O(2 mmol)溶解于 15 mL 去离子水中，并搅拌成均匀溶液。之后，将上述两种溶液混合，发现立即形成白色悬浮液。反应完全后将白色悬浮液倒入聚四氟乙烯高压水热釜中，进行 12 h 水热反应，温度为 160 ℃。待反应釜冷却至室温后，通过离心收集所得的固体粉末，并用蒸馏水和无水乙醇洗涤几次以除去残留离子。最终，将产物在真空干燥箱中于 70 ℃下干燥 6 h 即可得到所需样品。

2.3
BiOCl 单晶纳米盘的微观结构

2.3.1
物相表征

产物的物相通过粉末 XRD 测试来表征，使用飞利浦 X'Pert PRO SUPER 衍射仪来测定样品的 XRD 谱图，仪器配有石墨单色器 Cu Kα 辐射部件(λ = 1.541 874 Å)，结果如图 2.1(a)所示。主要衍射峰与四方相 BiOCl(JCPDS 卡片编号 06-0249)的衍射峰相同。其中，(001)晶面衍射峰的相对强度远高于标准峰值，这表明样品的暴露表面主要由(001)面组成(BiOCl-Y001)。

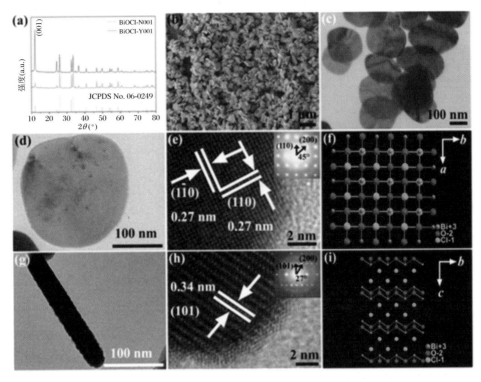

图 2.1 BiOCl-N001 和 BiOCl-Y001 纳米盘的 XRD 图谱(a);BiOCl-Y001 纳米盘的 SEM 照片(b);Biocl-Y001 纳米盘的 TEM 图像(c);BiOCl-Y001 单个纳米盘表面的 TEM 图像(d);BiOCl-Y001 纳米盘表面 HRTEM 图像和相应的 SAED 图谱(e);(001)晶向的 BiOCl 的晶体结构(f);BiOCl 纳米盘侧面 TEM 图像(g);单个 BiOCl 纳米盘侧面 HRTEM 图像和相应的 SAED 图谱(h);(100)晶向的 BiOCl 的晶体结构(i)

2.3.2

形貌结构

样品的形貌和微观结构通过扫描电子显微镜(SEM)、透射电子显微镜(TEM)、高分辨透射电子显微镜(HRTEM)和扫描投射电子显微镜(STEM)来观察。样品的 SEM 照片用 X-650 扫描电子显微分析仪和 JSM-6700F 场发射扫描电子显微镜(日本电子株式会社)拍摄;TEM 照片使用 TEM H-7650(日立公司,日本)拍摄,加速电压为 100 kV;HRTEM 照片和选区电子衍射(SAED)图谱采用 HRTEM-2010(日本电子株式会社)拍摄,加速电压为 200 kV。样品的表面积采用 Brunauer-Emmett-Teller(BET)法,通过 Builder 4200 仪器(Tristar Ⅱ

3020M,Micromeritics Co.,美国)进行测定。

样品的 SEM 照片如图 2.1(b)所示,表明了样品具有直径为 100~300 nm,厚度为 15~30 nm 的盘状结构。TEM 图像(图 2.1(c))进一步证实了这种盘状结构。样品的 HRTEM 图像(图 2.1(e))是从图 2.1(d)中单个纳米盘的边缘拍摄的,显示出样品沿[001]轴的投影具有高度结晶且清晰的晶格条纹,量出的晶格间距为 0.27 nm,夹角为 90°,这与四方相 BiOCl 的(110)晶面匹配良好。相应的 SAED 图谱(图 2.1(e)内插图)证实了 BiOCl-Y001 纳米盘的单晶性质,SAED 图谱中标注的角度为 45°,同(110)面与(200)面夹角的理论计算一致,这组衍射花纹可以归属于四方相 BiOCl 的[001]晶轴。

图 2.1(f)展示了 BiOCl 晶体沿[001]晶轴的投影结构。HRTEM 图像(图 2.1(h))取自图 2.1(g)中单个纳米盘的尖端,也揭示了样品的高结晶度。晶格间距为 0.34 nm 的连续晶格条纹与四方相 BiOCl 的(101)晶面匹配良好,相应的 SAED 图谱(图 2.1(h)内插图)也证实了单晶 BiOCl-Y001 纳米盘的存在。SAED 图谱中标注的角度为 45°,与(101)面与(200)面夹角的理论计算一致。这组衍射花纹可以归属于四方相 BiOCl 的[010]晶轴。BiOCl 晶体沿[100]晶轴的投影结构如图 2.1(i)所示。

2.3.3

二维 BiOCl-Y001 的元素组成与氧化态

样品的元素组成和氧化态通过 XPS(ESCALAB 250,美国赛默飞科技股份有限公司)表征,通过全谱(图 2.2(a))可以确定 Bi、O、Cl 和 C 元素的峰。该测试结果以 284.60 eV 作为 C 1s 峰标准值进行了校正。如图 2.2(b)所示,Bi 4f 的 XPS 图谱出现了两个结合能分别为 157.4 eV 和 162.8 eV 的主峰,分别对应于 Bi^{3+} 的 Bi $4f_{7/2}$ 和 Bi $4f_{5/2}$。O 1s 的 XPS 谱(图 2.2(c))出现结合能为 528.3 eV 的峰,此峰属于 BiOCl 中的 Bi—O 键所形成的 O^{2-}。如图 2.2(d)所示,Cl 2p 的 XPS 图谱出现了两个结合能分别为 196.2 eV 和 197.8 eV 的主峰,分别对应于 Cl^- 的 Cl $2p_{3/2}$ 和 Cl $2p_{1/2}$ [21,26]。以上结果表明,产物的化学组成为 Bi、O、Cl 三种元素及其价态,与 XRD 结果吻合,证实了产物为 BiOCl。

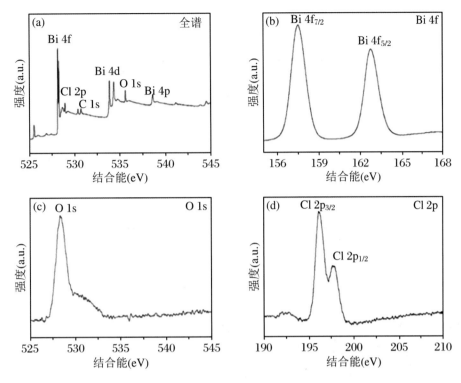

图 2.2 BiOCl-Y001 纳米盘 XPS 光谱:全谱(a);Bi 4f(b);O 1s(c);Cl 2p(d)

2.4 BiOCl 纳米盘的形成机理及因素

为了阐明 BiOCl 纳米盘的形成机理,通过分析产物在不同反应阶段的 XRD 和 SEM 图像,研究了其生长过程。如图 2.3 所示,随着时间的推移,(001)衍射峰逐渐增强,表明 BiOCl 是在常温下形成的。图 2.4(a)展示了在初始反应阶段样品的 SEM 照片,从中仅观察到盘状 BiOCl 纳米晶体,并以 100~200 nm、大小不规则的形状聚集在一起。图 2.4(b),展示了在反应 1 h 后形成了具有良好分散性的盘状 BiOCl 纳米晶体(BiOCl-N001),BiOCl-N001 纳米盘的大小为 200~300 nm。BiOCl 纳米盘的生长是 Ostwald 熟化(奥氏熟化)过程。如图2.5 所示,在反应 3 h 后 BiOCl 纳米晶体的形态仍为盘状。这些结果表明,$[Bi_2O_2]$

原子层和 Cl 原子层连续交替排列构成了 BiOCl 纳米盘晶体结构,这也解释了卤氧化物为何易于形成二维层状结构。

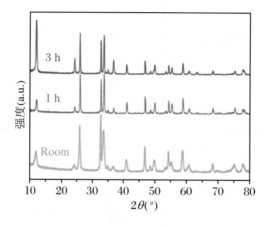

图 2.3　BiOCl 样品在不同反应时间的 XRD 图谱

图 2.4　BiOCl 纳米晶体在不同反应步骤的生长:初始的白色悬浮液(a);160 ℃ 保持 1 h 后的状态(b)

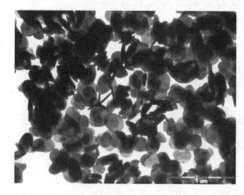

图 2.5　160 ℃ 加热 3 h 后获得的 BiOCl 样品的 TEM 图像

本章中采用有机溶剂和水的混合溶剂热方法得到的产品为二维纳米片,这与仅使用有机溶剂进行的溶剂热制备的产品不同,在纯有机溶剂体系中合成的产品形貌大多为三维微球[20]。这种差异可能是由于他们的研究中只有 EG,而 EG 作为晶体生长抑制剂,因此层状晶体容易产生弯曲,并生长成为花状形态[10,28-29]。此外,在本章晶体制备的过程中,随着水的加入,EG 对晶体生长抑制作用减弱,从而使晶体结构生长变成具有良好分散性的二维层状结构,而不是三维微球。

为了验证上述假设,设计了一系列对比试验,并通过 SEM 观察了所得到的产物形貌。不添加水所得到的样品几乎完全是由大量均匀的 BiOCl 微球组成的,平均直径约为 1 μm(图 2.6(a))。BiOCl 微球呈花状,由许多厚度约为 24 nm 的薄纳米盘组成,相互交织排列。但是,当 EG/H_2O 体积比减小到 28∶2 时,会形成直径约为 1 μm 的微片(图 2.6(b)),这些微片是由厚度约为 20 nm 的纳米盘自行组装而成(图 2.6(b)内插图)。随着 EG/H_2O 体积比减小到 20∶10 时,制备得到的样品几乎全部是直径为 100 nm、厚度为 20 nm 的纳米盘(图 2.7)。当 EG/H_2O 体积比降低至 0∶30 时,样品呈现出直径为 200～5000 nm 的大型盘状结构(图 2.8)。上述结果表明,通过调节 EG/H_2O 体积比可以有效地调节 BiOCl 形态。

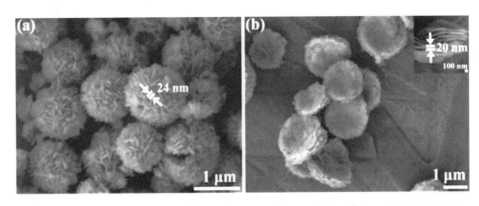

图 2.6 不同体积比的 EG/H_2O 在 160 ℃下制备 12 h 的 BiOCl 的 SEM 图像:30∶0(a);28∶2(b)

图 2.7 EG/H_2O 体积比为 20∶10 时制备的 BiOCl 样品的 SEM 图像

图 2.8 EG/H_2O 体积比为 0∶30 时制备的 BiOCl 样品的 SEM 图像

此外,还考察了金属离子在控制 BiOCl 纳米材料的尺寸和形状生长中是否也起着重要作用,添加不同金属离子所得样品的 XRD 和 SEM 图像如图 2.9 和图 2.10 所示。当使用 3 mmol 的 $CoCl_2$、$NiCl_2$ 和 $ZnCl_2$ 替代 $FeCl_3$,

其他条件不变时,所制备得到的样品为 500 nm 的二维方形纳米盘(图 2.9(a)～图 2.9(c))。当使用 3 mmol $SnCl_2$ 代替 $FeCl_3$ 时,主要产物是尺寸为 1～15 μm 的二维微片(图 2.9(d))。图 2.10 中相应的 XRD 图谱表明,所有的二维 BiOCl 纳米结构均为(001)平面取向。上述结果表明,金属离子的种类也有助于 BiOCl 尺寸和形状的调节,但不影响其二维盘状结构。

图 2.9 从金属氯化物溶液中生长的 BiOCl 样品的 SEM 图像:$CoCl_2$(a);$NiCl_2$(b);$ZnCl_2$(c);$SnCl_2$(d)

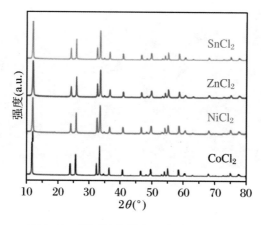

图 2.10 用不同金属离子合成的 BiOCl 二维纳米结构的 XRD 图谱

BiOCl-Y001 纳米盘的形成机理如图 2.11(a)所示:① 初始阶段快速成核;

② 成核生长成盘状 BiOCl 纳米晶体；③ 盘状 BiOCl 纳米晶体通过 Ostwald 熟化过程形成二维 BiOCl 纳米盘。通过调节 EG/H_2O 的体积比和改变金属氯化物种类，可以调节 BiOCl 的大小和形状，如图 2.11(b)所示。

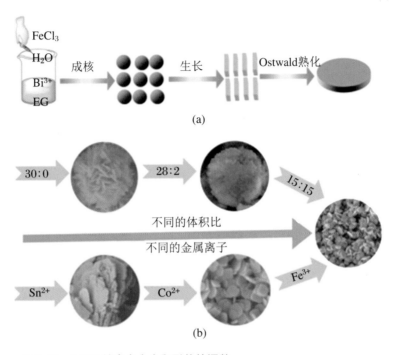

图 2.11 BiOCl 纳米盘大小和形状的调整

此外，还考察了本章所采用的混合溶剂热法在合成其他铋基卤氧化物中的应用情况。在 6 mmol KBr 或 KI 存在下，能够制备得到直径为微米级的二维方形 BiOBr 和 BiOI（图 2.12(a)和图 2.12(b)）。结果表明，本章中使用的混合溶剂体系对于合成二维铋基卤氧化物纳米结构是有效的。因此，本章所提出的混合溶剂热法是一种高效且简便的用于合成具有暴露的(001)面的二维卤氧化铋纳米材料的方法。

图 2.12 BiOBr(a)和 BiOI(b)的 SEM 图像

2.5 BiOCl 纳米盘的光吸收特性与 BET 表面积

半导体的光催化活性与其能带结构特征密切相关。BiOCl-Y001 和 BiOCl-N001 纳米盘的 UV-Vis DRS 采用 UV/Vis 分光光度计（UV-2550，日本岛津）进行表征，结果如图 2.13 所示。靠近带边的晶体间接半导体的光吸收遵循如下公式：

$$(\alpha h\nu)^{1/2} = B(h\nu - E_g)$$

式中，α、$h\nu$、E_g 和 B 分别代表吸收系数、光子能量、带隙和常数[21]。BiOCl-Y001 和 BiOCl-N001 纳米盘的吸收边缘分别为 399 nm 和 377 nm，所获得的带隙能分别约为 3.11 eV 和 3.29 eV。结果表明，BiOCl-Y001 具有较窄的带隙，这可能与其形态、大小和特定结构有关。

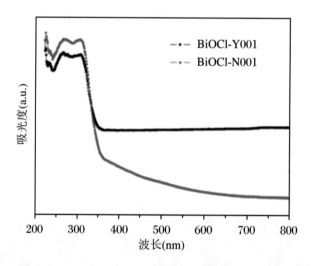

图 2.13 BiOCl-Y001 和 BiOCl-N001 纳米盘的UV-VisDRS

BiOCl 纳米盘的 BET 比表面积通过氮吸附解吸法进行了测定。BiOCl-Y001 和 BiOCl-N001 纳米盘的氮吸附-解吸等温线如图 2.14 所示，而相应的孔径分布如图 2.14 内插图所示。根据 N_2 吸附结果计算得出，BiOCl-Y001 和 BiOCl-N001 纳米盘的比表面积分别为 7.6 $m^2 \cdot g^{-1}$ 和 8.0 $m^2 \cdot g^{-1}$。BiOCl-Y001 纳米盘比 BiOCl-N001 具有更小的比表面积。

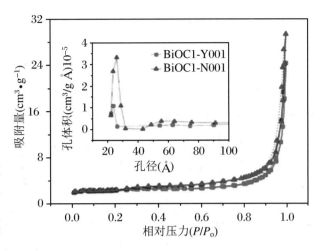

图 2.14　BiOCl-Y001 和 BiOCl-N001 纳米盘的氮吸附-解吸等温线图和孔径分布

2.6 BiOCl 纳米盘的光催化活性

为了研究 BiOCl 纳米盘的光催化能力,并确定暴露晶体面和光催化活性之间的关系,对比测试了 BiOCl-Y001 和 BiOCl-N001 纳米盘对目标污染物罗丹明 B(RhB)的光催化降解。

在室温下,采用紫外光($\lambda = 254$ nm)或 350 W 氙灯配以 420 nm 截止滤波片作为光源,通过测定 BiOCl 纳米盘光催化降解 RhB 的性能来评估材料的光催化活性。在实验前,将 0.02 g BiOCl 样品作为光催化剂添加到 30 mL 浓度为 20 mg·L^{-1} 的 RhB 水溶液中,并在黑暗中搅拌 30 min,保证达到吸附/解吸平衡。然后,在光照射和连续磁性搅拌下,以固定的时间间隔采集样品,用紫外可见分光计 U-3310(日立公司,日本)测定 RhB 浓度。

在有 BiOCl-Y001 纳米盘存在条件下,RhB 随时间变化的 UV-Vis 光谱如图 2.15(a)所示。在 552 nm 处的吸收峰强度随时间急剧下降,并在 120 min 后完全消失。为了探究具有(001)面纳米盘的光催化活性,在相同条件下测试了 BiOCl-N001 纳米盘对 RhB 的直接光解作用,图 2.15(b)展示了在紫外光照射下 RhB 光降解过程中光谱随时间的变化,而图 2.15(c)显示了不同光催化剂条件下 RhB 浓度(C/C_0)随时间的变化。结果显示,在没有催化剂的情况下,RhB 浓度随时间保持不变,而对于 BiOCl-N001 纳米盘,120 min 后的光催化降解效率仅为 60%,这表明 BiOCl-Y001 纳米盘的光催化活性高于 BiOCl-N001 纳米盘的。

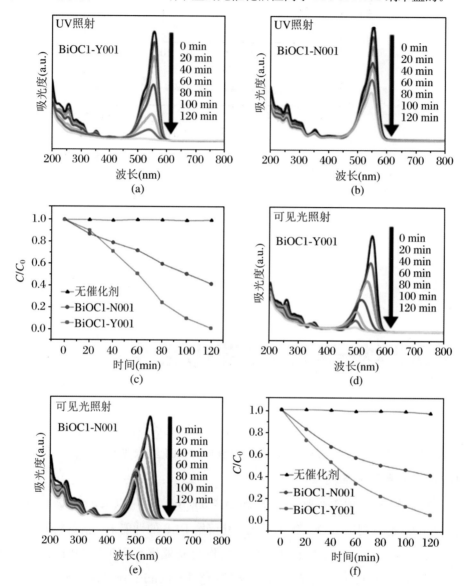

图 2.15　BiOCl-Y001(a)和 BiOCl-N001(b)样品在 UV 照射下降解 RhB 的紫外可见吸收谱;BiOCl-Y001(d)和 BiOCl-N001(e)样品在可见光照射下降解 RhB 的紫外可见吸收谱;以及 BiOCl-Y001 和 BiOCl-N001 纳米盘在紫外(c)和可见光(f)照射下降解 RhB 的降解曲线

染料在半导体上的光催化降解可通过直接半导体光激发或间接染料光敏化来实现。这两个光催化途径对具有不同波长的光具有不同的响应。本章为了确定光催化途径,探究了 BiOCl-Y001 和 BiOCl-N001 纳米盘在可见光照射下的 RhB 降解性能。如图 2.15(d)和图 2.15(e)所示,在可见光照射下,BiOCl-Y001 纳米盘的光催化活性远远高于 BiOCl-N001。

为了评估 BiOCl-Y001 纳米盘在紫外光和可见光照射下降解 RhB 后的(001)晶面稳定性,研究人员进行了光催化剂的循环实验。如图 2.16(a)和图 2.16(d)所示,循环实验后的光催化剂样品为盘状结构。图 2.16(b)和图 2.16(e)中的 HRTEM 图像显示了沿[001]轴投射的高度结晶和清晰的晶格条纹。晶格间距为 0.27 nm、角度为 90°的连续晶格条纹与四方相 BiOCl 晶体的(110)原子面相匹配。图 2.16(c)和图 2.16(f)中对应的 SAED 图谱表明,BiOCl-Y001 纳米盘在循环实验后仍保持单晶性质。SAED 图谱中标注的角度为 45°,同(110)面与(200)面的理论计算夹角一致。上述结果表明,在紫外和可见光照射下,RhB 光催化降解后,四方相 BiOCl-Y001 纳米盘没有发生明显变化。

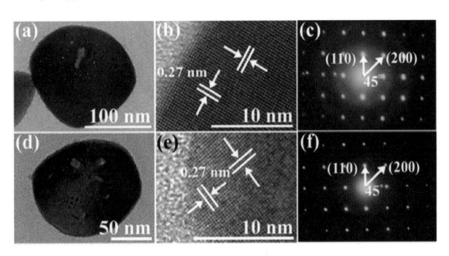

图 2.16　紫外线(a)～(c)和可见光(d)～(f)照射下进行再循环实验后 BiOCl-Y001 纳米盘的 HRTEM 和 SAED 照片

基于以上结果,BiOCl-Y001 纳米盘既催化了直接半导体光激发,又进行了间接染料光敏化。有趣的是,尽管 BiOCl-Y001 纳米盘的比表面积(7.6 $m^2 \cdot g^{-1}$)比 BiOCl-N001 纳米盘的(8.0 $m^2 \cdot g^{-1}$)小,但它对 RhB 光降解的总体活性却更高。BiOCl 纳米盘的总体光催化活性与它们的表面结构更直接相关,而不是比表面积[30]。与 BiOCl-N001 纳米盘相比,BiOCl-Y001 纳米盘中二维纳米结构原子层间的内电场可以更有效地诱导光诱导电荷沿[001]方向分离和转移[12,31-32]。BiOCl-Y001 纳米盘可以防止光生电子-空穴对的复合,从而增加 RhB 的光催化降解。因此,表面性质和合适的内部电场之间的协同作用可能是当 BiOCl-Y001 纳米盘在紫外光直接激发和可见光照射下间接染料光敏降解 RhB 时具有更高活性的原因。

本章通过混合溶剂热法制备具有(001)晶面高暴露的 BiOCl 纳米盘，EG 与水的体积比或金属离子类型的变化可以改变 BiOCl 纳米结构的形状。BiOCl-Y001 纳米盘的形成主要分为三步：在初始阶段快速成核，然后生长成盘状纳米晶体，再由盘状 BiOCl 纳米晶体通过 Ostwald 熟化进而生长为二维 BiOCl 纳米结构。所制备的 BiOCl-Y001 纳米盘在紫外光下直接光激发和可见光照射下 RhB 的染料间接光敏降解方面均表现出比 BiOCl-N001 纳米盘更高的光催化活性。本章的研究结果揭示了 BiOCl 的形成过程，为合成其他高效的纳米级光催化剂提供了一种有效的方法。

参考文献

[1] Novoselov K S, Geim A K, Morozov S, et al. Electric field effect in atomically thin carbon films[J]. Science, 2004, 306: 666-669.

[2] Li H, Yin Z, He Q, et al. Fabrication of single-and multilayer MoS_2 film-based field-effect transistors for sensing NO at room temperature[J]. Small, 2012, 8: 63-67.

[3] Li Y, Wang H, Xie L, et al. MoS_2 nanoparticles grown on graphene: An advanced catalyst for the hydrogen evolution reaction[J]. J. Am. Chem. Soc., 2011, 133: 7296-7299.

[4] Ci L, Song L, Jin C, et al. Atomic layers of hybridized boron nitride and graphene domains[J]. Nat. Mater., 2010, 9: 430-435.

[5] Radisavljevic B, Radenovic A, Brivio J, et al. Single-layer MoS_2 transistors[J]. Nat. Nanotechnol., 2011, 6: 147-150.

[6] Ramakrishna Matte H, Gomathi A, Manna A K, et al. MoS_2 and WS_2 analogues of graphene[J]. Angew. Chem., 2010, 122: 4153-4156.

[7] Xiao J, Choi D, Cosimbescu L, et al. Exfoliated MoS_2 nanocomposite as an anode material for lithium ion batteries[J]. Chem. Mater., 2010, 22: 4522-4524.

[8] Deng H, Wang J, Peng Q, et al. Controlled hydrothermal synthesis of bismuth oxyhalide nanobelts and nanotubes[J]. Chem. Eur. J., 2005, 11: 6519-6524.

[9] Henle J, Kaskel S. Preparation of photochromic transparent BiOX (X=Cl,

I)/PLA nanocomposite materials via microemulsion polymerization[J]. J. Mater. Chem., 2007, 17: 4964-4971.

[10] Peng H, Chan C K, Meister S, et al. Shape evolution of layer-structured bismuth oxychloride nanostructures via low-temperature chemical vapor transport[J]. Chem. Mater., 2008, 21: 247-252.

[11] Chang X, Huang J, Cheng C, et al. BiOX (X = Cl, Br, I) photocatalysts prepared using NaBiO₃ As the Bi source: characterization and catalytic performance[J]. Catal. Commun., 2010, 11: 460-464.

[12] Jiang J, Zhao K, Xiao X, et al. Synthesis and facetdependent photoreactivity of BiOCl single-crystalline nanosheets[J]. J. Am. Chem. Soc., 2012, 134: 4473-4476.

[13] Weng S, Pei Z, Zheng Z, et al. Exciton-free, nonsensitized degradation of 2-naphthol by facet-dependent BiOCl under visible light: novel evidence of surface-state photocatalysis[J]. ACS Appl. Mater. Interface, 2013, 5: 12380-12386.

[14] Ye L, Zan L, Tian L, et al. The {001} facetsdependent high photoactivity of BiOCl nanosheets[J]. Chem. Commun., 2011, 47: 6951-6953.

[15] Xu Y, Xu S, Wang S, et al. Citric acid modulated electrochemical synthesis and photocatalytic behavior of BiOCl nanoplates with exposed {001} facets [J]. Dalton Trans., 2013, 43: 479-485.

[16] Guan M, Xiao C, Zhang J, et al. Vacancy associates promoting solar-driven photocatalytic activity of ultrathin bismuth oxychloride nanosheets[J]. J. Am. Chem. Soc., 2013, 135: 10411-10417.

[17] Zhao K, Zhang L, Wang J, et al. Surface structure-dependent molecular oxygen activation of BiOCl single crystalline nanosheets[J]. J. Am. Chem. Soc., 2013, 135: 15750-15753.

[18] Zhang H, Liu L, Zhou Z. First-principles studies on facet dependent photo-catalytic properties of bismuth oxyhalides (BiOXs) [J]. RSC Adv., 2012, 2: 9224-9229.

[19] Zhang X, Zhao L, Fan C, et al. First-principles investigation of impurity concentration influence on bonding behavior, electronic structure, and visible light absorption for mndoped BiOCl photocatalyst[J]. Physica B: Condensed Matter, 2012, 407: 4416-4424.

[20] Xiong J, Cheng G, Qin F, et al. Tunable BiOCl hierarchical nanostructures

[20] for high-efficient photocatalysis under visible light irradiation[J]. Chem. Eng. J., 2013, 220: 228-236.

[21] Cheng G, Xiong J, Stadler F J. Facile template-free and fast refluxing synthesis of 3D desertrose-like BiOCl nanoarchitectures with superior photocatalytic activity[J]. New J. Chem., 2013, 37: 3207-3213.

[22] Liu Q C, Ma D K, Hu Y Y, et al. Various bismuth oxyiodide hierarchical architectures: Alcohothermal-controlled synthesis, photocatalytic activities, and adsorption capabilities for phosphate in water[J]. ACS Appl. Mater. Interfaces, 2013, 5: 11927-11934.

[23] Gnayem H, Sasson Y. Hierarchical nanostructured 3D flowerlike BiOCl$_x$Br$_{1-x}$ semiconductors with exceptional visible light photocatalytic activity [J]. ACS Catal., 2013, 3: 186-191.

[24] Zhang K, Liang J, Wang S, et al. BiOCl sub-microcrystals induced by citric acid and their high photocatalytic activities[J]. Cryst. Growth Des., 2012, 12: 793-803.

[25] Zhang W, Zhang Q, Dong F. Visible light photocatalytic removal of NO in air over BiOX (X = Cl, Br, I) single-crystal nanoplates prepared at room temperature[J]. Ind. Eng. Chem. Res., 2013, 52: 6740-6746.

[26] Peng S, Li L, Zhu P, et al. Controlled synthesis of BiOCl hierarchical self-assemblies with highly efficient photocatalytic properties[J]. Chem. Asian J., 2013, 8: 258-268.

[27] Biswas A, Das R, Dey C, et al. Ligandfree one-step synthesis of {001} faceted semiconducting BiOCl single crystals and their photocatalytic activity [J]. Cryst. Growth Des., 2013, 14: 236-239.

[28] Zhang X, Qian Y, Zhu Y, et al. Synthesis of Mn$_2$O$_3$ nanomaterials with controllable porosity and thickness for enhanced lithium-ion batteries performance[J]. Nanoscale, 2014, 6: 1725-1731.

[29] Xiong S, Yuan C, Zhang X, et al. Controllable synthesis of mesoporous Co$_3$O$_4$ nanostructures with tunable morphology for application in supercapacitors[J]. Chem. Eur. J., 2009, 15: 5320-5326.

[30] Xi G, Ye J. Synthesis of bismuth vanadate nanoplates with exposed {001} facets and enhanced visible-light photocatalytic properties[J]. Chem. Commun., 2010, 46: 1893-1895.

[31] Zhang X, Ai Z, Jia F, et al. Generalized one-pot synthesis, characteriza-

tion, and photocatalytic activity of hierarchical BiOX (X = Cl, Br, I) nanoplate microspheres[J]. J. Phys. Chem. C, 2008, 112: 747-753.

[32] Xiao X, Liu C, Hu R, et al. Oxygen-rich bismuth oxyhalides: Generalized one-pot synthesis, band structures and visible-light photocatalytic Properties [J]. J. Mater. Chem., 2012, 22: 22840-22843.

第 3 章

富氧化 $Bi_{12}O_{15}Cl_6$ 纳米片可见光催化降解双酚 A

3.1 引言

如前文所述,氯氧化铋(BiOCl)具有独特的层状结构,$[Bi_2O_2]^{2+}$和$[Cl_2]^{2-}$层交替排列,由此产生的层间电场能够诱导载流子分离,因此具有良好的光催化活性[1-2]。与TiO_2、ZnO等常见的光催化剂类似,BiOCl带隙很宽(3.3 eV),同样没有可见光催化活性,因此需要对BiOCl进行改性[3-5]。近年来,人们在减小BiOCl禁带宽度方面做了很多工作,以期提高BiOCl对可见光的利用率,从而使其能够更有效地利用太阳光进行催化降解[6-11]。研究结果表明,在BiOCl表面引入氧空位是一种减小带隙的有效方法[12]。其中,高暴露{001}晶面的超薄BiOCl纳米片(氧原子面密度较高)具有较强的CO_2吸附能力,且载流子分离效率更高,因此表现出了更高的光催化还原CO_2的活性[8]。尽管有报道表明引入氧空位能够在一定程度上提升BiOCl的可见光响应,但是提升程度有限,想要通过引入氧空位来减小BiOCl的禁带宽度是很困难的。

通过DFT计算来研究BiOCl的能带结构,结果表明BiOCl的价带(VB)由O 2p轨道和Cl 3p轨道构成,而导带(CB)主要由Bi 6p轨道构成[13-14]。这一结果暗示了可以通过改变Bi、O、Cl三种元素的相对比例来改变BiOCl的能带结构,这也解释了为何引入氧空位(减小局部氧原子密度)能够在一定程度上提升BiOCl的可见光吸收率。例如,$Bi_{24}O_{31}Cl_{10}$的禁带宽度仅为2.8 eV,能够在可见光下有效降解罗丹明B(RhB)[14]。此外,随着物相的改变,氯氧化铋的本征导电性也会发生改变,BiOCl是p型半导体,而通过真空退火得到的$Bi_{12}O_{15}Cl_6$则是n型半导体[15-17]。对于这种新型$Bi_{12}O_{15}Cl_6$光催化剂,其光催化机理以及对有机物的降解能力还有待进一步探索。

本章提出了一种简单温和的两步法(溶剂热后接热处理)来制备$Bi_{12}O_{15}Cl_6$纳米片。一方面,相比于BiOCl,此法所制备的$Bi_{12}O_{15}Cl_6$纳米片具有较窄的带隙(2.36 eV),能够在可见光下有效降解BPA,这也说明$Bi_{12}O_{15}Cl_6$纳米片对可见光的利用效率与BiOCl和TiO_2(P25)相比有了大幅提升。另一方面,由于双酚A(BPA)是一种广泛分布的内分泌干扰物,无色且化学性质比较稳定,因此选择其作为光催化降解性能测试的目标有机物,可以避免染料分子的敏化作用造成的干扰[18-20]。此外,通过对活性物质和降解产物的研究,提出了$Bi_{12}O_{15}Cl_6$纳米片降解BPA的催化机理。更重要的是,$Bi_{12}O_{15}Cl_6$纳米片在反应过程中始终保持稳定且能够重复使用,体现了其在水处理和废水处理中的潜在价值。

3.2 $Bi_{12}O_{15}Cl_6$ 纳米片的制备方法

本章涉及的所有试剂均购自国药集团化学试剂有限公司,品级为分析纯,无需进一步提纯即可直接使用。合成 $Bi_{12}O_{15}Cl_6$ 纳米片的方法如下:首先,将 0.485 g(1 mmol)硝酸铋($Bi(NO_3)_3 \cdot 5H_2O$)加入到 10 mL 乙二醇中,充分超声分散直至硝酸铋完全溶解形成均匀的溶液。同时,将 0.018 g(0.33 mmol)氯化铵(NH_4Cl)加入 35 mL 去离子水中,搅拌至完全溶解。接着,将氯化铵溶液快速加入到硝酸铋溶液中并伴以持续搅拌,反应体系立即变为白色悬浊液。之后,将该悬浊液倒入 50 mL 聚四氟乙烯高压水热釜中,进行 12 h 水热反应,温度为 160 ℃。水热反应结束后自然冷却至室温,通过离心将粉体产物分离出来,并用去离子水和乙醇分别清洗 3 次,以去除残留的反应物,并将清洗后的粉体产物置于 80 ℃ 下真空干燥。最后,干燥的产物在 400 ℃ 空气条件下煅烧 5 h,冷却后即可得到 $Bi_{12}O_{15}Cl_6$ 纳米片。而作为对照组的 BiOCl 也是通过上述方法来制备的,但 NH_4Cl 的用量需要增加到 0.054 g(1 mmol)。

3.3 $Bi_{12}O_{15}Cl_6$ 纳米片的微观结构

3.3.1 物相表征

图 3.1 是所得样品的 X 射线衍射图(XRD),样品的粉末 XRD 谱图通过飞

利浦 X'Pert PRO SUPER 衍射仪测定,并配有石墨单色器 Cu Kα 辐射部件($\lambda=1.541874$ Å)。所有的衍射峰都可以归属于 $Bi_{12}O_{15}Cl_6$ 这一物象(JCPDS 卡片编号 70-0249)。从图中可以发现,实际测得的某些衍射峰强度与标准卡片的峰强度差异较大。XRD 测试结果显示,2θ 值为 30.16°,对应的衍射峰是样品的主峰,该峰对应的晶面为(413)晶面,这表明在制得的 $Bi_{12}O_{15}Cl_6$ 中(413)晶面有择优取向。此外,没有检出其他杂质晶体的衍射峰,从而证实了用此方法得到的产物是纯相的 $Bi_{12}O_{15}Cl_6$。

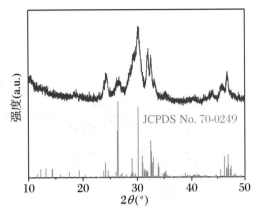

图 3.1 样品的 XRD 谱图

3.3.2

形貌结构

利用扫描电子显微镜(SEM)和透射电子显微镜(TEM)来观察 $Bi_{12}O_{15}Cl_6$ 样品的形貌,拍摄的照片如图 3.2 所示。样品的 SEM 照片是用 X-650 扫描电子显微分析仪和 JSM-6700F 场发射 SEM(日本电子株式会社)拍摄的。样品的照片是用 JEM-2011 TEM(日本电子株式会社)拍摄的,电子束电压为 100 kV。高分辨透射电子显微镜(HRTEM)照片是用 HRTEM-2010(日本电子株式会社)拍摄的,加速电压为 200 kV。SEM 照片(图 3.2(a)、图 3.2(b))表明 $Bi_{12}O_{15}Cl_6$ 产物具有大规模的二维片状形貌,平面尺寸为 100～600 nm,超过 80% 的 $Bi_{12}O_{15}Cl_6$ 纳米片平面尺寸为 250～500 nm(图 3.3)。TEM 照片(图 3.2(c))再次证实了产物的片状形貌,其厚度大约为 20 nm。为了进一步表征产物的精细结构,在一个纳米片的边缘区域拍摄了 HRTEM 照片(图 3.2(d)),图中连续清晰的晶格条纹证实了产物的结晶度很高。

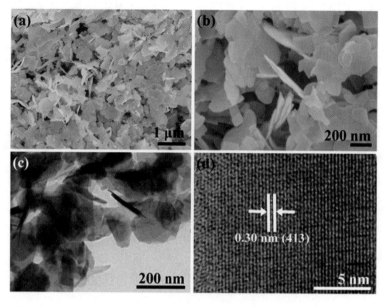

图 3.2 $Bi_{12}O_{15}Cl_6$ 的 SEM(a)、(b)，TEM(c)和 HRTEM(d)照片

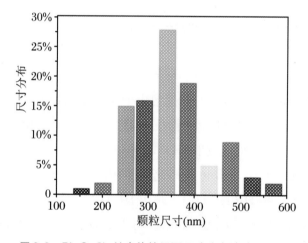

图 3.3 $Bi_{12}O_{15}Cl_6$ 纳米片的平面尺寸分布统计图

3.3.3

晶面暴露

此外，晶格条纹的间距为 0.30 nm，对应于 $Bi_{12}O_{15}Cl_6$ 的(413)晶面，这也与 XRD 的测试结果相吻合。

3.3.4 元素组成与化合态

Bi$_{12}$O$_{15}$Cl$_6$ 纳米片表面的元素组成和化学态通过 X 射线光电子能谱仪（XPS）ESCALAB 250（美国赛默飞科技股份有限公司）测定，其结果如图 3.4 所示。其中，总谱（图 3.4(a)）中包含了 Bi、O、Cl、C 四种元素的 XPS 峰，且该结果已对 C 1s 峰的标准值（284.6 eV）进行校正。Bi 4f 高分辨谱（图 3.4(b)）中包含两个主峰，结合能分别为 159.8 eV 和 165.2 eV，差值为 5.4 eV，这与 Bi^{3+} 的 4f$_{7/2}$ 和 4f$_{5/2}$ 理论值吻合。O 1s 高分辨谱（图 3.4(c)）中主峰位置在 529.4 eV 处，这与 Bi—O 键中 O^{2-} 的理论值吻合。Cl 2p 高分辨谱（图 3.4(d)）中两个主峰的位置分别在 194.5 eV 和 198.9 eV 处，对应于 Cl$^-$ 的 2p$_{3/2}$ 和 2p$_{1/2}$[21]。上述结果证实了产物由 Bi、O、Cl 三种元素组成，不含杂元素，且各元素的化学态符合 Bi$_{12}$O$_{15}$Cl$_6$。

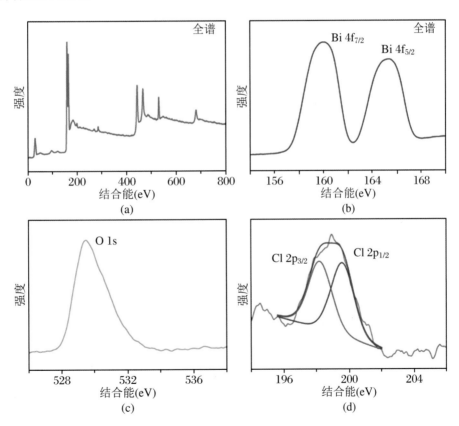

图 3.4　Bi$_{12}$O$_{15}$Cl$_6$ 纳米片的 XPS 测试结果：分别为总谱(a)；Bi 4f、O 1s 和 Cl 2p(b)～(d)的高分辨谱

3.4 Bi$_{12}$O$_{15}$Cl$_6$ 纳米片的能带结构

3.4.1 光学性质

光催化剂的催化活性与其能带结构密切相关。对于半导体光催化剂，其对入射光的最大吸收波长、禁带宽度、价带顶和导带底位置符合以下关系[22]：

$$\alpha(h\nu) = A(h\nu - E_g)^{n/2} \tag{3.1}$$

$$E_g = E_{VB} - E_{CB} \tag{3.2}$$

式中，α 为吸收系数，$h\nu$ 为光子能量，A 为常数，E_g 为禁带宽度，E_{VB} 和 E_{CB} 分别为价带顶和导带底的势能。而 n 的取值取决于半导体本身的跃迁形式，对于像 BiOX 这样的间接带隙半导体，n 的取值为 4。

图 3.5(a)是 Bi$_{12}$O$_{15}$Cl$_6$ 和 BiOCl 样品超声分散在水中的照片，Bi$_{12}$O$_{15}$Cl$_6$ 分散液呈浅黄色，而 BiOCl 分散液则是白色。漫反射光谱通过紫外可见分光光度计 Solid 3700（日本岛津制作所有限公司）测定。Bi$_{12}$O$_{15}$Cl$_6$ 和 BiOCl 的 UV-Vis 漫反射谱（图 3.5(b)）则清楚地显示出 Bi$_{12}$O$_{15}$Cl$_6$ 的吸收边与 BiOCl 相比发生了明显的红移。BiOCl 的吸收边大约为 380 nm，不能吸收可见光；而 Bi$_{12}$O$_{15}$Cl$_6$ 的吸收边则超过 500 nm，能够有效吸收可见光。

3.4.2 能带结构

基于 UV-Vis 漫反射谱的数据计算出了相应的 Tauc 曲线（图 3.5(c)），Tauc 曲线中线性部分的延长线在横坐标（$h\nu$ 轴）上的截距即为半导体的禁带宽度[2]。计算结果表明，BiOCl 和 Bi$_{12}$O$_{15}$Cl$_6$ 的禁带宽度分别为 3.37 eV 和 2.36 eV。换言之，与直接合成的 BiOCl 相比，Bi$_{12}$O$_{15}$Cl$_6$ 的禁带宽度减小了 1.01 eV。另外，Bi$_{12}$O$_{15}$Cl$_6$ 和 BiOCl 的价带顶位置则可以通过 XPS 价带谱来测定。如图 3.5(d)所示，Bi$_{12}$O$_{15}$Cl$_6$ 和 BiOCl 的价带顶非常接近（1.85 eV），再结合禁带宽度的数据即可推算出导带底的位置，Bi$_{12}$O$_{15}$Cl$_6$ 和 BiOCl 导带底势能分别为 −0.51 eV 和 −1.52 eV。从二者的能带结构上看，富氧化处理后

$Bi_{12}O_{15}Cl_6$ 的导带底与 BiOCl 的相比往正方向移动了 1.01 eV,从而使得 $Bi_{12}O_{15}Cl_6$ 禁带宽度大幅度减小,实现了可见光吸收。

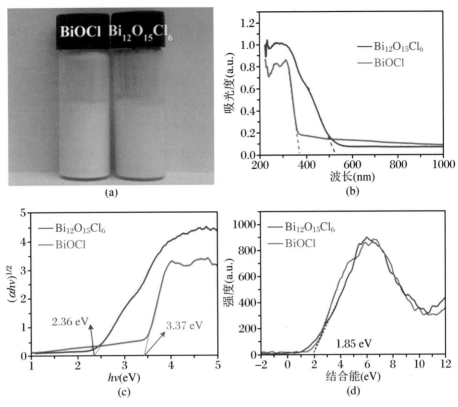

图 3.5 $Bi_{12}O_{15}Cl_6$ 和 BiOCl 样品的照片(a)、UV-Vis 漫反射谱(b)、Tauc 曲线(c)和 XPS 价带谱(d)

3.5 $Bi_{12}O_{15}Cl_6$ 纳米片光催化降解双酚 A

3.5.1
降解性能

考虑到双酚 A(BPA)是广泛存在于水体中的内分泌干扰物,且无色透明,不会在光催化反应过程中产生敏化作用,故选择 BPA 作为光催化降解的目标有机物[23-24]。

$Bi_{12}O_{15}Cl_6$ 纳米片可见光催化降解 BPA 在室温下进行,采用 350 W 氙灯并配以 420 nm 截止滤波片作为光源,测定的辐射通量为 82 mW·cm^{-2}。首先,开始实验之前,将 10 mg $Bi_{12}O_{15}Cl_6$ 纳米片光催化剂加入 40 mL 浓度为 10 mg·L^{-1} 的 BPA 水溶液中,之后在黑暗中搅拌 60 min 保证达到吸附/脱附平衡。接着,在光照和持续搅拌中以固定的时间间隔取样,BPA 浓度和降解产物用高效液相色谱(HPLC)(1260 Infinity,美国安捷伦科技股份有限公司)进行测定,色谱柱为安捷伦 Eclipse XDB-C18 柱(4.6 mm×150 mm),柱温为 30 ℃。测定 BPA 和对羟基苯乙酮浓度时,流动相为 50%乙腈和 50%去离子水(含 0.1%甲酸),流速为 1.0 mL·min^{-1},检测波长为 273 nm。测定苯酚浓度时,流动相为 40%乙腈和 60%去离子水(不含甲酸),流速为 0.5 mL·min^{-1},检测波长为 254 nm。

结果如图 3.6(a)所示。空白实验中的 BPA 在 6 h 可见光照射后几乎没有减少,这表明 BPA 在可见光下是稳定的,不会发生自分解。光照 6 h 后,$Bi_{12}O_{15}Cl_6$ 降解了超过 90%的 BPA,而相同条件下 BiOCl 和 TiO_2(P25)对 BPA 的去除率仅为 10%~20%。因此,$Bi_{12}O_{15}Cl_6$ 在可见光下的催化活性远远高于 BiOCl 的。

为了定量比较这几种催化剂的催化活性,对 BPA 的降解实验结果进行了动力学拟合。由于反应物浓度很低,采用准一级动力学方程进行拟合:

$$-\ln(C_t/C_0) = kt \tag{3.3}$$

式中,C_0 为 BPA 初始浓度;C_t 为 BPA 在时刻 t 的浓度;k 即为动力学常数,用于反映催化剂的表观催化活性。动力学拟合的结果如图 3.6(b)所示。$Bi_{12}O_{15}Cl_6$ 纳米片的 k 值计算结果为 0.368 h^{-1},是 BiOCl 的 13.6 倍,是 TiO_2(P25)的 8.7 倍。

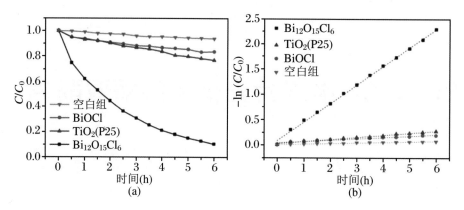

图 3.6 $Bi_{12}O_{15}Cl_6$、BiOCl、TiO_2(P25)以及空白组可见光催化降解 BPA 的降解曲线(a)和动力学曲线(b)

需要注意的是,催化剂的比表面积决定了活性位点的暴露,从而影响催化活性。因此,通过 BET 法测试这几种催化剂的比表面积,结果如图 3.7 所示,$Bi_{12}O_{15}Cl_6$、BiOCl 和 TiO_2(P25)的比表面积分别为 7.4 $m^2 \cdot g^{-1}$、5.9 $m^2 \cdot g^{-1}$ 和 42.3 $m^2 \cdot g^{-1}$。因此,$Bi_{12}O_{15}Cl_6$ 纳米片的 k 值对比表面积进行归一化后(0.0497 $g \cdot h^{-1} \cdot m^{-2}$)仍然远高于 BiOCl(0.0046 $g \cdot h^{-1} \cdot m^{-2}$)和 TiO_2(P25)(0.0001 $g \cdot h^{-1} \cdot m^{-2}$)。这一结果证实了 $Bi_{12}O_{15}Cl_6$ 纳米片在可见光下具有良好的光催化活性,而且与 BiOCl 相比,$Bi_{12}O_{15}Cl_6$ 催化活性的提升应当归因于带隙减小引起的可见光吸收,而非比表面积增大引起的活性位点增加。

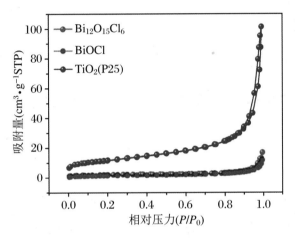

图 3.7 N_2 在 $Bi_{12}O_{15}Cl_6$、BiOCl 和 TiO_2(P25)上的吸附/脱附等温线

3.5.2

降解产物

为了解析 BPA 光催化降解过程,首先需要确定 BPA 的主要降解产物。利用 HPLC 对降解过程中不同时间采集的样品进行分析,测试结果如图 3.8 所示,测试条件参见实验部分。

检测波长为 273 nm 时(图 3.8(a)),保留时间为 8.7 min 的峰对应 BPA,随着反应时间延长,该峰强度逐渐下降,表明 BPA 被不断降解。同时,从第 2 个水样开始,保留时间 3.9 min 出现了一个新的峰且强度逐渐增加(初始水样未检出此峰),因此该物质应当是一种主要的降解产物。从 BPA 分子结构上看,两个苯环之间的季碳原子比较容易被氧化,产物之一很可能是对羟基苯乙酮[25-26]。因此配制了一系列不同浓度的对羟基苯乙酮溶液,在相同测试条件下其出峰时间与水样的出峰时间一致(图 3.8(b)),这就说明对羟基苯乙酮应当是 BPA 的主要降解产物之一。另外,BPA 分解成对羟基苯乙酮后,剩余部分应当是苯酚。所以,在 254 nm 的检测波长下再次测试水样,以期检出苯酚。测试结果(图 3.8(c))表明在保留时间 5.9 min 出现了一个强度很低的峰,且其强度也随着光照时间延长而增加,并且初始水样同样未检出此峰。与对羟基苯乙酮一样,配制了一系列苯酚溶液,其出峰时间也为 5.9 min,因此,苯酚也是 BPA 的降解产物。

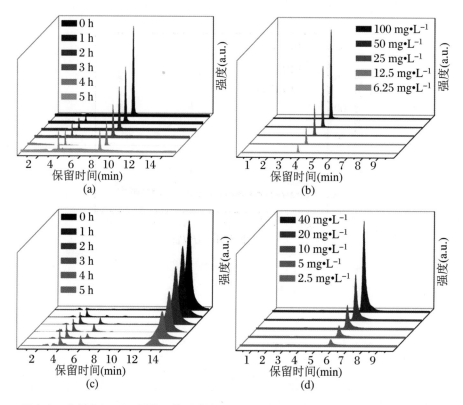

图 3.8 水样在 273 nm 波长下的测试结果(a);不同浓度对羟基苯乙酮在 273 nm 波长下的检测结果(b);水样在 254 nm 波长下的测试结果(c);不同浓度苯酚在 254 nm 波长下的测试结果(d)

HPLC 测试结果表明 BPA 被降解成对羟基苯乙酮和苯酚两种产物,而这两种产物有可能会被继续氧化分解,甚至开环矿化,因此测试了不同光照时间的水样中总有机碳(TOC)浓度。总有机碳(TOC)浓度通过 TOC 分析仪(Muti N/C 2100,德国耶拿公司)来测定。TOC 浓度的变化如图 3.9 所示,光照 6 h 后 TOC 的去除率约为 50%,这一结果证实了对羟基苯乙酮和苯酚仍能被继续降解,并逐步矿化为 CO_2 和 H_2O。

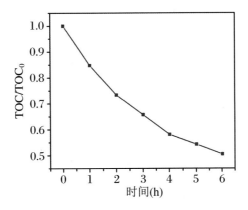

图 3.9 光催化降解过程中 TOC 浓度变化

3.5.3
主要活性物质

在建立了 BPA 降解路径之后,还需要明确降解过程中发挥作用的活性物质。在不添加氧化剂的水相降解反应体系中,活性氧(ROS)是最常见的活性物质,包括超氧阴离子($\cdot O_2^-$)、超氧自由基($\cdot OOH$)、羟基自由基($\cdot OH$)等。此外,催化剂中的光生空穴(h^+)也具有一定的氧化能力。为了验证 ROS 的产生,利用电子顺磁共振(EPR)(JES-FA200,日本电子株式会社)来检测活性自由基,分别采用对苯二甲酸(TPA)和氯化硝基四氮唑蓝(NBT)来捕获 $\cdot OH$ 和 $\cdot O_2^-$,结果如图 3.10 所示[27-28]。

NBT 被 $\cdot O_2^-$ 氧化后,其 259 nm 处的特征吸收峰会下降。比较图 3.10(a) 和图 3.10(c)可以发现,在可见光照射下 $Bi_{12}O_{15}Cl_6$ 能够产生 $\cdot O_2^-$,从而导致 NBT 吸收峰强度降低,而 BiOCl 则几乎不能产生 $\cdot O_2^-$。此外,TPA 结合 $\cdot OH$ 后产生的 TPA·OH 在 420 nm 处有特征的荧光发射信号,比较图 3.10(b)和图 3.10(d)也能得到类似的结论,$Bi_{12}O_{15}Cl_6$ 体系中有 $\cdot OH$ 产生,但 BiOCl 体系中没有 $\cdot OH$ 产生。结合二者的能带结构,由于 ROS 通常由氧气(O_2)和水(H_2O)与催化剂表面的光生电子、空穴直接反应产生,而 BiOCl 带隙过宽(3.37 eV),不具有可见光响应,因此在 420 nm 入射光下几乎不能产生光生电子和空穴,从而也就不能产生自由基。而 $Bi_{12}O_{15}Cl_6$ 纳米片带隙较窄(2.36 eV),在可见光下能够发生空穴与电子的分离,并且其与 O_2 和 H_2O 反应产生 ROS。$Bi_{12}O_{15}Cl_6$ 纳米片的导带底势能是 -0.51 eV,而 $O_2/\cdot O_2^-$ 的势

垒是 $-0.046\ eV$,因此 $Bi_{12}O_{15}Cl_6$ 的光生电子可以还原 O_2 产生 $\cdot O_2^-$ [29]。但其价带顶势能是 $1.85\ eV$,小于 $OH^-/\cdot OH$ 的势垒($2.38\ eV$),故 $Bi_{12}O_{15}Cl_6$ 的光生空穴不能直接氧化 H_2O 产生 $\cdot OH$[30]。所以,$Bi_{12}O_{15}Cl_6$ 反应体系中的 $\cdot OH$ 应当是 $\cdot O_2^-$ 通过一系列自由基反应间接产生的[31]:

$$Bi_{12}O_{15}Cl_6 + h\nu \longrightarrow h^+ + e^- \tag{3.4}$$

$$O_2 + e^- \longrightarrow \cdot O_2^- \tag{3.5}$$

$$\cdot O_2^- + \cdot O_2^- + 2H^+ \longrightarrow H_2O_2 + O_2 \tag{3.6}$$

$$H_2O_2 + e^- \longrightarrow \cdot OH + OH^- \tag{3.7}$$

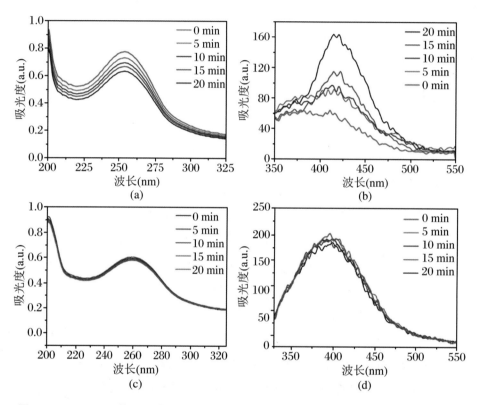

图 3.10 $Bi_{12}O_{15}Cl_6$ 的 NBT 紫外可见吸收谱(a)和 TPA·OH 荧光发射谱(b),以及 BiOCl 的 NBT 紫外可见吸收谱(c)和 TPA·OH 荧光发射谱(d)

接着,分别使用一系列自由基清除剂来清除对应的活性物质,以进一步确定光生空穴和各种自由基对于降解 BPA 做出的贡献。其中,草酸钠($Na_2C_2O_4$)用于清除光生空穴,叔丁醇(TBA)用于清除 $\cdot OH$,对苯醌(PBQ)用于清除 $\cdot O_2^-$,以及通过曝 N_2 来去除溶解氧[7]。实验结果如图 3.11(a)所示,与不加清除剂的 BPA 降解动力学常数相比,TBA、$Na_2C_2O_4$、PBQ 和曝 N_2 分别使动力学常数减小了 45%、81%、55% 和 67%。因此,光生空穴、$\cdot O_2^-$ 和 $\cdot OH$ 在 BPA 降解过程中都发挥了一定的作用,其中光生空穴是最主要的活性物质。

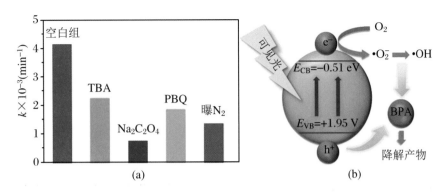

图 3.11 自由基清除实验(a)和降解机理示意图(b)

基于以上实验结果和分析，可以将 $Bi_{12}O_{15}Cl_6$ 纳米片可见光催化降解 BPA 的反应过程总结如下（图 3.11(b)）：首先，$Bi_{12}O_{15}Cl_6$ 吸收入射光并发生空穴与电子的分离。接着，$Bi_{12}O_{15}Cl_6$ 表面的光生空穴与氧化吸附在其表面的 BPA 分子并使其发生降解。另外，$Bi_{12}O_{15}Cl_6$ 表面的光生电子则与水中的溶解氧发生反应，通过单电子转移将 O_2 还原为 $·O_2^-$，并进一步通过一系列自由基反应转化成 ·OH。这些自由基进一步氧化溶液中游离的 BPA 分子及产生的中间产物（苯酚和对羟基苯乙酮），并最终使 BPA 矿化产生 CO_2 和 H_2O。

3.5.4
循环稳定性

催化剂的循环稳定性也是一项很重要的性能指标。因而取一定质量的 $Bi_{12}O_{15}Cl_6$ 纳米片，连续循环使用 6 次来降解 BPA，每次循环过后通过高速离心将催化剂分离出来。图 3.12(a)表明循环 6 次后 $Bi_{12}O_{15}Cl_6$ 的片状形貌保存完好，既没有破碎也没有团聚，因此 $Bi_{12}O_{15}Cl_6$ 纳米片具有良好的形貌稳定性。图 3.12(b)表明，6 次循环后 $Bi_{12}O_{15}Cl_6$ 纳米片催化降解 BPA 的活性仍能保持 90% 以上，因此 $Bi_{12}O_{15}Cl_6$ 纳米片同样具有良好的性能稳定性。以上结果充分说明制得的 $Bi_{12}O_{15}Cl_6$ 纳米片用于可见光催化降解有机物时具有良好的稳定性，这在实际应用中是十分重要的。

本章利用富氧化处理成功解决了 BiOCl 没有可见光响应的问题，通过水热—热处理两步制备了高产率 $Bi_{12}O_{15}Cl_6$ 纳米片，且样品纯度高、结晶性好。$Bi_{12}O_{15}Cl_6$ 的禁带宽度（2.36 eV）明显小于 BiOCl 的（3.37 eV），其对入射光的最大吸收波长也发生了红移且进入了可见光区。因此，对于无色的 BPA 分子，在没有敏化作用的帮助下 $Bi_{12}O_{15}Cl_6$ 仍能表现出良好的催化降解性能，其催化活性比 BiOCl 和商品化 TiO_2(P25)分别高 13.6 和 8.7 倍。此外，$Bi_{12}O_{15}Cl_6$ 纳米片具有良好的循环稳定性，这在实际应用中是十分重要的。通过机理解析，证实了光生空穴是 BPA 降解的主要活性物质，BPA 的主要降解产物是苯酚和对羟基苯乙酮。因此，本章内容证实了物相调控是改变光催化剂能带结构的有效手段，对于氯氧化铋，通过富氧化处理来调控 Bi、O、Cl 原子比例能够显著减小禁带宽度，从而有效提升催化剂的可见光催化活性。

图 3.12　循环 6 次后 $Bi_{12}O_{15}Cl_6$ 的 SEM 照片(a)和循环 6 次的 BPA 降解率(b)

参考文献

[1] Jiang J, Zhao K, Xiao X, et al. Synthesis and facet-dependent photoreactivity of BiOCl single-crystalline nanosheets[J]. J. Am. Chem. Soc., 2012, 134：4473-4476.

[2] Guan M, Xiao C, Zhang J, et al. Vacancy associates promoting solar-driven photocatalytic activity of ultrathin bismuth oxychloride nanosheets[J]. J. Am. Chem. Soc., 2013, 135：10411-10417.

[3] Ghosh S, Kouamé N A, Ramos L, et al. Conducting polymer nanostructures for photocatalysis under visible light[J]. Nat. Mater., 2015, 14：505.

[4] Tao J, Luttrell T, Batzill M. A two-dimensional phase of TiO_2 with a reduced bandgap[J]. Nat. Chem., 2011, 3：296-300.

[5] Guo C, Ge M, Liu L, et al. Directed synthesis of mesoporous TiO_2 microspheres：catalysts and their photocatalysis for bisphenol A degradation[J]. Environ. Sci. Technol., 2009, 44：419-425.

[6] Ye L, Deng K, Xu F, et al. Increasing visible-light absorption for photoca-

talysis with black BiOCl[J]. Phys. Chem. Chem. Phys., 2012, 14: 82-85.

[7] Li H, Zhang L. Oxygen vacancy induced selective silver deposition on the {001} facets of BiOCl single-crystalline nanosheets for enhanced Cr(Ⅵ) and sodium pentachlorophenate removal under visible light[J]. Nanoscale, 2014, 6, 7805-7810.

[8] Zhang L, Wang W, Jiang D, et al. Photoreduction of CO_2 on BiOCl nanoplates with the assistance of photoinduced oxygen vacancies[J]. Nano Res., 2015, 8: 821-831.

[9] Ye L, Liu J, Gong C, et al. Two different roles of metallic Ag on Ag/AgX/BiOX (X=Cl, Br) visible light photocatalysts: surface plasmon resonance and Z-scheme bridge[J]. ACS Catal., 2012, 2: 1677-1683.

[10] Yu N, Chen Y, Zhang W, et al. Preparation of Yb^{3+}/Er^{3+} co-doped BiOCl sheets as efficient visible-light-driven photocatalysts[J]. Mater. Lett., 2016, 179: 154-157.

[11] Zuo Y, Wang C, Sun Y, et al. Preparation and photocatalytic properties of $BiOCl/Bi_2MoO_6$ composite photocatalyst[J]. Mater. Lett., 2015, 139: 149-152.

[12] Ye L, Zan L, Tian L, et al. The {001} facets-dependent high photoactivity of BiOCl nanosheets[J]. Chem. Commun., 2011, 47: 6951-6953.

[13] Zhang X, Zhang L. Electronic and band structure tuning of ternary semiconductor photocatalysts by self doping: the case of BiOI[J]. J. Phys. Chem. C, 2010, 114: 18198-18206.

[14] Wang L, Shang J, Hao W, et al. A dye-sensitized visible light photocatalyst-$Bi_{24}O_{31}Cl_{10}$[J]. Sci. Rep., 2014, 4: 7384-7391.

[15] Myung Y, Wu F, Banerjee S, et al. Highly conducting, n-type $Bi_{12}O_{15}Cl_6$ nanosheets with superlattice-like structure[J]. Chem. Mater., 2015, 27: 7710-7718.

[16] Xiao X, Liu C, Hu R, et al. Oxygen-rich bismuth oxyhalides: generalized one-pot synthesis, band structures and visible-light photocatalytic properties [J]. J. Mate. Chem., 2012, 22: 22840-22843.

[17] Hopfgarten F. The crystal structure of $Bi_{12}O_{15}Cl_6$[J]. Acta Crystallogr. Sect. B: Struct. Crystallogr. Cryst. Chem., 1976, 32: 2570-2573.

[18] Zhang A Y, Long L L, Liu C, et al. Electrochemical degradation of refractory pollutants using TiO_2 single crystals exposed by high-energy {001} facets

[J]. Water Res., 2014, 66: 273-282.

[19] Molkenthin M, Olmez-Hanci T, Jekel M R, et al. Photo-Fenton-like treatment of BPA: effect of UV light source and water matrix on toxicity and transformation products[J]. Water Res., 2013, 47: 5052-5064.

[20] Crain D A, Eriksen M, Iguchi T, et al. An ecological assessment of bisphenol-A: evidence from comparative biology[J]. Reprod. Toxicol., 2007, 24: 225-239.

[21] Huang C, Hu J, Cong S, et al. Hierarchical BiOCl microflowers with improved visible-light-driven photocatalytic activity by Fe(Ⅲ) modification[J]. Appl. Catal. B: Environ., 2015, 174: 105-112.

[22] Chang X, Wang S, Qi Q, et al. Constrained growth of ultrasmall BiOCl nanodiscs with a low percentage of exposed {001} facets and their enhanced photoreactivity under visible light irradiation[J]. Appl. Catal. B: Environ., 2015, 176-177: 201-211.

[23] Katsumata H, Taniguchi M, Kaneco S, et al. Photocatalytic degradation of bisphenol A by Ag_3PO_4 under visible light[J]. Catal. Commun., 2013, 34: 30-34.

[24] Buriak J M, Kamat P V, Schanze K S. Best practices for reporting on heterogeneous photocatalysis[J]. ACS Appl. Mater. Interfaces, 2014, 6: 11815-11816.

[25] Pan M, Zhang H, Gao G, et al. Facet-dependent catalytic activity of nanosheet-assembled bismuth oxyiodide microspheres in degradation of bisphenol A[J]. Environ. Sci. Technol., 2015, 49: 6240-6248.

[26] Chang C, Zhu L, Fu Y, et al. Highly active Bi/BiOI composite synthesized by one-step reaction and its capacity to degrade bisphenol A under simulated solar light irradiation[J]. Chem. Eng. J., 2013, 233: 305-314.

[27] Barreto J, Smith G, Strobel N, et al. Terephthalic acid: a dosimeter for the detection of hydroxyl radicals in vitro[J]. Life Sci., 1995, 56: 89-96.

[28] Li F T, Wang Q, Ran J, et al. Ionic liquid self-combustion synthesis of BiOBr/$Bi_{24}O_{31}Br_{10}$ heterojunctions with exceptional visible-light photocatalytic performances[J]. Nanoscale, 2015, 7: 1116-1126.

[29] Ye L, Liu J, Jiang Z, et al. Facets coupling of BiOBr-g-C_3N_4 composite photocatalyst for enhanced visible-light-driven photocatalytic activity[J]. Appl. Catal. B: Environ., 2013, 142-143: 1-7.

[30] Yu L, Zhang X, Li G, et al. Highly efficient $Bi_2O_2CO_3$/BiOCl photocatalyst based on heterojunction with enhanced dye-sensitization under visible light[J]. Appl. Catal. B: Environ., 2016, 187: 301-309.

[31] Wang F, Shifa T A, Zhan X, et al. Recent advances in transition-metal dichalcogenide based nanomaterials for water splitting[J]. Nanoscale, 2015, 7: 19764-19788.

第 4 章

一维 $Bi_{12}O_{17}Cl_2$ 纳米带的合成及光催化性能

4.1 引言

如前文所述,尽管 BiOCl 具有诸多优点,是一种理想的光催化剂,但其过宽的带隙使得它只能对紫外光产生响应,在可见光下几乎没有催化活性,这就极大地限制了其对太阳能的利用[1-4]。上一章通过两步法(水热—热处理)制备了 $Bi_{12}O_{15}Cl_6$ 纳米片材料,在可见光下具有良好的光催化活性。然而,重新审视从催化剂合成到污染物降解的整个过程,发现氯氧化铋光催化剂还存在很大的提升空间,对其进行进一步优化和改性很有必要[5-9]。

首先,BiOCl 的价带由 O 2p 轨道和 Cl 3p 轨道构成,而导带主要由 Bi 6p 轨道构成[10-11]。上一章关于 $Bi_{12}O_{15}Cl_6$ 的实验结果证实了通过富氧化处理改变 Cl 和 O 的比例能够有效减小氯氧化铋的禁带宽度,并使其实现可见光响应。基于这种想法,认为通过进一步调控 Cl 和 O 的原子比例(即物相调控),有望使富氧化氯氧化铋的禁带宽度变得更窄,从而使其能够更有效地吸收和利用可见光,更大程度地提升其可见光催化活性[11-12]。需要注意的是,在第 1 章中提到过,尽管减小带隙能够提升半导体对可见光的吸收,但同样会使得光生电子和空穴更容易复合,反而会降低催化活性,因此减小带隙的方法是一把双刃剑。但是,BiOCl 是典型的间接带隙半导体,同时晶体内原子排列具有特殊的层状结构,再加上层间电场和偶极距的诱导作用,这些因素使得 BiOCl 具有很高的载流子分离效率,因此减小带隙所带来的弊端对 BiOCl 而言是可接受的[3,13]。

其次,催化剂的形貌也是影响催化活性的重要因素。例如,随着厚度的降低,超薄 BiOCl 纳米片能够表现出更高的催化活性[14]。对于富氧化氯氧化铋,绝大多数文献报道的都是二维的片状形貌,如 Bi_3O_4Cl 纳米片、$Bi_{12}O_{17}Cl_2$ 纳米片、$Bi_{24}O_{31}Cl_{10}$ 纳米片以及上一章介绍的 $Bi_{12}O_{15}Cl_6$ 纳米片等[2,11-12,15-18]。相比于具有二维形貌的催化剂,具有一维(线状)或准一维(带状)形貌的催化剂通常会具有更高的载流子输运效率,光生电子和空穴更容易到达催化剂表面而参与反应,因此其催化活性也更高。事实上,(准)一维形貌的氯氧化铋材料鲜有报道。有文章报道,使用十六烷基三甲基氯化铵(CTAC)作为氯源,通过水热法可以合成 $Bi_{12}O_{17}Cl_2$ 纳米带,但所得到的产物形貌不均匀,且 CTAC 作为一种表面活性剂很容易吸附在材料表面并掩蔽活性位点,从而降低催化剂的活性[19]。此外,也有文章报道了 $Bi_{12}O_{17}Cl_2$ 纳米线的合成方法,即首先在蓝宝石(Al_2O_3)

基底上利用化学气相沉积(CVD)的方法生长 α-Bi_2O_3 纳米线前驱物,接着将盐酸溶液(HCl)涂在前驱物表面,最后在 400 ℃下退火 2 h 即可得到 $Bi_{12}O_{17}Cl_2$ 纳米线[20]。

最后,从合成方法上看,上述制备 $Bi_{12}O_{17}Cl_2$ 纳米线的三步法显然非常复杂,且反应条件比较剧烈。而上一章中制备 $Bi_{12}O_{15}Cl_6$ 纳米片采用了水热—热处理两步法,虽然反应条件比较温和且步骤更少,但其中的热处理的主要作用是提高产物的结晶性,而对产物的形貌不会产生明显的影响。因此,如果能够改进水热法的反应条件,通过加入碱性物质作为矿化剂来提高水热产物的结晶度,那么后续的热处理过程是完全可以省去的,这就使得合成过程简化为一步法[21]。综上所述,在避免使用表面活性剂的情况下,通过一步水热法制备高产率一维氯氧化铋纳米材料及其在可见光下的催化活性是一个值得深入研究的方向。

本章通过一步水热法成功制备了高产率 $Bi_{12}O_{17}Cl_2$ 纳米带,产物形貌均匀,结晶性好,且无需使用表面活性剂。本章内容系统表征了 $Bi_{12}O_{17}Cl_2$ 纳米带的各项理化性质,并以 BPA 作为目标污染物来考察其在可见光下的催化活性。通过对光催化反应机理的深入解析,明确了催化过程中的活性物质以及 BPA 的降解路径,并在此基础上建立了 $Bi_{12}O_{17}Cl_2$ 纳米带可见光催化降解 BPA 的反应模型。

4.2 $Bi_{12}O_{17}Cl_2$ 纳米带的制备方法

本章涉及的所有试剂均购自国药集团化学试剂有限公司,品级为分析纯,无需进一步提纯即可直接使用。合成 $Bi_{12}O_{17}Cl_2$ 纳米带的方法如下:将 0.485 g (1 mmol)硝酸铋($Bi(NO_3)_3 \cdot 5H_2O$)加入 5 mL 乙二醇中,充分超声分散直至硝酸铋完全溶解形成均匀的溶液。另外,将 0.162 g(3 mmol)氯化铵(NH_4Cl)和 0.400 g(10 mmol)氢氧化钠(NaOH)加入 30 mL 去离子水中,搅拌至完全溶解。接着,将 NH_4Cl 和 NaOH 的混合液快速加入到硝酸铋溶液中并持续搅拌,反应体系立即变为白色悬浊液。之后,将该悬浊液倒入 50 mL 聚四氟乙烯高压水热釜中,进行 12 h 水热反应,温度为 140 ℃。水热反应结束后自然冷却至室温,通过离心将粉体产物分离出来,并用去离子水和乙醇分别清洗 3 次以去除残留的反应物,并将清洗后的粉体产物置于 80 ℃下真空干燥,得到 $Bi_{12}O_{17}Cl_2$ 纳米带。而作为对照组的 BiOCl 也是通过上述方法来制备的,但 NH_4Cl 的用量减少到 0.054 g(1 mmol),且反应体系中不添加 NaOH。

4.3 $Bi_{12}O_{17}Cl_2$ 纳米带的微观结构

4.3.1 物相表征

通过 X 射线衍射图(XRD)测试来表征样品的物相,结果如图 4.1 所示。样品的粉末 XRD 谱图通过飞利浦 X'Pert PRO SUPER 衍射仪测定,并配有石墨单色器 Cu Kα 辐射部件($\lambda = 1.541874$ Å)。XRD 谱图中的信号峰可以归属于 $Bi_{12}O_{17}Cl_2$,JCPDS 标准卡片编号为 No.37-0702。整套 XRD 峰与标准卡片吻合度很高,且没有杂峰出现,这说明产品是纯度很高的 $Bi_{12}O_{17}Cl_2$。此外,XRD 谱图中的信号峰比较尖锐,峰强度比较高,且基线比较平,这表明产物的结晶度较高。与上一章提到的 $Bi_{12}O_{15}Cl_6$ 相比,在合成 $Bi_{12}O_{17}Cl_2$ 时使用了 NaOH,一方面通过调节溶液 pH 实现富氧化,另一方面也利用 NaOH 的碱性,将其作为矿化剂从而提高产物的结晶度。

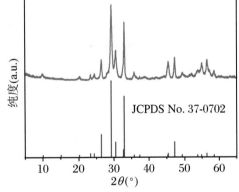

图 4.1 样品的 XRD 谱图

4.3.2
形貌结构

通过样品的 SEM 和 TEM 照片来观测其微观形貌,如图 4.2 所示。样品的扫描电子显微镜(SEM)照片用 X-650 扫描电子显微分析仪和 JSM-6700F 场发射 SEM(日本电子株式会社)拍摄。样品的透射电子显微镜(TEM)照片是用 JEM-2011 TEM(日本电子株式会社)拍摄的,电子束电压为 100 kV。图 4.2(a) 和图 4.2(b)是样品的 SEM 照片,从图中可以清楚地看到样品具有大规模一维带状形貌,长度达到数微米,而厚度约为 20 nm。TEM 照片(图 4.2(c))再次证实了样品的带状形貌,且每根纳米带沿着长度方向的宽度基本一致,宽度为 100～500 nm。在图 4.2(d)中,拍摄了一个单根的 $Bi_{12}O_{17}Cl_2$ 纳米带,宽度约为 100 nm,图中的长度约为 5 μm。

图 4.2　样品的 SEM 照片(a)、(b),TEM 照片(c)、(d),HRTEM 照片(e)以及对应的 SAED 照片(f)

在现有的相关文献中,有通过水热法合成 $Bi_{12}O_{17}Cl_2$ 纳米带的报道,然而得到的产物形貌不太均匀,仍有很多片状产物[19]。也有相关工作使用 $BiCl_3$ 作为原料,通过水解法制备 $Bi_{12}O_{17}Cl_2$,但得到的产物是二维的纳米片而不是一维的纳米带[22]。而在本章工作中,使用乙二醇作为 $Bi(NO_3)_3 \cdot 5H_2O$ 的溶剂,从而使 Bi 源充分分散并避免其过度水解,同时也通过 NaOH 来调控产物溶液 pH 并促进 Cl 的溶出。此外,乙二醇和 NaOH 的共同作用实现了产物的形貌调控,首次用一步水热法合成了形貌均匀的 $Bi_{12}O_{17}Cl_2$ 纳米带。

4.3.3
晶面暴露

为了进一步表征 $Bi_{12}O_{17}Cl_2$ 纳米带的晶体结构,选择了一根纳米带的边缘区域,并拍摄了 HRTEM 照片。高分辨透射电子显微镜(HRTEM)照片和选区电子衍射(SAED)照片是用 HRTEM-2010(日本电子株式会社)拍摄的,加速电压为 200 kV。如图 4.2(e)所示,HRTEM 中清晰连续的晶格条纹证实了 $Bi_{12}O_{17}Cl_2$ 纳米带具有良好的结晶性。通过晶格条纹量出的晶面间距是 0.27 nm,复合相互垂直的(200)和(020)两个晶面。相应的 SAED 照片如图 4.2(f)所示,清晰的点阵相证实合成的产物是单晶的 $Bi_{12}O_{17}Cl_2$ 纳米带。此外 SAED 中相邻点之间的夹角是 90°,这与(200)和(020)晶面夹角的理论值是一致的。

4.4
$Bi_{12}O_{17}Cl_2$ 纳米带光催化降解双酚 A

4.4.1
降解性能

BPA 作为一种无色的有机物,不会产生敏化作用,因此选作测试催化性能的目标污染物。$Bi_{12}O_{17}Cl_2$ 纳米带可见光催化降解 BPA 在室温下进行,采用 500 W 氙灯并配以 420 nm 截止滤波片作为光源,测定的辐射通量为 94 mW·cm^{-2}。开始实验之前,将 20 mg $Bi_{12}O_{17}Cl_2$ 纳米带光催化剂加入 40 mL 浓度为 10 mg·L^{-1} 的 BPA 水溶液中,之后在黑暗中搅拌 60 min 保证达到吸附/脱附平衡。接着,在光照和持续搅拌中以固定的时间间隔取样,并立即高速离心,将样品中的催化剂分离出来。BPA 浓度用高效液相色谱（HPLC）（1260 Infinity，美国安捷伦科技股份有限公司）进行测定，色谱柱为安捷伦 Eclipse XDB-C18 柱（4.6 mm×150 mm），柱温为 30 ℃。测定 BPA 浓度时，流动相为 50%乙腈和 50%去离子水（含 0.1%甲酸），流速为 1.0 mL·min^{-1}，检测波长为 273 nm。本章工作中，在可见光下（λ>420 nm）测试了 $Bi_{12}O_{17}Cl_2$、BiOCl 和 TiO_2（P25）的光催化活性，BPA 浓度随时间的变化曲线如图 4.3(a)所示。空白试验的结果表明，在没有催化剂存在的情况下 BPA 不会发生降解。经过 120 min 光照，$Bi_{12}O_{17}Cl_2$ 纳米带降解了超过 95%的 BPA，而对照组的 BiOCl 和 TiO_2（P25）在相同光照时间内降解的 BPA 不超过 10%。每种催化剂对应的降解过程均符合伪一级动力学模型，动力学曲线拟合结果具有良好的线性关系，如图 4.3(b)所示，$Bi_{12}O_{17}Cl_2$、BiOCl 和 TiO_2（P25）的动力学常数 k 值（动力学曲线斜率）的计算结果分别为 0.0263 min^{-1}、0.0010 min^{-1} 和 0.0007 min^{-1}。

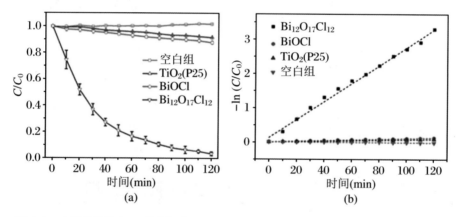

图 4.3　光催化降解 BPA 的降解曲线(a)和动力学曲线(b)

比表面积能够在很大程度上影响催化剂活性位点的暴露，因此也是一个影响催化活性的重要因素[23-24]。图 4.4 是 N_2 在 $Bi_{12}O_{17}Cl_2$、BiOCl 和 TiO_2（P25）上的吸附/脱附等温线，计算出的比表面积数值分别为 6.56 m^2·g^{-1}、5.86 m^2·g^{-1} 和 42.30 m^2·g^{-1}。对比表面积进行归一化后，$Bi_{12}O_{17}Cl_2$、BiOCl 和 TiO_2（P25）的动力学常数分别为 4.0 mg·m^{-2}·min^{-1}、0.2 mg·m^{-2}·min^{-1} 和 0.1 mg·m^{-2}·min^{-1}。这就表明，单位表面积 $Bi_{12}O_{17}Cl_2$ 纳米带的可见光催化活性比 BiOCl 和 TiO_2（P25）分别高 20 倍和 40 倍。因此，$Bi_{12}O_{17}Cl_2$ 纳米带的可见光催化活性显著优于 BiOCl 和 TiO_2（P25）的，而且这一提升不依赖于比表面积的增大（活性位点的暴露），这就暗示了 $Bi_{12}O_{17}Cl_2$ 纳米带可能具有更高的本征催化活性。

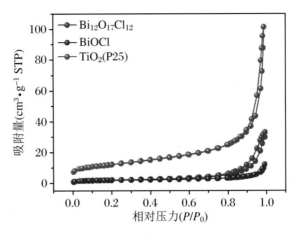

图 4.4　N_2 在 $Bi_{12}O_{17}Cl_2$、BiOCl 和 TiO_2(P25) 上的吸附/脱附等温线

4.4.2

有机物矿化率

总有机碳(TOC)浓度通过 TOC 分析仪(Muti N/C 2100,德国耶拿公司)来测定。经过 120 min 可见光照射后,含有 $Bi_{12}O_{17}Cl_2$ 纳米带的反应体系中 TOC 的去除率约为 50%,如图 4.5 所示。这一结果说明 $Bi_{12}O_{17}Cl_2$ 纳米带能够有效矿化 BPA 产生 CO_2 和 H_2O。

4.4.3

主要活性物质

当前的研究普遍认为诸如 BPA 的有机分子,其光催化降解主要依赖于 ·OH、·O_2^- 或者光生空穴的氧化作用。为了揭示 $Bi_{12}O_{17}Cl_2$ 纳米带降解 BPA 过程中的主要活性物质,进行了一系列的自由基清除实验:草酸钠($Na_2C_2O_4$)用于清除光生空穴,叔丁醇(TBA)用于清除 ·OH,对苯醌(PBQ)用于清除 ·O_2^-,以及通过曝 N_2 来去除溶解氧[16]。实验结果如图 4.6 所示。

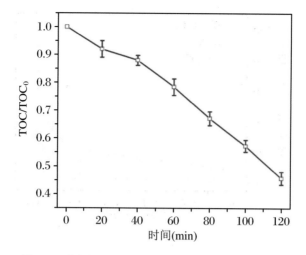

图 4.5　光催化降解过程中 TOC 浓度变化

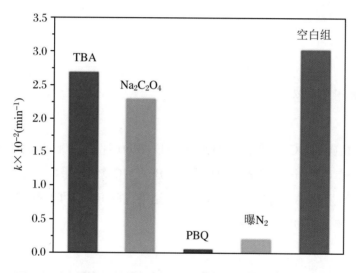

图 4.6　加入清除剂后 BPA 降解的动力学常数

结果表明,当使用 PBQ 和进行曝 N_2 后,BPA 的降解受到强烈抑制。与未加清除剂时的动力学常数相比,加入 TBA、$Na_2C_2O_4$、PBQ 和曝 N_2 后 BPA 降解的动力学常数分别下降了 5%、14%、98% 和 92%,因此这几种活性物质按照对 BPA 降解发挥的作用大小排序依次为 $\cdot O_2^- > h^+ > \cdot OH$,$\cdot O_2^-$ 是最主要的活性物质。同时,也有理由认为,催化剂产生 $\cdot O_2^-$ 的能力决定了其光催化活性的高度。

4.5 催化剂改性增效机制

4.5.1 能带结构

活性物质的产生在很大程度上依赖于半导体催化剂的电子结构。其中,禁带宽度可通过以下公式计算[14]:

$$\alpha(h\nu) = A(h\nu - E_g)^{n/2} \tag{4.1}$$

式中,α 为吸收系数,$h\nu$ 为光子能量,A 为常数,E_g 即为所求的禁带宽度。此外,由于氯氧化铋是间接带隙半导体,n 的取值为 4。

半导体材料的光学性质可以通过 UV-Vis 漫反射谱来表征。紫外-可见漫反射光谱(DRS)通过紫外可见分光光度计 Solid 3700(日本岛津制作所有限公司)测定。如图 4.7(a)所示,与 BiOCl 相比,$Bi_{12}O_{17}Cl_2$ 纳米带的最大吸收边发生了明显的红移。此外,基于 UV-Vis 漫反射谱的数据计算出了相应的 Tauc 曲线,即 $(\alpha h\nu)^{1/2}$ 对 $h\nu$ 的函数关系。如图 4.7(b)所示,Tauc 曲线中线性部分的延长线在横坐标($h\nu$ 轴)上的截距即为半导体的禁带宽度。基于 Tauc 曲线计算出的 $Bi_{12}O_{17}Cl_2$ 纳米带和 BiOCl 的禁带宽度分别为 2.07 eV 和 3.16 eV,这也证实了 $Bi_{12}O_{17}Cl_2$ 纳米带的禁带宽度更小,因此它对可见光的吸收效率更高。

另外,半导体材料的价带顶势能可以通过 XPS 价带谱来测定。如图 4.7(c)所示,测试结果表明 $Bi_{12}O_{17}Cl_2$ 纳米带和 BiOCl 的价带顶势能分别为 1.51 eV 和 1.63 eV。因此,催化剂导带底势能可通过下式计算:

$$E_g = E_{VB} - E_{CB} \tag{4.2}$$

式中,E_g 为禁带宽度,E_{VB} 和 E_{CB} 分别为价带顶和导带底的势能。因此,计算出的 $Bi_{12}O_{17}Cl_2$ 纳米带和 BiOCl 的导带底势能分别为 -0.56 eV 和 -1.53 eV。$Bi_{12}O_{17}Cl_2$ 纳米带和 BiOCl 的能带结构机器相对位置如图 4.7(d)所示,且肉眼可见 $Bi_{12}O_{17}Cl_2$ 呈淡黄色,而 BiOCl 为白色。

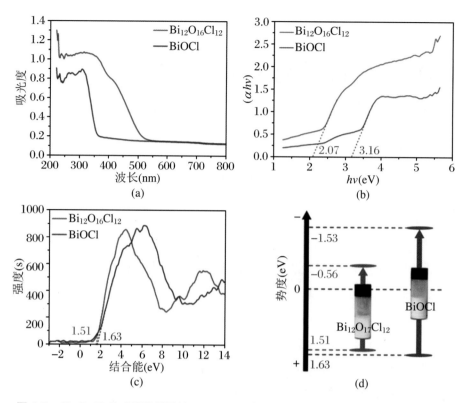

图 4.7　$Bi_{12}O_{17}Cl_2$ 和 BiOCl 样品的 UV-Vis 漫反射谱(a)、Tauc 曲线(b)、XPS 价带谱(c) 和能带结构(d)示意图

4.5.2 自由基产生与转化

此外,考虑到 $O_2/·O_2^-$ 的反应势垒是 $-0.046\ eV$,小于 $Bi_{12}O_{17}Cl_2$ 纳米带导带底的势能($-0.56\ eV$),因此 $Bi_{12}O_{17}Cl_2$ 纳米带的光生电子能够将 O_2 通过单电子转移还原并产生 $·O_2^-$:

$$O_2 + e^- \longrightarrow ·O_2^- \tag{4.3}$$

为了证实上述反应,使用氯化硝基四氮唑蓝(NBT)来捕获产生的 $·O_2^-$。电子顺磁共振(EPR)(JES-FA200,日本电子株式会社)用于检测活性自由基。样品的比表面积通过 BET 法测定,使用的仪器是全自动比表面积和孔隙分析仪 Tristar Ⅱ 3020M(美国麦克仪器公司)。NBT 溶液的 UV-Vis 吸收谱如图 4.8(a)、图 4.8(b)所示。NBT 捕获 $·O_2^-$ 后,在 259 nm 处的吸收峰会下降。

在 $Bi_{12}O_{17}Cl_2$ 体系中,NBT 特征峰随着光照时间的增加而迅速下降,这一结果证实了 $Bi_{12}O_{17}Cl_2$ 在可见光照射下能够产生大量 $·O_2^-$。

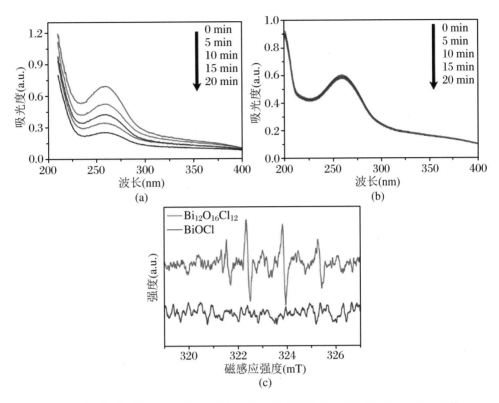

图 4.8 $Bi_{12}O_{17}Cl_2$ 体系(a)、BiOCl 体系(b)中 NBT 的 UV-Vis 吸收谱,以及 DMPO·OH 的 EPR 信号(c)

另外,为了证实·OH 的产生,使用 5,5-二甲基-1-吡咯啉-N-氧化物(DMPO)作为捕获剂,检测其 EPR 信号。如图 4.8(c)所示,$Bi_{12}O_{17}Cl_2$ 体系检测到了强度为 1∶2∶2∶1 的四重峰,这是 DMPO·OH 的特征峰,因此 $Bi_{12}O_{17}Cl_2$ 在可见光照射下也能够产生·OH[25]。然而,由于·OH/OH⁻ 的反应势垒是 +2.38 eV,大于 $Bi_{12}O_{17}Cl_2$ 纳米带价带顶的势能(+1.51 eV),因此 $Bi_{12}O_{17}Cl_2$ 纳米带不能直接利用光生空穴直接氧化水分子来产生·OH。那么,$Bi_{12}O_{17}Cl_2$ 体系中的·OH 应当是通过以下途径从·O_2^- 间接转化产生的:

$$·O_2^- + H_2O \longrightarrow ·OOH + OH^- \tag{4.4}$$

$$·OOH + H_2O + 2e^- \longrightarrow ·OH + 2OH^- \tag{4.5}$$

与 $Bi_{12}O_{17}Cl_2$ 相反,作为对照的 BiOCl 在可见光下几乎不能产生自由基,这是因为 BiOCl 带隙过大,几乎没有可见光响应。

4.5.3
双酚 A 降解路径

为了进一步解析 BPA 的降解机制,利用 LC-MS 检测了降解过程中的中间产物。通常,在光催化降解过程中,BPA 会被羟基化或直接被空穴氧化,逐渐转化为小分子产物(诸如甲酸、乙酸等),并最终矿化成 H_2O 和 CO_2。在本章工作中,除了 BPA 本身外还检测到了另外 4 种降解的中间产物,BPA 的降解路径如图 4.9 所示。

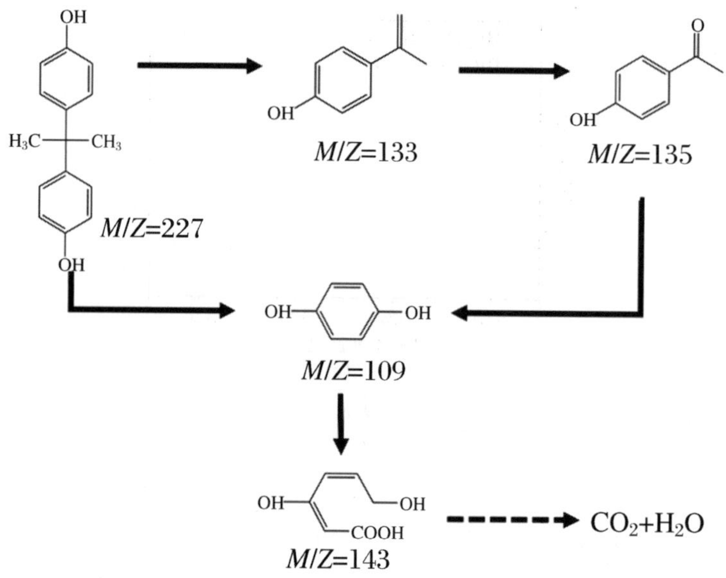

图 4.9　BPA 降解路径示意图

其中,BPA 分子($M/Z = 227$)的丰度随时间不断下降,表明了 BPA 逐步被降解。两种主要产物($M/Z = 133$、135)的丰度在最初的 40 min 内快速上升,之后趋于平稳并逐渐显示出下降的趋势,这一结果暗示了这两种分子应当是 BPA 降解的初级产物。此外,另两种分子($M/Z = 109$、143)的丰度在初始的 40 min 内较低,之后逐渐升高并在 60 min 后保持稳定,这就表明这两种分子是从初级降解产物进一步氧化而产生的次级降解产物。因此,结合现有的 BPA 氧化降解的相关研究工作,可以认为 BPA 在 $Bi_{12}O_{17}Cl_2$ 纳米带光催化反应体系中的降解过程分为三步,即分子断键、苯环开环和最终矿化。

4.5.4
钨酸铋

基于以上结果和分析，可见光驱动的 $Bi_{12}O_{17}Cl_2$ 纳米带光催化降解 BPA 反应机理如图 4.10 所示。首先，$Bi_{12}O_{17}Cl_2$ 纳米带吸收可见光，并利用光能产生空穴与电子的有效分离。其次，催化剂表面化学吸附的 O_2 分子被 $Bi_{12}O_{17}Cl_2$ 纳米带导带的光生电子还原并活化产生 $·O_2^-$。再次，$·O_2^-$ 通过一系列自由基反应过程进一步转化为 ·OH。最后，BPA 分子被这些产生的自由基氧化降解，并经过断键和开环等过程最终矿化为 CO_2 和 H_2O。

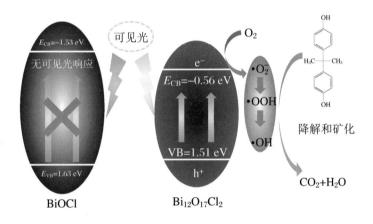

图 4.10　$Bi_{12}O_{17}Cl_2$ 纳米带光催化降解 BPA 反应机理示意图

本章通过一步溶剂热法成功制备了一维 $Bi_{12}O_{17}Cl_2$ 纳米带，该产品表现出了良好的可见光催化活性。$Bi_{12}O_{17}Cl_2$ 纳米带光催化降解 BPA 的活性比 BiOCl 和 TiO_2（P25）分别提高 20 倍和 40 倍。究其原因，$Bi_{12}O_{17}Cl_2$ 纳米带具有较窄的禁带宽度，能够有效吸收可见光，故在可见光照射下能够有效地产生大量 $·O_2^-$。其中，一部分 $·O_2^-$ 还会通过自由基反应进一步转化为 ·OH。最终，以 $·O_2^-$ 为主的自由基对 BPA 分子产生降解作用，该降解过程可分为三步，即分子断键、苯环开环和最终矿化。$Bi_{12}O_{17}Cl_2$ 纳米带对 BPA 降解所具有的高催化活性，充分证实了其应用于有机污染物降解的有效性和可行性，并拓展了诸如卤氧化铋这类光催化剂在饮用水和废水处理方面的应用前景。

参考文献

[1] Ye L, Zan L, Tian L, et al. The {001} facets-dependent high photoactivity of BiOCl nanosheets[J]. Chem. Commun., 2011, 47: 6951-6953.

[2] Li J, Zhang L, Li Y, et al. Synthesis and internal electric field dependent photoreactivity of Bi_3O_4Cl single-crystalline nanosheets with high {001} facet exposure percentages[J]. Nanoscale, 2014, 6: 167-171.

[3] Jiang J, Zhao K, Xiao X, et al. Synthesis and facet-dependent photoreactivity of BiOCl single-crystalline nanosheets[J]. J. Am. Chem. Soc., 2012, 134: 4473-4476.

[4] Li J, Zhao K, Yu Y, et al. Facet-level mechanistic insights into general homogeneous carbon doping for enhanced solar-to-hydrogen conversion[J]. Adv. Funct. Mater., 2015, 25: 2189-2201.

[5] Wang W K, Chen J J, Gao M, et al. Photocatalytic degradation of atrazine by boron-doped TiO_2 with a tunable rutile/anatase ratio[J]. Appl. Catal. B: Environ., 2016, 195: 69-76.

[6] Wang Y, Shi R, Lin J, et al. Enhancement of photocurrent and photocatalytic activity of ZnO hybridized with graphite-like C_3N_4 [J]. Energy Environ. Sci., 2011, 4: 2922-2929.

[7] Yu L, Zhang X, Li G, et al. Highly efficient $Bi_2O_2CO_3$/BiOCl photocatalyst based on heterojunction with enhanced dye-sensization under visible light[J]. Appl. Catal. B: Environ., 2016, 187: 301-309.

[8] Li Q, Zhao X, Yang J, et al. Exploring the effects of nanocrystal facet orientations in g-C_3N_4/BiOCl heterostructures on photocatalytic performance[J]. Nanoscale, 2015, 7: 18971-18983.

[9] Zhang X, Wang C Y, Wang L W, et al. Fabrication of $BiOBr_xI_{1-x}$ photocatalysts with tunable visible light catalytic activity by modulating band structures[J]. Sci. Rep., 2016, 6: 22800-22809.

[10] Ganose A M, Cuff M, Butler K T, et al. Interplay of orbital and relativistic effects in bismuth oxyhalides: BiOF, BiOCl, BiOBr, and BiOI[J]. Chem. Mater., 2016, 28: 1980-1984.

[11] Myung Y, Wu F, Banerjee S, et al. Highly conducting, n-type $Bi_{12}O_{15}Cl_6$ nanosheets with superlattice-like structure[J]. Chem. Mater., 2015, 27:

7710-7718.

[12] Lin X, Huang T, Huang F, et al. Photocatalytic activity of a Bi-based oxychloride Bi_3O_4Cl[J]. J. Phys. Chem. B, 2006, 110: 24629-24634.

[13] Zhang X, Wang L W, Wang C Y, et al. Synthesis of $BiOCl_xBr_{1-x}$ nanoplate solid solutions as a robust photocatalyst with tunable band structure[J]. Chem. Eur. J., 2015, 21: 11872-11877.

[14] Guan M, Xiao C, Zhang J, et al. Vacancy associates promoting solar-driven photocatalytic activity of ultrathin bismuth oxychloride nanosheets[J]. J. Am. Chem. Soc., 2013, 135: 10411-10417.

[15] Li J, Zhan G, Yu Y, et al. Superior visible light hydrogen evolution of Janus bilayer junctions via atomic-level charge flow steering[J]. Nat. Commun., 2016, 7: 11480-11488.

[16] Wang C Y, Zhang X, Song X N, et al. Novel $Bi_{12}O_{15}Cl_6$ photocatalyst for the degradation of bisphenol A under visible-light irradiation[J]. ACS Appl. Mater. Interfaces, 2016, 8: 5320-5326.

[17] Wang L, Shang J, Hao W, et al. A dye-sensitized visible light photocatalyst-$Bi_{24}O_{31}Cl_{10}$[J]. Sci. Rep., 2014, 4: 7384-7391.

[18] Xiao X, Liu C, Hu R, et al, Wang L. Oxygen-rich bismuth oxyhalides: generalized one-pot synthesis, band structures and visible-light photocatalytic properties[J]. J. Mate. Chem., 2012, 22: 22840-22843.

[19] Xiao X, Jiang J, Zhang L. Selective oxidation of benzyl alcohol into benzaldehyde over semiconductors under visible light: The case of $Bi_{12}O_{17}Cl_2$ nanobelts[J]. Appl. Catal. B: Environ., 2013, 142-143: 487-493.

[20] Tien L C, Lin Y L, Chen S Y. Synthesis and characterization of $Bi_{12}O_{17}Cl_2$ nanowires obtained by chlorination of α-Bi_2O_3 nanowires[J]. Mater. Lett., 2013, 113: 30-33.

[21] Zhu X, Ma J, Tao J, et al. Mineralizer-assisted solvothermal synthesis of manganese sulfide crystallites [J]. J. Am. Ceram. Soc., 2006, 89: 2926-2928.

[22] Chen X Y, Huh H S, Lee S W. Controlled synthesis of bismuth oxo nanoscale crystals (BiOCl, $Bi_{12}O_{17}Cl_2$, α-Bi_2O_3, and $(BiO)_2CO_3$) by solution-phase methods[J]. J. Solid State Chem., 2007, 180: 2510-2516.

[23] Li Z, Wu Y, Lu G. Highly efficient hydrogen evolution over $Co(OH)_2$ nanoparticles modified g-C_3N_4 co-sensitized by eosin Y and rose bengal under

visible light irradiation[J]. Appl. Catal. B: Environ., 2016, 188: 56-64.

[24] Ji K, Dai H, Deng J, et al. 3DOM BiVO$_4$ supported silver bromide and noble metals: high-performance photocatalysts for the visible-light-driven degradation of 4-chlorophenol[J]. Appl. Catal. B: Environ., 2015, 168-169: 274-282.

[25] Pan M, Zhang H, Gao G, et al. Facet-dependent catalytic activity of nanosheet-assembled bismuth oxyiodide microspheres in degradation of bisphenol A[J]. Environ. Sci. Technol., 2015, 49: 6240-6248.

第 5 章

厚度可调的 $Bi_{24}O_{31}Br_{10}$ 纳米片降解四环素

5.1 引言

前述工作已经证实，富氧化处理可以有效调制卤氧化铋光催化剂的吸光度，提升其对入射光的利用率，然而这只是光催化反应的第一步——光吸收[1-3]。要想使光催化活性进一步提升，除了光吸收外，光生空穴与电子的分离也是需要考虑的问题。电子空穴的分离效率越高，相应的复合概率越低，则催化剂的活性越高[4-7]。包括水热法在内的许多合成方法，在制备纳米材料时会引入一些晶格缺陷，即所得产物并非完美晶体，而这些晶格缺陷尽管数量很少，却能够对材料的性能产生显著影响。对于光催化剂而言，晶体中不同位置的晶格缺陷对光催化性能产生的影响是有差异的。催化剂表面或浅晶格中的晶格缺陷通常会起到电子阱（或空穴阱）的作用，捕获光生电子（或空穴），提升载流子分离效率。而体相中的晶格缺陷同样能够捕获载流子，并成为空穴与电子的复合中心，从而降低载流子的输运效率，反而不利于光催化性能的提升[8-10]。因此，要想提升催化剂的载流子分离效率，需要使晶格缺陷更多地暴露于表面与浅晶格中，并尽可能减少体相中的晶格缺陷。

卤氧化铋具有典型的层状结构，容易获得二维的片状形貌[11-12]。而BiOBr自身的禁带宽度比BiOCl的窄，更适合用于进行可见光催化反应[13-15]。此前也有一些工作着眼于BiOBr的改性，比如通过特定晶面的选择性暴露以提升活性位点的数量，通过元素掺杂或物相调控来提升光吸收效率，通过形成异质结来提升载流子分离效率等[5,16-20]。其中，针对提升载流子分离效率，大多数工作都是着眼于形成异质结或固溶体，如$BiOBr/Bi_{24}O_{31}Br_{10}$、$Bi_{12}O_{17}Cl_2/Bi_{24}O_{31}Br_{10}$、$Bi_{24}O_{31}Cl_xBr_{10-x}$等[21-25]。事实上，从形貌调控的角度来考虑，调控厚度是改变片状材料晶格缺陷分布的有效手段，这比形成异质结更简单。而厚度对催化活性的影响通常会被归因于比表面积（即活性位点暴露）的改变，厚度调控对于催化剂本征电化学性质的影响则往往会被忽略[11,15,26-27]。此外，很多工作都会采用表面活性剂来调控产物的形貌，如十六烷基三甲基溴化铵（CTAB）。但是表面活性剂会吸附在材料表面并屏蔽活性位点。因此，需要找出一种无需使用表面活性剂的合成方法来调控溴氧化铋纳米片的厚度，并且从半导体本征电化学性质的角度考察纳米材料厚度的改变对催化活性的影响及其作用机制。

本章开发了一种简单的水热合成法来制备一系列具有不同厚度的$Bi_{24}O_{31}Br_{10}$

纳米片,且厚度调控不依赖于表面活性剂的使用。在系统表征这些材料的晶体结构、理化性质和电化学性质之后,选择盐酸四环素(TTCH)作为光催化降解的目标有机物。它是一种常用的抗生素,广泛分布于地表水中,且难以用传统生化处理工艺去除[28-31]。除了能带结构外,还从载流子密度、空穴-电子分离效率等角度研究了纳米片厚度对催化活性的影响。通过对 TTCH 降解过程的探索和 $Bi_{24}O_{31}Br_{10}$ 纳米片催化机制的解析,建立了 $Bi_{24}O_{31}Br_{10}$ 纳米片可见光催化降解 TTCH 的反应模型,也为光催化剂的制备与改性探索了一条新的思路。

5.2 $Bi_{24}O_{31}Br_{10}$ 纳米片的厚度调控

本章涉及的所有试剂均购自国药集团化学试剂有限公司,品级为分析纯,无需进一步提纯即可直接使用。合成 $Bi_{24}O_{31}Br_{10}$ 纳米片的方法如下:将 0.970 g(2 mmol)硝酸铋($Bi(NO_3)_3 \cdot 5H_2O$)加入 10 mL 乙二醇中,充分超声分散直至硝酸铋完全溶解形成均匀的溶液。另外,将一定量的溴化铵(NH_4Br)加入 25 mL 去离子水中,搅拌至完全溶解并形成透明的溶液。NH_4Br 的用量是 $Bi_{24}O_{31}Br_{10}$ 纳米片厚度调控的关键,0.196 g(2 mmol)对应于超薄 $Bi_{24}O_{31}Br_{10}$ 纳米片,记作 BOB-S;0.979 g(10 mmol)对应于中等厚度薄 $Bi_{24}O_{31}Br_{10}$ 纳米片,记作 BOB-M;1.959 g(20 mmol)对应于较厚 $Bi_{24}O_{31}Br_{10}$ 纳米片,记作 BOB-L。将上述两种溶液进行混合,反应体系立即变为白色悬浊液。接着,将 1.2 mL 乙醇胺逐滴加入上述混合液中,并搅拌 10 min 使之充分反应。之后,将该悬浊液倒入容积为 50 mL 的聚四氟乙烯高压釜中,进行 12 h 的水热反应,反应温度为 160 ℃。待反应釜降温后,通过离心将粉体产物分离出来,并用去离子水和乙醇分别清洗 3 次以去除残留的反应物,并将清洗后的粉体产物置于 70 ℃下真空干燥,得到不同厚度的 $Bi_{24}O_{31}Br_{10}$ 纳米片。

5.3
$Bi_{24}O_{31}Br_{10}$纳米片的微观结构

5.3.1
形貌结构

  产物的形貌可以通过 SEM 和 TEM 来观测，样品的扫描电子显微镜(SEM)照片用 X-650 扫描电子显微分析仪和 JSM-6700F 场发射 SEM(日本电子株式会社)拍摄。样品的透射电子显微镜(TEM)照片是用 JEM-2011 TEM(日本电子株式会社)拍摄的，电子束电压为 100 kV。拍摄的照片如图 5.1 所示。SEM 照片证实了三种产物均具有大规模的二维片状结构，平面尺寸为 $0.5\sim1.0~\mu m$，产物形貌具有良好的均匀性，产率也较高。很显然，三个样品中纳米片的厚度有差异，纳米片的厚度可以从高倍率 SEM 照片(图 5.1(a_2)、图 5.1(b_2)、图 5.1(c_2))和 TEM 照片(图 5.1(a_3)、图 5.1(b_3)、图 5.1(c_3))中得到，测得 BOB-S 厚度约为 40 nm，BOB-M 厚度约为 85 nm，BOB-L 厚度约为 130 nm。三种纳米片的厚度分布统计如图 5.2 所示，彼此的厚度确实存在显著的差异。在这种典型的水热合成过程中，晶体的生长通常符合奥氏熟化(Ostwald ripening)过程[9]。溴氧化铋纳米晶体的最终尺寸在很大程度上受到反应体系中分子胶团浓度的影响，体系中 Br^- 浓度越低，溴氧化铋胶团浓度也越低，这就有利于使最终产物 $Bi_{24}O_{31}Br_{10}$ 纳米片厚度减小[32]。此外，随着纳米片厚度的减小，其边缘轮廓也开始变得不规整，尤其是 BOB-S。推测可能是由于厚度减小导致了纳米片机械强度的降低，从而削弱了材料的结晶度，这也暗示了晶格缺陷的存在。

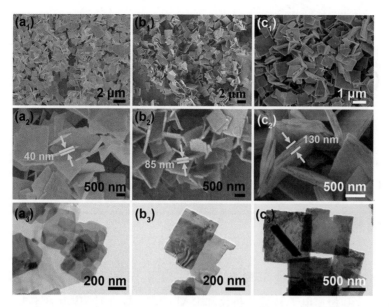

图 5.1　BOB-S、BOB-M 和 BOB-L 的低倍率(a_1)、(b_1)、(c_1)和高倍率(a_2)、(b_2)、(c_2)SEM 照片，以及 TEM 照片(a_3)、(b_3)、(c_3)

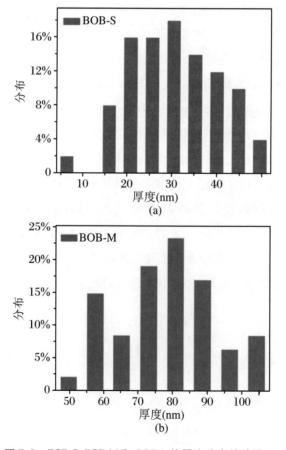

图 5.2　BOB-S、BOB-M 和 BOB-L 的厚度分布统计图

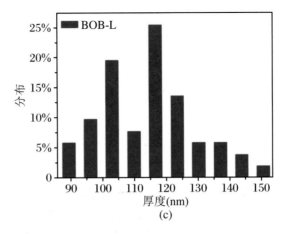

图 5.2(续)　BOB-S、BOB-M 和 BOB-L 的厚度分布统计图

5.3.2 物相表征

通过 X 射线衍射图(XRD)测试来分析三种产物的物相和结晶度,结果如图 5.3 所示。样品的粉末 XRD 谱图通过飞利浦 X'Pert PRO SUPER 衍射仪测定,并配有石墨单色器 Cu Kα 辐射部件(λ = 1.541874 Å)。结果表明,三种产物的 XRD 衍射峰的出峰位置一致,对应于 $Bi_{24}O_{31}Br_{10}$ 这一物相,JCPDS 标准卡片编号为 No.75-0888,相应的晶胞参数为 a = 10.13 Å,b = 4.008 Å,c = 29.97 Å。此外,三个样品的测试结果中均未出现杂峰,说明通过此方法得到的产物纯度高,不含杂质。仔细比较三个样品的 XRD 谱图可以发现,BOB-L 的 XRD 信号具有更加平滑的基线,而 BOB-S 的 XRD 信号的噪声要大一些,尤其是 10.520°、31.823°和 39.834°位置的三个峰出现了轻微的宽化现象,这说明 BOB-S 的结晶度相比于 BOB-M 和 BOB-L 要低一些。此结果与之前电子显微镜照片的结果是一致的,暗示了 BOB-S 中可能存在更多的晶格缺陷,从而导致结晶度下降。

高分辨透射电子显微镜(HRTEM)照片、选区电子衍射(SAED)照片和扫描投射电子显微镜(STEM)照片元素分布(EDS mapping)图是用 STEM JEM-ARM200F(日本电子株式会社)拍摄的,加速电压为 200 kV。以 BOB-S 为对象拍摄了 HRTEM 照片,结果如图 5.4 所示。图 5.4(a)显示了 BOB-S 的方形纳米片结构,边缘具有一些不规则凸起,纳米片表面有些许弯曲的现象,这也暗示了 BOB-S 结晶度比另两种材料低，且可能存在更多的晶格缺陷。

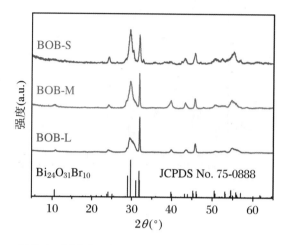

图 5.3　BOB-S、BOB-M 和 BOB-L 的 XRD 谱图

5.3.3

晶面暴露

图 5.4(b)是从图 5.4(a)中纳米片边缘处拍摄的 HRTEM 照片，具有连续清晰的晶格条纹，量出的平均晶面间距为 0.30 nm，对应于 $Bi_{24}O_{31}Br_{10}$ 的 $(21\bar{3})$ 晶面，此晶面的 XRD 衍射峰出峰位置在 29.76°(图 5.3)。

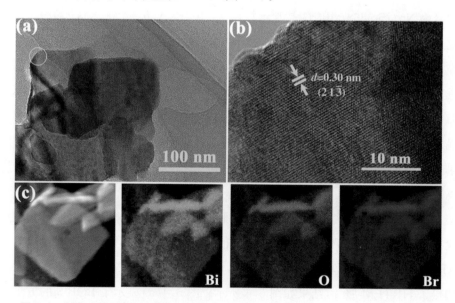

图 5.4　BOB-S 的 HRTEM 照片(a)、(b)和元素分布图(c)

5.3.4
元素组成与价带

此外,还选择了单个纳米片拍摄了 STEM 照片并采集了元素分布图像,如图 5.4(c)所示。结果显示,纳米片包含 Bi、O 和 Br 三种元素,且这三种元素在纳米片中呈均匀分布。通过采集元素分布图得到的原子百分比为 Bi 40.1%、O 50.8% 和 Br 9.1%,与理论值相比(Bi 36.9%、O 47.7% 和 Br 15.4%),测试结果中 Bi 和 O 含量偏高,而 Br 的含量偏低。这一结果说明采用本章所述的合成方法得到的溴氧化铋产物会产生 Br 的部分缺失,这也导致了样品中主要的晶格缺陷是 Br 空位。考虑到不同样品之间厚度的差异,BOB-S 中分布在表面与浅晶格的 Br 空位比例最高,而 BOB-L 中分布在体相中的 Br 空位比例最高,BOB-M 则介于二者之间。

催化剂表面的元素组成和化合态可以还通过 X 射线光电子能谱仪(XPS)ESCALAB 250(美国赛默飞科技股份有限公司)来表征,测试结果如图 5.5 所示,该结果已对 C 1s 峰的标准值(284.6 eV)进行校正。除了 C 元素外,总谱中还可以观测到 Bi、O 和 Br 三种元素的信号。Bi 4f 高分辨谱中包含两个主峰,其结合能差值为 5.4 eV,这与 Bi^{3+} 的 $4f_{7/2}$ 和 $4f_{5/2}$ 理论值吻合。O 1s 高分辨谱中主峰位置在 529.4 eV 处,这与 Bi—O 键中 O^{2-} 的理论值吻合。Br 3d 高分辨谱在 67.9 eV 和 69.4 eV 处有两个强峰,分别归属于 Br^- 的 $3d_{5/2}$ 和 $3d_{3/2}$。XPS 测试的结果进一步证实了产物是纯相的 $Bi_{24}O_{31}Br_{10}$ 纳米片,不含杂元素。值得注意的是,BOB-S 的 Bi 4f 信号和 Br 3d 信号与 BOB-M 和 BOB-L 的相比,向高结合能方向偏移了约 0.4 eV,且 BOB-S 的 O 1s 信号发生了轻微的宽化。考虑到 Br 空位的存在,及 BOB-S 中由部分 Br 缺失形成晶格缺陷,那么势必有一些额外的 O 进入到带晶体中以平衡电荷。由于 O 的电负性很强,Bi 和 Br 周围的化学环境发生变化(即 O 密度增大),导致了 Bi 和 Br 的电子云密度减小,因此强化了 Bi、Br 原子核对其内层的非价电子的束缚作用,从而导致了 XPS 信号的偏移。而这部分额外引入的 O 很可能不以晶格 O 的形式存在于 $[Bi_2O_2]^{2+}$ 层中,这就使得 O 的远在形式多样化,从而导致 BOB-S 中 O 1s 特征峰发生宽化。因此,XPS 测试结果也表明 BOB-S 的表面和浅晶格中存在更多的 Br 空位。

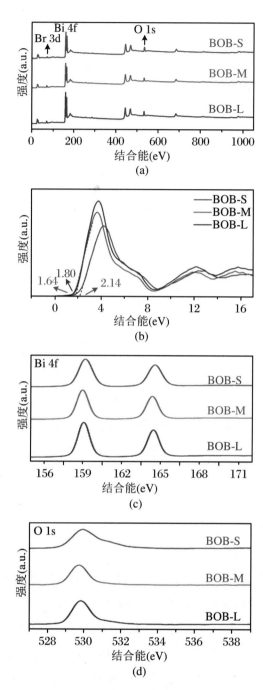

图 5.5 BOB-S、BOB-M 和 BOB-L 的 XPS 测试结果：总谱(a)；价带谱(b)；Bi 4f、O 1s 和 Br 3d(c)～(e)的高分辨谱

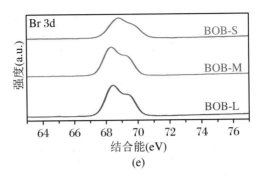

图 5.5(续) BOB-S、BOB-M 和 BOB-L 的 XPS 测试结果:总谱(a);价带谱(b); Bi 4f、O 1s 和 Br 3d(c)~(e)的高分辨谱

5.4 $Bi_{24}O_{31}Br_{10}$ 纳米片的光、电性质

5.4.1 光学性质

通过紫外-可见漫反射光谱(DRS)来表征样品的光学性质,UV-Vis 漫反射谱由紫外可见分光光度计 Solid 3700(日本岛津制作所有限公司)测定。测试结果如图 5.6(a)所示。三个样品的最大吸收波长非常接近,都在 500 nm 附近,处于可见光区,且 500 nm 附近的吸收边基本重合,说明 BOB-S、BOB-M 和 BOB-L 的吸收光的波长范围是一致的。禁带宽度的具体数值可通过 Tauc 曲线来计算,即 $(\alpha h\nu)^{1/2}$ 对 $h\nu$ 的函数关系[11]。Tauc 曲线如图 5.6(b)所示,BOB-S、BOB-M 和 BOB-L 的禁带宽度分别为 2.30 eV、2.33 eV 和 2.35 eV。事实上,三者的禁带宽度和吸收边如此接近,说明纳米片厚度的改变没有影响材料的本征光学性质。

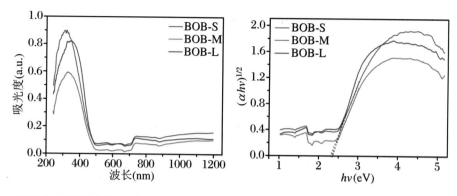

图 5.6　BOB-S、BOB-M 和 BOB-L 的 UV-Vis 漫反射谱(a)和 Tauc 曲线(b)

5.4.2

能带结构

能带结构和电化学性质是决定半导体光催化剂性能的两个主要因素。为了比较 BOB-S、BOB-M 和 BOB-L 的能带结构,用电化学方法测试了其平带电势,测试结果(Mott-Schottky(莫特-肖特基)曲线)如图 5.7(a)所示。三个样品的 Mott-Schottky 曲线线性段斜率均为正值,表明其均为 n 型半导体[33]。而 n 型半导体的平带电势与导带底势能近似相等,因此 BOB-S、BOB-M 和 BOB-L 的导带底势能分别为 $-0.06\,\mathrm{eV}$、$-0.51\,\mathrm{eV}$ 和 $-0.42\,\mathrm{eV}$。结合之前禁带宽度的测试结果,BOB-S、BOB-M 和 BOB-L 的价带顶势能分别为 $2.24\,\mathrm{eV}$、$1.82\,\mathrm{eV}$ 和 $1.93\,\mathrm{eV}$,这与 XPS 价带谱(图 5.6(b))的结果基本一致。BOB-S、BOB-M 和 BOB-L 的能带结构示意图如图 5.7(b)所示,BOB-S 的价带顶势能更高,说明其光生空穴具有更强的氧化性。

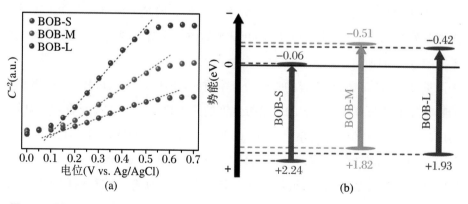

图 5.7　BOB-S、BOB-M 和 BOB-L 的 Mott-Schottky 曲线(a)和能带结构(b)

此外,基于 Mott-Schottky 曲线的结果,可以根据线性段的斜率来考察半导体的载流子浓度,计算公式如下[33]:

$$N_d = (2/e_0\varepsilon\varepsilon_0)[d(C^{-2})/dV]^{-1} \tag{5.1}$$

式中,N_d 是载流子浓度,e_0 是电子的电荷,ε 是样品的介电常数,ε_0 是真空介电常数,而 $d(C^{-2})/dV$ 则是 Mott-Schottky 曲线线性段的斜率,这表明载流子浓度与 Mott-Schottky 曲线线性段斜率成反比。因此,结合 Mott-Schottky 曲线的测试结果,BOB-S 的载流子浓度比 BOB-M 和 BOB-L 分别高 1.94 倍和 3.22 倍。换言之,BOB-S 在光照下能够产生更多的光生载流子,这对于光催化活性的提升是有利的。

5.4.3

钨酸铋

本章涉及的电化学测试均是在自制的三电极反应池中进行的。在测定电化学阻抗谱(EIS)和 Mott-Schottky 曲线时,工作电极为负载催化剂的玻璃碳电极(CG);而在测试光电流响应时,工作电极为负载催化剂的氟掺杂二氧化锡(FTO)导电玻璃。参比电极为 Ag/AgCl(KCl 3 mol·L^{-1})电极,对电极为铂丝(Pt)电极。EIS 测试时使用的电解液为 $K_3[Fe(CN)_6]$ 和 $K_4[Fe(CN)_6]$ 混合溶液,二者的浓度均为 0.05 mol·L^{-1},工作电极施加的电压为 0.3 V,频率范围为 10^{-2}～10^6 Hz,电压振幅为 5 mV。测 Mott-Schottky 曲线时,电解液为 0.1 mol·L^{-1} 的 Na_2SO_4 溶液,频率固定为 1 kHz,电压范围为 0.3～1.0 V。测试光电流响应时所使用的电解液仍为 0.1 mol·L^{-1} 的 Na_2SO_4 溶液,采集 i-t 曲线,持续 650 s,每隔 50 s 切换一次加光/避光状态,初始的 50 s 为避光,对工作电极施加的偏压为 0.22 V。供电和数据采集均通过计算机控制的 CHI 660E 电化学工作站(中国上海辰华仪器有限公司),测试光电流时使用的光源与光催化降解中使用的光源相同。

载流子分离效率与电荷输运效率也是影响光催化活性的重要因素。测试了 BOB-S、BOB-M 和 BOB-L 的 EIS 谱和光电流响应,测试结果如图 5.8 所示。EIS 测试结果(图 5.8(a))表明,BOB-S 具有最小的曲率半径,换言之,BOB-S 阻抗最小,其电荷输运效率比 BOB-M 和 BOB-L 分别提高了 3.11 倍和 4.79 倍。

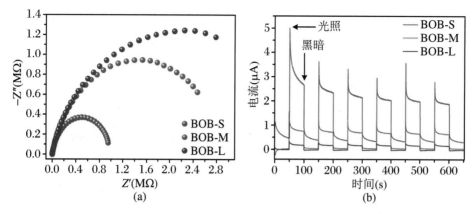

图 5.8　BOB-S、BOB-M 和 BOB-L 的 EIS 谱(a)和光电流响应(b)

从光电流响应的测试结果(图 5.8(b))来看,BOB-S 在可见光照射下产生的响应强度最高,比 BOB-M 和 BOB-L 分别提高了 2.95 倍和 10.31 倍。由于三种材料的吸收边十分接近,可以认为它们对可见光的吸收效率是一致的,而光电流测试时施加的偏压平衡了材料的阻抗,因此,光电流响应强度与载流子本征浓度和分离效率成正比。Mott-Schottky 测试证实了 BOB-S 的载流子浓度比 BOB-M 和 BOB-L 分别高 1.94 倍和 3.22 倍,因此计算出的 BOB-S 的载流子分离效率比 BOB-M 和 BOB-L 分别提高了 1.52 倍和 3.20 倍。这一结果充分证实了 BOB-S 表面和浅晶格中的晶格缺陷(Br 空位)有效提升了其载流子浓度、载流子分离效率和电荷的输运效率,使得 BOB-S 的电化学性质得到整体提升,这也暗示了 BOB-S 具有更高的光催化活性。

5.5 $Bi_{24}O_{31}Br_{10}$ 纳米片光催化降解四环素

5.5.1

钨酸铋

为了考察不同厚度 $Bi_{24}O_{31}Br_{10}$ 纳米片对有机污染物的降解能力,选用盐酸四环素(TTCH)作为降解的目标污染物。$Bi_{24}O_{31}Br_{10}$ 纳米片可见光催化降解

TTCH 在室温下进行,采用 500 W 氙灯并配以 420 nm 截止滤波片作为光源。开始实验之前,将 10 mg $Bi_{24}O_{31}Br_{10}$ 纳米片光催化剂加入 30 mL 浓度为 20 mg·L^{-1} 的 TTCH 水溶液中,之后在黑暗中搅拌 60 min,保证达到吸附/脱附平衡。接着,在光照和持续搅拌中以固定的时间间隔取样,并立即高速离心,将样品中的催化剂分离出来。TTCH 浓度通过高效液相色谱(HPLC)(1260 Infinity,美国安捷伦科技股份有限公司)进行测定,色谱柱为安捷伦 Eclipse XDB-C18 柱(4.6 mm×150 mm),柱温为 30 ℃。测定 BPA 浓度时,流动相为 60%乙腈和 40%去离子水(含 0.1%甲酸),流速为 1.0 mL·min^{-1},检测波长为 273 nm。除了 BOB-S、BOB-M 和 BOB-L 外,还选择了 TiO_2(P25)作为对照,测试结果如图 5.9 所示。

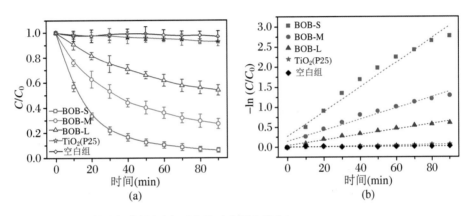

图 5.9 TTCH 的降解曲线(a)和对应的动力学曲线(b)

在图 5.9(a)中,空白试验的结果表明 TTCH 本身在可见光下是稳定的,不会发生自分解。在 90 min 可见光照射下,TiO_2(P25)降解的 TTCH 不超过 10%。不同厚度的 $Bi_{24}O_{31}Br_{10}$ 纳米片均表现出一定的降解能力,BOB-L 和 BOB-M 分别降解了 45%和 70%的 TTCH,而 BOB-S 光催化活性最高,TTCH 降解率超过 95%。此外,BOB-S 同样具有良好的循环稳定性,重复使用 6 次后催化活性仍能保持约 90%,如图 5.10 所示。

为了定量地比较这些催化剂的活性,对 TTCH 的降解过程进行了动力学拟合。考虑到 TTCH 浓度较低,选用准一级动力学模型,计算出的动力学曲线如图 5.9(b)所示。对于准一级

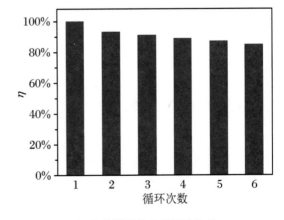

图 5.10 BOB-S 的循环稳定性测试结果

动力学模型，动力学曲线的斜率就是对应的动力学常数，因此 BOB-S、BOB-M 和 BOB-L 的动力学常数分别为 0.031 min^{-1}、0.014 min^{-1} 和 0.007 min^{-1}。为了排除活性位点暴露差异所带来的影响，用 BET 法测定了 BOB-S、BOB-M 和 BOB-L 的比表面积，样品的比表面积通过 BET 法测定，使用的仪器是全自动比表面积和孔隙分析仪 Tristar Ⅱ 3020M（美国麦克仪器公司）。测试结果如图5.11所示，三者的比表面积分别为 8.571 m^2·g^{-1}、9.710 m^2·g^{-1} 和 6.100 m^2·g^{-1}，三者的比表面积测试结果差别不大。对 BOB-S、BOB-M 和 BOB-L 的动力学常数进行比表面积归一化后的计算结果分别为 3.62 mg·min^{-1}·m^{-2}、1.44 mg·min^{-1}·m^{-2} 和 1.15 mg·min^{-1}·m^{-2}。换言之，排除比表面积的影响后，BOB-S 的催化活性仍然明显高于 BOB-M 和 BOB-L，这充分说明厚度降低对 Bi$_{24}$O$_{31}$Br$_{10}$ 纳米片催化活性的提升并不单纯依赖于增加比表面积（及提升活性位点的暴露），而是通过提升催化剂的本征电化学活性（载流子浓度、电荷分离效率和输运效率）来增加其催化活性。

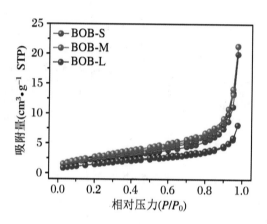

图 5.11　N$_2$ 在 BOB-S、BOB-M 和 BOB-L 上的吸附/脱附等温线

5.5.2

自由基的产生与转化

光照过程中产生的自由基是引发光催化反应的重要活性物质，在水相反应中自由基主要包括超氧阴离子（·O$_2^-$）、超氧自由基（·OOH）和羟基自由基（·OH），且可以通过一系列自由基反应而相互转化。为了验证光催化反应过程中自由基的产生，用 DMPO 作为捕获剂检测了样品的电子顺磁共振（EPR）

（JES-FA200，日本电子株式会社）信号，测试结果如图 5.12 所示。图中信号强度为 1∶2∶1∶2∶1∶2∶1 的七重峰是 DMPO 与·OOH 反应产生 DMPOX 的信号，结果表明在可见光照射下 BOB-S 产生的·OOH 比 BOB-M 和 BOB-L 分别高 1.4 倍和 5.2 倍[34]。另外，如前文所述，考虑到三种 $Bi_{24}O_{31}Br_{10}$ 纳米片价带顶势能均未超过 OH^-/·OH 的势垒（2.38 eV），其光生空穴不能直接氧化 H_2O 产生·OH。可见光照射下 $Bi_{24}O_{31}Br_{10}$ 纳米片表面自由基的产生及转化过程如下：

$$O_2 + e^- \longrightarrow ·O_2^- \tag{5.2}$$

$$·O_2^- + H_2O \longrightarrow ·OOH + OH^- \tag{5.3}$$

$$·OOH + H_2O + 2e^- \longrightarrow ·OH + 2OH^- \tag{5.4}$$

即 $Bi_{24}O_{31}Br_{10}$ 纳米片单电子还原 O_2 产生·O_2^-、·O_2^- 水解产生·OOH 以及·OOH 两电子还原产生·OH 三步。

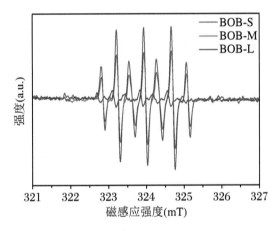

图 5.12　DMPOX 的 EPR 信号

5.5.3

四环素降解路径

上一节提到的几种自由基具有较强的氧化能力，能够有效地降解反应体系中的有机物，此外催化剂产生的光生空穴也具有一定的氧化性。为了考察光生空穴和各种自由基在光催化降解过程中所做出的贡献，进行了一系列自由基清除试验。其中，草酸钠（$Na_2C_2O_4$）用于清除光生空穴，叔丁醇（TBA）用于清除·OH，对苯醌（PBQ）用于清除·O_2^-，以及通过曝 N_2 来去除溶解氧。测试结果如图 5.13 所示[3]。

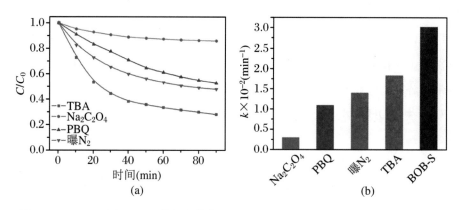

图 5.13　BOB-S 降解 TTCH 的自由基清除实验(a)和对应的动力学常数(b)

测试结果表明,TBA、曝 N_2 和 PBQ 均在一定程度上对 TTCH 的降解有抑制,说明 $\cdot O_2^-$ 和 $\cdot OH$ 在 TTCH 降解过程中发挥了一定的作用。而 $Na_2C_2O_4$ 的加入则抑制了 90%的 TTCH 降解反应,这说明光生空穴是 $Bi_{24}O_{31}Br_{10}$ 纳米片光催化降解 TTCH 的主要活性物质。这几种活性物质对 TTCH 降解做出的贡献依次为光生空穴(h^+)＞$\cdot O_2^-$＞$\cdot OH$。

此外,还通过 LC-MS 分析系统来检测 TTCH 降解所产生的中间产物。LC-MS 测试结果如图 5.14 所示,相应的 TTCH 降解路径如图 5.15 所示。

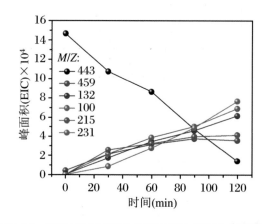

图 5.14　TTCH 降解产物的离子质荷比及其丰度变化

质荷比(M/Z)为 443 的离子对应于 TTCH,随着降解反应的进行其相对丰度不断下降。而 M/Z 为 459 的离子则是 TTCH 的羟基化产物,即 TTCH·OH,这说明 TTCH 降解的第一步是羟基化。之后,TTCH·OH 的碳链发生断裂从而使整个分子分裂为三部分,相应的 M/Z 分别为 132、100 和 215。事实上,M/Z 为 215 的分子应当是由图 5.15 虚线框中的分子发生脱水重构而产生的,然而该分子稳定性较差,难以被直接检测到。随着降解反应的进行,M/Z 为

215 的离子丰度趋于平缓并呈现轻微的下降趋势，而 M/Z 为 231 的离子丰度则在此时开始显著提升（反应开始时丰度极低），说明 M/Z 为 231 对应的分子是 TTCH 降解的次级产物，且应当是从 M/Z 为 215 的物质转化而成的。纵观整个降解过程，TTCH 的四环结构遭到破坏，其相应的生物活性也随之消除，产生的中间产物是一些可生物降解的有机物，这对于解决四环素类有机物引起的水污染问题是有意义的[28]。

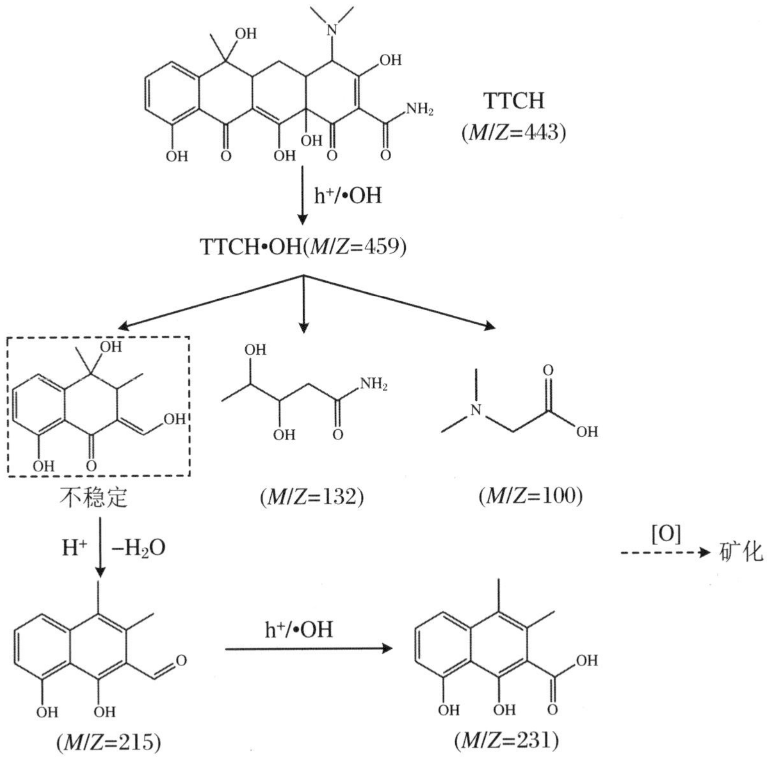

图 5.15　TTCH 降解路径示意图

5.5.4

$Bi_{24}O_{31}Br_{10}$ 纳米片降解四环素的反应机理

基于上述各项测试结果，建立了 $Bi_{24}O_{31}Br_{10}$ 纳米片可见光催化降解 TTCH 的反应模型，如图 5.16 所示。

以 BOB-S 为例，富氧化处理导致的窄带隙（2.30 eV）使得 BOB-S 有效吸收可见光并发生光生空穴-电子的分离。接着，导带的光生电子注入催化剂表面

吸附的 O_2 发生单电子还原产生 $\cdot O_2^-$，再经过一系列自由基反应转化为 $\cdot OH$。之后，$\cdot OH$ 与 TTCH 分子结合并使之活化，活化的 TTCH 分子被光生空穴、$\cdot O_2^-$ 和 $\cdot OH$ 进一步氧化降解，其中光生空穴是最主要的活性物质。最终，TTCH 被分解为一系列降解产物或是被彻底矿化为 CO_2 和 H_2O。此外，尽管 BOB-M 和 BOB-L 的催化活性要低于 BOB-S 的，但该模型仍然适用于描述这两种催化剂。

  本章首次在不使用表面活性剂的情况下通过一步水热法实现了 $Bi_{24}O_{31}Br_{10}$ 纳米片的厚度调控。测试结果表明，随着厚度的降低，$Bi_{24}O_{31}Br_{10}$ 纳米片表面和浅晶格中的晶格缺陷（Br 空位）所占比例逐步提高，这些晶格缺陷起到电子阱的作用，可以有效改善材料的电化学性质。因此，BOB-S 样品可见光催化降解 TTCH 的活性最高。厚度降低对 $Bi_{24}O_{31}Br_{10}$ 纳米片催化活性的提升并不单纯依赖于增加比表面积（及提升活性位点的暴露），而是通过提升催化剂的本征电化学活性（载流子浓度、电荷分离效率和输运效率）来增加其催化活性。通过对 $Bi_{24}O_{31}Br_{10}$ 纳米片的催化机制和 TTCH 降解过程的深入解析，发现光生空穴是最主要的活性物质。本章内容证实了二维卤氧化铋光催化剂厚度调控的可行性，也为通过形貌调控来优化催化剂的活性提供了新的思路。

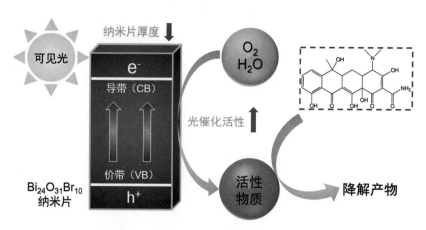

图 5.16 $Bi_{24}O_{31}Br_{10}$ 纳米片可见光催化降解 TTCH 反应机理示意图

参考文献

[1] Wang C Y, Zhang X, Song X N, et al. Novel $Bi_{12}O_{15}Cl_6$ photocatalyst for the degradation of bisphenol A under visible-light irradiation[J]. ACS Appl. Mater. Interfaces，2016，8：5320-5326.

[2] Sun L, Xiang L, Zhao X, et al. Enhanced visible-vight photocatalytic activ-

ity of BiOI/BiOCl heterojunctions: key role of crystal facet combination[J]. ACS Catal., 2015, 5: 3540-3551.

[3] Wang C Y, Zhang X, Qiu H B, et al. Photocatalytic degradation of bisphenol A by oxygen-rich and highly visible-light responsive $Bi_{12}O_{17}Cl_2$ nanobelts [J]. Appl. Catal. B: Environ., 2017, 200: 659-665.

[4] Ye L, Liu J, Gong C, et al. Two different roles of metallic Ag on Ag/AgX/BiOX (X = Cl, Br) visible light photocatalysts: surface plasmon resonance and Z-scheme bridge[J]. ACS Catal., 2012, 2: 1677-1683.

[5] Ao Y, Wang K, Wang P, et al. Synthesis of novel 2D-2Dp-n heterojunction $BiOBr/La_2Ti_2O_7$ composite photocatalyst with enhanced photocatalytic performance under both UV and visible light irradiation[J]. Appl. Catal. B: Environ., 2016, 194: 157-168.

[6] Ye L, Liu J, Jiang Z, et al. Facets coupling of $BiOBr$-g-C_3N_4 composite photocatalyst for enhanced visible-light-driven photocatalytic activity[J]. Appl. Catal. B: Environ., 2013, 142-143: 1-7.

[7] Yu L, Zhang X, Li G, et al. Highly efficient $Bi_2O_2CO_3/BiOCl$ photocatalyst based on heterojunction with enhanced dye-sensitization under visible light[J]. Appl. Catal. B: Environ., 2016, 187: 301-309.

[8] Tao J, Luttrell T, Batzill M. A two-dimensional phase of TiO_2 with a reduced bandgap[J]. Nat. Chem., 2011, 3: 296-300.

[9] Li J, Zhao K, Yu Y, et al. Facet-level mechanistic insights into general homogeneous carbon doping for enhanced solar-to-hydrogen conversion[J]. Adv. Funct. Mater., 2015, 25: 2189-2201.

[10] Bao J, Zhang X, Fan B, et al. Ultrathin spinel-structured nanosheets rich in oxygen deficiencies for enhanced electrocatalytic water oxidation[J]. Angew. Chem., 2015, 54: 7399-7404.

[11] Guan M, Xiao C, Zhang J, et al. Vacancy associates promoting solar-driven photocatalytic activity of ultrathin bismuth oxychloride nanosheets[J]. J. Am. Chem. Soc., 2013, 135: 10411-10417.

[12] Jiang J, Zhao K, Xiao X, et al. Synthesis and facet-dependent photoreactivity of BiOCl single-crystalline nanosheets[J]. J. Am. Chem. Soc., 2012, 134: 4473-4476.

[13] Gnayem H, Sasson Y. Hierarchical nanostructured 3D flowerlike $BiOCl_xBr_{1-x}$ semiconductors with exceptional visible light photocatalytic activity

[J]. ACS Catal., 2013, 3: 186-191.

[14] Wang S, Hai X, Ding X, et al. Light-switchable oxygen vacancies in ultra-fine Bi_5O_7Br nanotubes for boosting solar-driven nitrogen fixation in pure water[J]. Adv. Mater., 2017, 29: 1701774-1701780.

[15] Li H, Shang J, Ai Z, et al. Efficient visible light nitrogen fixation with BiOBr nanosheets of oxygen vacancies on the exposed {001} facets[J]. J. Am. Chem. Soc., 2015, 137: 6393-6399.

[16] Ganose A M, Cuff M, Butler K T, et al. Interplay of orbital and relativistic effects in bismuth oxyhalides: BiOF, BiOCl, BiOBr, and BiOI[J]. Chem. Mater., 2016, 28: 1980-1984.

[17] Li J, Sun S, Qian C, et al. The role of adsorption in photocatalytic degradation of ibuprofen under visible light irradiation by BiOBr microspheres[J]. Chem. Eng. J., 2016, 297: 139-147.

[18] Di J, Xia J, Ji M, et al. Advanced photocatalytic performance of graphene-like BN modified BiOBr flower-like materials for the removal of pollutants and mechanism insight[J]. Appl. Catal. B: Environ., 2016, 183: 254-262.

[19] Xiong X, Ding L, Wang Q, et al. Synthesis and photocatalytic activity of BiOBr nanosheets with tunable exposed {010} facets[J]. Appl. Catal. B: Environ., 2016, 188: 283-291.

[20] Wu D, Yue, S, Wang W, et al. Boron doped BiOBr nanosheets with enhanced photocatalytic inactivation of *Escherichia coli*[J]. Appl. Catal. B: Environ., 2016, 192: 35-45.

[21] Xiao X, Hu R, Liu C, et al. Facile microwave synthesis of novel hierarchical $Bi_{24}O_{31}Br_{10}$ nanoflakes with excellent visible light photocatalytic performance for the degradation of tetracycline hydrochloride[J]. Chem. Eng. J., 2013, 225: 790-797.

[22] Li F T, Wang Q, Ran J, et al. Ionic liquid self-combustion synthesis of $BiOBr/Bi_{24}O_{31}Br_{10}$ heterojunctions with exceptional visible-light photocatalytic performances[J]. Nanoscale, 2015, 7: 1116-1126.

[23] Liu Z, Liu J, Liu Z, et al. Soluble starch-modulated solvothermal synthesis of grain-like $Bi_{24}O_{31}Br_{10}$ hierarchical architectures with enhanced photocatalytic activity[J]. Mater. Res. Bull., 2016, 81: 119-126.

[24] Liu Z, Niu J, Feng P, et al. Solvothermal synthesis of $Bi_{24}O_{31}Cl_xBr_{10-x}$ solid solutions with enhanced visible light photocatalytic property[J]. Ceram.

Int., 2015, 41: 4608-4615.

[25] Peng Y, Yu P P, Chen Q G, et al. Facile fabrication of $Bi_{12}O_{17}Br_2/Bi_{24}O_{31}Br_{10}$ type II heterostructures with high visible photocatalytic activity[J]. J. Phy. Chem. C, 2015, 119: 13032-13040.

[26] Ye L, Jin X, Liu C, et al. Thickness-ultrathin and bismuth-rich strategies for BiOBr to enhance photoreduction of CO_2 into solar fuels[J]. Appl. Catal. B: Environ., 2016, 187: 281-290.

[27] Ye L, Jin X, Leng Y, et al. Synthesis of black ultrathin BiOCl nanosheets for efficient photocatalytic H_2 production under visible light irradiation[J]. J. Power Sources, 2015, 293: 409-415.

[28] Chopra I, Roberts M. Tetracycline antibiotics: mode of action, applications, molecular biology, and epidemiology of bacterial resistance[J]. Microbiol. Mol. Biol. Rev., 2001, 65: 232-260.

[29] Ma Y, Gao N, Li C. Degradation and pathway of tetracycline hydrochloride in aqueous solution by potassium ferrate[J]. Environ. Eng. Sci., 2012, 29: 357-362.

[30] Shi Y, Yang Z, Wang B, et al. Adsorption and photocatalytic degradation of tetracycline hydrochloride using a palygorskite-supported Cu_2O-TiO_2 composite[J]. Appl. Clay Sci., 2016, 119: 311-320.

[31] Li Z, Zhu L, Wu W, et al. Highly efficient photocatalysis toward tetracycline under simulated solar-light by Ag^+-CDs-Bi_2WO_6: Synergistic effects of silver ions and carbon dots[J]. Appl. Catal. B: Environ., 2016, 192: 277-285.

[32] Ye L, Su Y, Jin X, et al. Recent advances in BiOX (X = Cl, Br and I) photocatalysts: synthesis, modification, facet effects and mechanisms[J]. Environ. Sci.: Nano, 2014, 1: 90-112.

[33] Zhang L, Han Z, Wang W, et al. Solar-light-driven pure water splitting with ultrathin BiOCl nanosheets[J]. Chem. Eur. J., 2015, 21: 18089-18094.

[34] Chen C, Li F, Chen H L, et al. Interaction between air plasma-produced aqueous $^1O_2$ and the spin trap DMPO in electron spin resonance[J]. Phys. Plasmas, 2017, 24: 103501-103507.

第 6 章

能带结构优化的 $Bi_{24}O_{31}Br_{10}$ 纳米带及其矿化率提升

6.1 引言

卤氧化铋（BiOX，X = Cl、Br、I）纳米材料能够有效利用光能来降解水中的有机物，是一类有潜在应用价值的光催化剂[1-6]。与 BiOCl 相比，BiOBr 更加适合用于可见光驱动的催化反应。这是因为 BiOCl 禁带宽度过大（3.4 eV），没有可见光响应；而 BiOBr 的禁带宽度则要小一些（2.7 eV），其吸收边正好进入了可见光区（420 nm），有利于产生强烈的可见光响应[7-12]。不过，从实际应用的角度上看，BiOBr 也存在两个问题：一方面，BiOBr 的吸收边也只是刚刚进入可见光区，尽管有可见光响应，但响应的强度有限，可见光利用率较低；另一方面，·OH 被认为是一种氧化和矿化能力极强的自由基，但 BiOBr 价带顶的势能通常不够大（位置不够"正"），不能达到 $OH^-/·OH$ 所需的 2.38 eV，因此 BiOBr 通常不能直接利用空光生穴氧化 H_2O 产生 ·OH，而只能依靠导带电子还原 O_2 从而间接产生 ·OH。事实上，这种间接产生 ·OH 的方式效率较低，限制了 BiOBr 的矿化能力[13-17]。

值得注意的是，这两个问题都可以通过调控催化剂的能带结构来解决：进一步减小禁带宽度可以有效提升可见光响应，而价带顶位置正移可以提升光生空穴氧化能力，从而可以直接氧化 H_2O 产生 ·OH[8,18-20]。前两章的研究结果也证实了，对于 BiOX 而言，X 与 O 相对比例的改变（物相调控）和产物形貌的改变（形貌调控）都能够对催化剂能带结构产生影响[21-23]。到目前为止，也有相关研究工作报道了溴氧化铋富氧纳米材料及其异质结，例如 $Bi_{24}O_{31}Br_{10}$ 纳米片、具有三维结构的 $Bi_{24}O_{31}Br_{10}$ 纳米材料、$BiOBr/Bi_{24}O_{31}Br_{10}$ 异质结、$Bi_{12}O_{17}Cl_2/Bi_{24}O_{31}Br_{10}$ 异质结以及 $Bi_{24}O_{31}Cl_xBr_{10-x}$ 固溶体等[24-27]。尽管这些催化剂大多具有较窄的禁带宽度，能够有效吸收可见光，但它们的价带顶位置通常不够正，不足以直接氧化 H_2O 产生 ·OH。因此这些催化剂降解有机污染物主要依赖空穴直接氧化的降解机制，而非自由基主导的降解机制，这就导致这些催化剂的矿化效率有限[28-29]。此外，在催化剂合成过程中，十六烷基三甲基溴化铵（CTAB）通常会用作溴源和表面活性剂，一方面提供晶体生长所需的 Br^-，另一方面控制晶体的生长和形貌。正是由于这种表面活性剂的作用，CTAB 很容易吸附在催化剂表面并且难以去除，有可能覆盖催化剂表面活性位点而对催化活性产生负面影响，因此催化剂的制备方法也有待改进[24,30]。

本章通过一步水热制备了一维富氧 $Bi_{24}O_{31}Br_{10}$ 纳米带光催化剂材料，用其在可见光下降解了双酚 A(BPA)溶液，研究了 BPA 降解的动力学过程，并给出了可能的降解路径。此外，还考察了几种实际废水中常见的阴离子对 $Bi_{24}O_{31}Br_{10}$ 纳米带光催化活性的干扰，包括 SO_4^{2-}、Cl^-、NO_3^-、PO_4^{3-} 和 CO_3^{2-}。不仅如此，还分别用豆制品废水和酒厂废水测试了 $Bi_{24}O_{31}Br_{10}$ 纳米带处理实际废水的可行性。通过对催化机理的解析，构建了催化剂理化性质、能带结构和催化活性三者之间的相互关系，并证实了 $Bi_{24}O_{31}Br_{10}$ 纳米带直接氧化 H_2O 产生·OH 这一催化机制。

6.2 $Bi_{24}O_{31}Br_{10}$ 纳米带的制备

本章涉及的所有试剂均购自国药集团化学试剂有限公司，品级为分析纯，无需进一步提纯即可直接使用。合成 $Bi_{24}O_{31}Br_{10}$ 纳米带的方法如下：将 0.970 g (2 mmol)硝酸铋($Bi(NO_3)_3 \cdot 5H_2O$)加入 10 mL 乙二醇中，充分超声分散直至硝酸铋完全溶解形成均匀的溶液。另外，将 0.196 g(2 mmol)溴化铵(NH_4Br)加入 25 mL 去离子水中，搅拌至完全溶解。将上述两种溶液进行混合，反应体系立即变为白色悬浊液。接着，将 0.7 mL 乙醇胺逐滴加入上述混合液中，并搅拌 10 min 使之充分反应。之后，将该悬浊液倒入容积为 50 mL 的聚四氟乙烯高压釜中，进行 12 h 的水热反应，反应温度为 160 ℃。待反应釜降温后，通过离心将粉体产物分离出来，并用去离子水和乙醇分别清洗 3 次以去除残留的反应物，并将清洗后的粉体产物置于 80 ℃下真空干燥，得到 $Bi_{24}O_{31}Br_{10}$ 纳米带。对照组 BiOBr 纳米片的合成过程与之大体相同，但不添加乙醇胺。对照组 $Bi_{24}O_{31}Br_{10}$ 纳米片的合成方法见上一章。

6.3 Bi$_{24}$O$_{31}$Br$_{10}$纳米带的微观结构

6.3.1 物相表征

通过粉末 XRD 测试来表征产物的物相。样品的粉末 X 射线衍射图（XRD）通过飞利浦 X'Pert PRO SUPER 衍射仪测定，并配有石墨单色器Cu Kα 辐射部件（$\lambda = 1.541874$ Å）。测试结果如图 6.1 所示。XRD 谱图中所有衍射峰均归属于 Bi$_{24}$O$_{31}$Br$_{10}$（JCPDS 标准卡片编号为 No. 75-0888），相应的晶胞参数为 $a = 10.13$ Å，$b = 4.008$ Å，$c = 29.97$ Å。XRD 谱图中未检出其他物相的衍射峰，这一结果表明按照上述合成方法所得到的产物是单晶 Bi$_{24}$O$_{31}$Br$_{10}$，且纯度高、不含杂质。此外，XRD 谱图基线平滑，衍射峰形状尖锐强度较高，表明产物 Bi$_{24}$O$_{31}$Br$_{10}$ 结晶性良好。

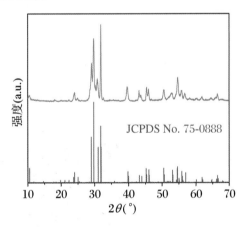

图 6.1 样品的 XRD 谱图

6.3.2 形貌结构与晶面暴露

之后，利用 SEM 和 TEM 来观测产物的形貌，结果如图 6.2 所示。样品的扫描电子显微镜(SEM)照片是用 X-650 扫描电子显微分析仪和 JSM-6700F 场发射 SEM(日本电子株式会社)拍摄的。样品的透射电子显微镜(TEM)照片是用 JEM-2011 TEM(日本电子株式会社)拍摄的,电子束电压为 100 kV。SEM 照片(图 6.2(a)和图 6.2(b))清晰地展示了样品的一维带状形貌,单根纳米带的长度可达数毫米。TEM 照片(图 6.2(c))进一步证实了这种带状结构,且纳米带沿着长度方向的各部分宽度基本保持一致,宽度为 100~400 nm。更精细的晶体结构可以通过 HRTEM 来表征。图 6.2(d)是在某个单根纳米带边缘处拍摄的 HRTEM 照片,图中清晰连续的晶格条纹证实了产物的高结晶度。从 HRTEM 照片中量出的平均晶面间距是 0.28 nm,这与单斜相(117)和($1\bar{1}7$)晶面的理论值吻合。图 6.2(d)中的内插图是对应区域的 SAED 照片,相邻亮斑之间的夹角为 89°,这与(117)和($1\bar{1}7$)晶面夹角的理论值是一致的。如图 6.3 所示,STEM 照片和对应的 EDS mapping 结果证实了 Bi、O、Br 三种元素在纳米带中均匀分布。作为对照,BiOCl 纳米片和 $Bi_{24}O_{31}Br_{10}$ 纳米片的形貌如图 6.4 所示。高分辨透射电子显微镜(HRTEM)照片、选区电子衍射(SAED)照片和扫描投射电子显微镜(STEM)照片元素分布(EDS mapping)图是用 STEM JEM-ARM200F(日本电子株式会社)拍摄的,加速电压为 200 kV。

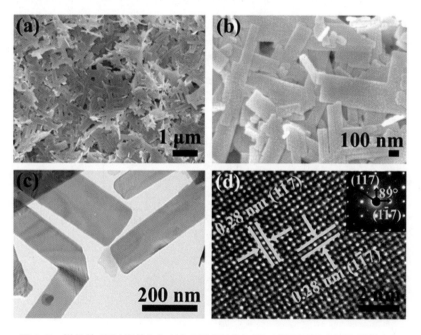

图 6.2 样品的 SEM 照片(a)、(b),TEM 照片(c)和 HRTEM 及 SAED 照片(d)

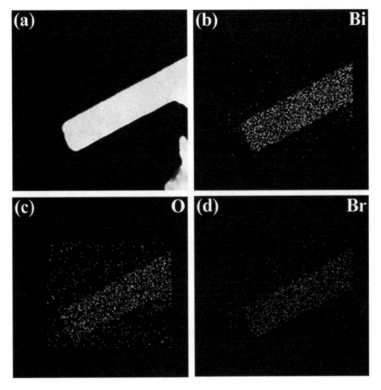

图 6.3 样品的 STEM 照片(a)及对应的 EDS mapping 照片(b)~(d)

图 6.4 $Bi_{24}O_{31}Br_{10}$ 纳米片的 SEM(a)和 TEM(b)照片,以及 BiOCl 纳米片的 SEM(c)和 TEM(d)照片

6.3.3
钨酸铋

产物表面的元素组成与化合态可以通过 X 射线光电子能谱仪（XPS）ESCALAB 250（美国赛默飞科技股份有限公司）测试结果来分析，结果如图 6.5 所示，该结果已对 C 1s 峰的标准值（284.6 eV）进行校正。除了 C 元素外，总谱中还可以观测到 Bi、O、Br 三种元素的信号。Bi 4f 高分辨谱中包含两个主峰，其结合能差值为 5.4 eV，这与 Bi^{3+} 的 $4f_{7/2}$ 和 $4f_{5/2}$ 理论值吻合。O 1s 高分辨谱中主峰位置在 529.4 eV 处，这与 Bi—O 键中 O^{2-} 的理论值吻合。Br 3d 高分辨谱在 67.9 eV 和 69.4 eV 处有两个强峰，分别归属于 Br^- 的 $3d_{5/2}$ 和 $3d_{3/2}$。XPS 测试的结果进一步证实了产物是纯相的 $Bi_{24}O_{31}Br_{10}$ 纳米带。

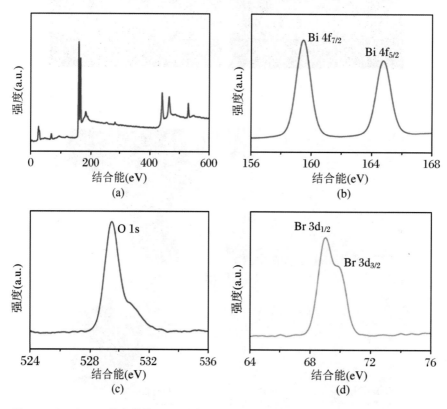

图 6.5　$Bi_{24}O_{31}Br_{10}$ 纳米带的 XPS 测试结果，分别为总谱(a)、Bi 4f、O 1s 和 Br 3d(b)～(d)的高分辨谱

6.4 $Bi_{24}O_{31}Br_{10}$ 纳米带的光催化性能

6.4.1 $Bi_{24}O_{31}Br_{10}$ 纳米带光催化降解双酚 A

采用 BPA 作为测试催化剂可见光催化活性的目标污染物,$Bi_{24}O_{31}Br_{10}$ 纳米带可见光催化降解 BPA 在室温下进行,采用 500 W 氙灯并配以 420 nm 截止滤波片作为光源。开始实验之前,10 mg $Bi_{24}O_{31}Br_{10}$ 纳米带光催化剂加入 30 mL 浓度为 10 mg·L^{-1} 的 BPA 水溶液中,之后在黑暗中搅拌 60 min 保证达到吸附/脱附平衡。进行离子干扰试验时,BPA 溶液中还分别额外添加 SO_4^{2-}、Cl^-、NO_3^-、PO_4^{3-} 和 CO_3^{2-} 且浓度均为 100 mg·L^{-1}。接着,在光照和持续搅拌中以固定的时间间隔取样,并立即高速离心,将样品中的催化剂分离出来。BPA 浓度用高效液相色谱(HPLC)(1260 Infinity,美国安捷伦科技股份有限公司)进行测定,色谱柱为安捷伦 Eclipse XDB-C18 柱(4.6 mm×150 mm),柱温为 30 ℃。测定 BPA 浓度时,流动相为 50%乙腈和 50%去离子水(含 0.1%甲酸),流速为 1.0 mL·min^{-1},检测波长为 273 nm。除 $Bi_{24}O_{31}Br_{10}$ 纳米带外,$Bi_{24}O_{31}Br_{10}$ 纳米片、BiOBr 纳米片和 TiO_2(P25)分别作为对照组,也进行了相同的测试。光催化降解性能测试结果如图 6.6(a)所示。

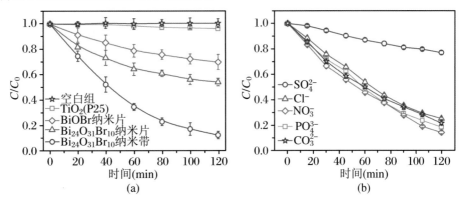

图 6.6 不同催化剂对应的 BPA 降解曲线(a)和以 $Bi_{24}O_{31}Br_{10}$ 纳米带为催化剂时添加不同干扰离子对应的 BPA 降解曲线(b)

结果表明，120 min 光照后，TiO_2（P25）降解的 BPA 少于 5%。而 $Bi_{24}O_{31}Br_{10}$ 纳米片和 BiOBr 纳米片的降解效果比 TiO_2（P25）要好一些，BPA 去除率分别达到了 40% 和 25%，这就表明经过富氧化处理的 $Bi_{24}O_{31}Br_{10}$ 纳米片催化活性比 BiOBr 纳米片更高一些。对于实验组 $Bi_{24}O_{31}Br_{10}$ 纳米带，超过 90% 的 BPA 在 120 min 内被降解，其催化活性明显高于这几个对照组。此外，考察了 $Bi_{24}O_{31}Br_{10}$ 纳米带的抗干扰能力，如图 6.6(b) 所示。干扰试验结果表明，除了 SO_4^{2-} 外，大多数常见的阴离子（Cl^-、NO_3^-、PO_4^{3-} 和 CO_3^{2-}）都不会对 $Bi_{24}O_{31}Br_{10}$ 纳米带的催化活性产生明显干扰。不仅如此，循环实验结果（图 6.7）表明，$Bi_{24}O_{31}Br_{10}$ 纳米带具有良好的稳定性，循环 6 次后催化活性仍能保持 85%。

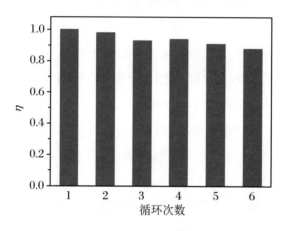

图 6.7　循环 6 次的 BPA 降解率

为了能够定量比较这几种催化剂的催化活性，对测得的 BPA 降解曲线进行动力学拟合，采用准一级动力学模型。得到的 $Bi_{24}O_{31}Br_{10}$ 纳米带、$Bi_{24}O_{31}Br_{10}$ 纳米片和 BiOBr 纳米片的动力学常数分别为 0.018 min^{-1}、0.005 min^{-1} 和 0.003 min^{-1}。为了排除活性位点暴露的影响，通过 BET 法测定了这三种催化剂的比表面积，使用的仪器是全自动比表面积和孔隙分析仪 Tristar Ⅱ 3020M（美国麦克仪器公司）。测试结果如图 6.8 所示，$Bi_{24}O_{31}Br_{10}$ 纳米带、$Bi_{24}O_{31}Br_{10}$ 纳米片和 BiOBr 纳米片的比表面积分别为 12.53 $m^2 \cdot g^{-1}$、14.80 $m^2 \cdot g^{-1}$ 和 8.23 $m^2 \cdot g^{-1}$，因此比表面积归一化后的动力学常数分别是 1.44 $mg \cdot min^{-1} \cdot m^{-2}$、0.34 $mg \cdot min^{-1} \cdot m^{-2}$ 和 0.36 $mg \cdot min^{-1} \cdot m^{-2}$，即 $Bi_{24}O_{31}Br_{10}$ 纳米带本征光催化活性比 $Bi_{24}O_{31}Br_{10}$ 纳米片和 BiOBr 纳米片分别提升了 4.3 倍和 4.0 倍。很显然，$Bi_{24}O_{31}Br_{10}$ 纳米带的催化活性明显高于 $Bi_{24}O_{31}Br_{10}$ 纳米片和 BiOBr 纳米片，而且性能的提升并不依赖于活性位点暴露（比表面积），而是由本征催化活性的提升所引起的。

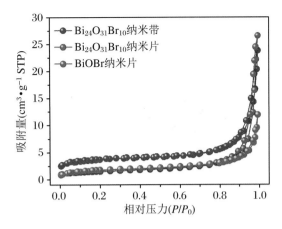

图 6.8　N_2 在 $Bi_{24}O_{31}Br_{10}$ 纳米带、$Bi_{24}O_{31}Br_{10}$ 纳米片和 BiOBr 纳米片上的吸附/脱附等温线

6.4.2 双酚 A 降解路径

利用 CG-MS 分析系统来检测 BPA 降解过程中产生的中间产物,仪器型号为 7890B GC System 和 5977B MDS(美国安捷伦科技股份有限公司),以期给出 BPA 的降解路径。除了 BPA 本身,还检测到 6 种有机分子,如表 6.1 所示。结合前几章的结果和相关文献的结论,给出了可能的 BPA 降解路径,如图 6.9 所示[31]。其中,对异丙烯基苯酚和苯酚是 BPA 降解的初级产物,之后这两种分子被进一步降解,并生成对羟基苯乙酮、对苯二酚和对苯醌。随着氧化的深入,苯环结构被破坏,并生成主要的开环产物 3,6-二羟基-2,4-己二烯酸。最后,这些开环产物被彻底矿化产生 CO_2 和 H_2O。

表 6.1　双酚 A 及主要降解产物的质谱检测结果

序号	物质	结构	质谱结果
1	双酚 A	HO—C6H4—C(CH3)2—C6H4—OH	(质谱图)

续表

序号	物质	结构	质谱结果
2	对异丙烯基苯酚		
3	对羟基苯乙酮		
4	对苯二酚		
5	苯酚		
6	对苯醌		

续表

序号	物质	结构	质谱结果
7	3,6-二羟基-2,4-己二烯酸	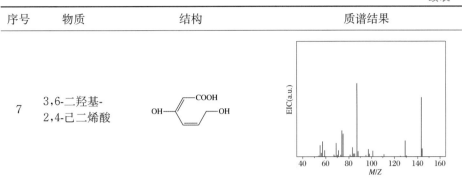	

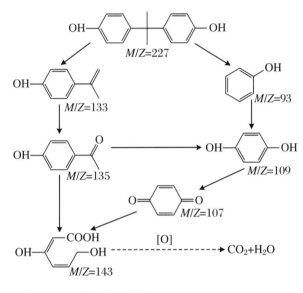

图 6.9 BPA 降解路径示意图

6.4.3
$Bi_{24}O_{31}Br_{10}$ 纳米带光催化降解实际有机废水

实际废水中所含的有机物远比配制的 BPA 溶液要复杂得多,这导致无法逐一鉴定每种有机物的去除率及其产生的降解产物。因此,对于实际废水的光催化处理,希望催化剂具有足够的矿化能力,能够将成分复杂的有机物无选择性地矿化成 CO_2 和 H_2O。为了验证 $Bi_{24}O_{31}Br_{10}$ 纳米带用于处理实际废水的可行性,选择了两种有机物含量较高的工业废水——豆制品废水和酒厂废水来测试催化剂的处理效率,处理实际废水时催化剂用量为 $1.0 \text{ g} \cdot \text{L}^{-1}$。取到两种工业废水后,进行了简单的预处理:通过膜滤和离心去除其中的固体物,之后将原水保存在4℃冰箱中。测试时需将原水进行稀释。此外,用蒽酮法测定了稀释后水样的多糖浓度,用改进的Lowry法测定了蛋白质和腐殖酸浓度,如表6.2所示。

表6.2 稀释后工业废水的理化性质

工业废水	稀释比	TOC (mg·L^{-1})	COD$_{Cr}$ (mg·L^{-1})	pH	蛋白质 (mg·L^{-1})	腐殖酸 (mg·L^{-1})	多糖 (mg·L^{-1})
豆制品废水	1:2000	78	287	6.2	20.2	42.9	13.5
酒厂废水	1:500	89	325	6.5	15.6	37.1	26.5

分别用不同催化剂对这两种稀释后的工业废水进行可见光催化降解的性能测试,测试结果如图6.10所示。经过240 min 光照后,$Bi_{24}O_{31}Br_{10}$纳米带分别去除了豆制品废水中47%的有机物和酒厂废水中38%的有机物,这一数值明显高于另外三个对照组。这一结果表明,$Bi_{24}O_{31}Br_{10}$纳米带不仅具有更高的光催化降解效率(降解BPA),其矿化能力也大幅提升,总有机碳(TOC)浓度通过TOC分析仪(Muti N/C 2100,德国耶拿公司)来测定,$Bi_{24}O_{31}Br_{10}$纳米带能够无选择性地矿化有机物,这对其走向实际应用是有意义的。

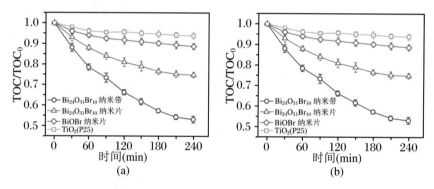

图6.10 豆制品废水(a)和酒厂废水(b)的TOC浓度变化

6.5
催化剂改性的增效机制

上一章已经证实富氧化处理能够提升溴氧化铋对可见光的吸收力,从而提升其在可见光下的催化活性。然而,$Bi_{24}O_{31}Br_{10}$纳米带矿化效率提升的原因仍然未知,为了探明其中的原因,对 $Bi_{24}O_{31}Br_{10}$ 纳米带可见光催化降解 BPA 的反应机理进行了深入的解析。

6.5.1 能带结构

能带结构是半导体光催化剂的本征属性,在很大程度上决定了其光催化活性,因此可通过 UV-Vis 漫反射谱和 XPS 价带谱来计算 $Bi_{24}O_{31}Br_{10}$ 纳米带、$Bi_{24}O_{31}Br_{10}$ 纳米片和 BiOBr 纳米片的能带结构。紫外-可见漫反射光谱(DRS)通过紫外可见分光光度计 Solid 3700(日本岛津制作所有限公司)测定。测试结果如图 6.11 所示。从 UV-Vis 漫反射谱(图 6.11(a))上看,BiOBr 的吸收边在 410 nm 左右,勉强具有可见光响应,但强度很低。$Bi_{24}O_{31}Br_{10}$ 纳米带和纳米片的吸收边则红移至 450 nm 附近,可见光吸收效率显著增强。根据 UV-Vis 漫反射谱的数据可以计算出相应的 Tauc 曲线,即 $(\alpha h\nu)^{1/2}$ 对 $h\nu$ 的函数关系[2]。Tauc 曲线如图 6.11(b)所示,$Bi_{24}O_{31}Br_{10}$ 纳米带、$Bi_{24}O_{31}Br_{10}$ 纳米片和 BiOBr 纳米片对应的禁带宽度分别为 2.45 eV、2.53 eV 和 2.67 eV。半导体的价带顶势能可以通过 XPS 价带谱测定,其数值直接决定了光生空穴的氧化能力。XPS 价带谱测试结果如图 6.11(c)所示,$Bi_{24}O_{31}Br_{10}$ 纳米带的价带顶势能为 2.46 eV,明显高于 $Bi_{24}O_{31}Br_{10}$ 纳米片(2.09 eV)和 BiOBr 纳米片(2.25 eV)。那么,$Bi_{24}O_{31}Br_{10}$ 纳米带、$Bi_{24}O_{31}Br_{10}$ 纳米片和 BiOBr 纳米片的导带底势能的计算结果分别为 0.01 eV、-0.44 eV 和 -0.42 eV,三者的能带结构如图 6.11(d)所示。这一结果清楚地表明,$Bi_{24}O_{31}Br_{10}$ 纳米带禁带宽度最小,对可见光的利用率最高,同时价带顶势能最大,对应的光生空穴具有最强的氧化性。考虑到 $OH^-/\cdot OH$ 的势垒是 2.38 eV,这三种催化剂中仅 $Bi_{24}O_{31}Br_{10}$ 纳米带的价带顶势能高于此数值,因此 $Bi_{24}O_{31}Br_{10}$ 纳米带可以在可见光照射下利用光生空穴直接氧化 H_2O 产生 $\cdot OH$,而另两种催化剂仅有可能通过光生电子还原 O_2 来间接产生 $\cdot OH$。

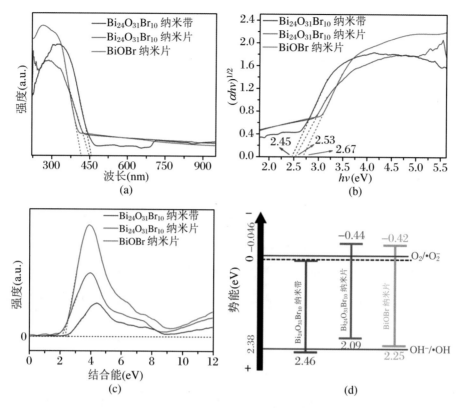

图 6.11 $Bi_{24}O_{31}Br_{10}$ 纳米带、$Bi_{24}O_{31}Br_{10}$ 纳米片和 BiOBr 纳米片的 UV-Vis 漫反射谱 (a)、Tauc 曲线(b)、XPS 价带谱(c)和能带结构(d)示意图

6.5.2 自由基与主要活性物质

为了验证 $Bi_{24}O_{31}Br_{10}$ 纳米带的这种"直接氧化"机制,其效率是否高于另两种催化剂的"间接氧化"机制,通过电子顺磁共振(EPR,JES-FA200,日本电子株式会社)测试用于检测活性自由基,捕获剂为 5,5-二甲基-1-吡咯啉-N-氧化物(DMPO),·OH 和 ·O_2^- 分别在水溶液和甲醇溶液中进行。此外,·OH 和 ·O_2^- 还分别通过对苯二甲酸(TPA)荧光法和氯化硝基四氮唑蓝(NBT)比色法来检测[24]。图 6.12 是 TPA 和 NBT 捕获实验的测试结果,图 6.12(a)~图 6.12(c)中 425 nm 处的荧光发射峰是 TPA·OH 的特征信号,图 6.12(d)~图 6.12(f)中 NBT 被 ·O_2^- 氧化从而导致 259 nm 处吸收峰强度降低。与对照组相比,$Bi_{24}O_{31}Br_{10}$ 纳米带产生的峰强度变化更加显著,这说明在可见光下 $Bi_{24}O_{31}Br_{10}$ 纳米带产生的自由基数量远高于 $Bi_{24}O_{31}Br_{10}$ 纳米片和 BiOBr 纳米片。此外,图

6.13(a)中1∶2∶2∶1的峰是 DMPO·OH 的特征信号,图 6.13(b)中四个等强度的峰是 DMPO·O_2^- 的特征信号,且信号强度与捕获到的自由基(即自由基浓度)成正比[32]。从 EPR 测试结果(图 6.13(a)和图 6.13(b))中也可以得到类似的结论,与对照组相比,$Bi_{24}O_{31}Br_{10}$ 纳米带在可见光照射下能够产生更多的自由基,而且·OH 的浓度差异尤为显著。而 $Bi_{24}O_{31}Br_{10}$ 纳米片产生自由基的能力则要弱一些,BiOBr 纳米片产生的自由基更是微乎其微。因此,$Bi_{24}O_{31}Br_{10}$ 纳米带产生自由基的反应过程可用以下方程式表示:

$$H_2O + h^+ \longrightarrow ·OH + H^+ \tag{6.1}$$

$$·OH + H_2O + 2h^+ \longrightarrow ·OOH + 2H^+ \tag{6.2}$$

$$·OOH + OH^- \longrightarrow ·O_2^- + H_2O \tag{6.3}$$

$$4H^+ + O_2 + 4e^- \longrightarrow 2H_2O \tag{6.4}$$

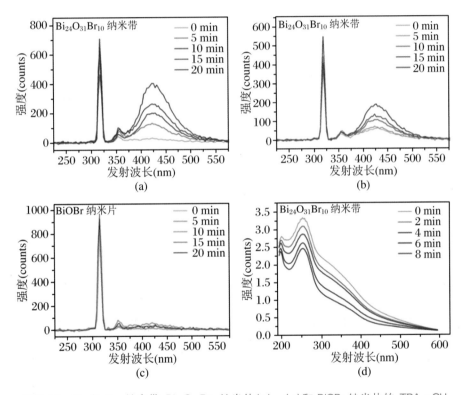

图 6.12　$Bi_{24}O_{31}Br_{10}$ 纳米带、$Bi_{24}O_{31}Br_{10}$ 纳米片(a)～(c)和 BiOBr 纳米片的 TPA·OH 荧光发射谱和 NBT 紫外-可见吸收谱(d)～(f)

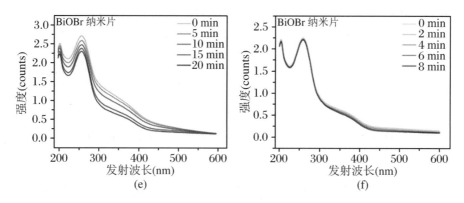

图6.12(续) $Bi_{24}O_{31}Br_{10}$ 纳米带、$Bi_{24}O_{31}Br_{10}$ 纳米片(a)~(c)和 BiOBr 纳米片的 TPA·OH 荧光发射谱和 NBT 紫外-可见吸收谱(d)~(f)

已经证实了 $Bi_{24}O_{31}Br_{10}$ 纳米带能够产生更多的·OH,而这些·OH 在 BPA 降解过程中所做出的贡献还需要进一步考察,因此进行了一系列自由基清除试验。其中,草酸钠($Na_2C_2O_4$)用于清除光生空穴,叔丁醇(TBA)用于清除·OH,对苯醌(PBQ)用于清除·O_2^-,以及通过曝 N_2 来去除溶解氧[16]。加入清除剂后的 BPA 降解曲线如图 6.13(c)所示,相应的动力学曲线如图 6.13(d)所示。结果表明,加入 $Na_2C_2O_4$ 后 BPA 的降解几乎停止,而加入 TBA 后 BPA 的降解也受到强烈抑制,因此,·OH 是 BPA 降解的主要活性物质,且·OH 的产生也主要依赖光生空穴(而非导带的电子)。上一章内容证实了 $Bi_{24}O_{31}Br_{10}$ 纳米片主要通过光生空穴直接降解 BPA,自由基的贡献比较少。因此,$Bi_{24}O_{31}Br_{10}$ 纳米带和 $Bi_{24}O_{31}Br_{10}$ 纳米片尽管都能在可见光下降解 BPA,但二者背后的反应机制是不同的,$Bi_{24}O_{31}Br_{10}$ 纳米带降解 BPA 是以·OH 氧化占主导,而 $Bi_{24}O_{31}Br_{10}$ 纳米片降解 BPA 则是以光生空穴氧化占主导。由于·OH 的氧化性更强,所以 $Bi_{24}O_{31}Br_{10}$ 纳米带的矿化能力更强,TOC 去除率也更高。

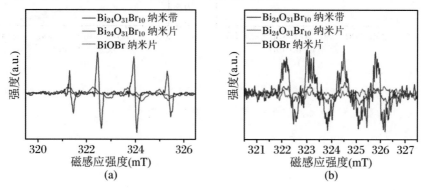

图 6.13 DMPO·OH(a)和 DMPO·O_2^-(b)的 EPR 信号,以及 $Bi_{24}O_{31}Br_{10}$ 纳米带降解 BPA 的自由基清除实验(c)和相应的动力学曲线(d)

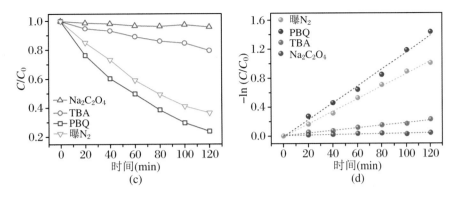

图 6.13(续) DMPO·OH(a)和 DMPO·O_2^-(b)的 EPR 信号,以及 $Bi_{24}O_{31}Br_{10}$ 纳米带降解 BPA 的自由基清除实验(c)和相应的动力学曲线(d)

6.5.3 电化学性质

本章涉及的电化学测试均是在自制的三电极反应池中进行的。测定电化学阻抗谱(EIS)和 Mott-Schottky 曲线时,工作电极为负载催化剂的玻璃碳电极(CG);而测试光电流响应时,工作电极为负载催化剂的氟掺杂二氧化锡(FTO)导电玻璃。参比电极为 Ag/AgCl(KCl 3 mol·L^{-1})电极,对电极为铂丝(Pt)电极。EIS 测试时使用的电解液为 $K_3[Fe(CN)_6]$ 和 $K_4[Fe(CN)_6]$ 混合溶液,二者浓度均为 0.05 mol·L^{-1},工作电极施加的电压为 0.3 V,频率范围为 10^{-2}～10^6 Hz,电压振幅为 5 mV。测 Mott-Schottky 曲线时,电解液为 0.1 mol·L^{-1} 的 Na_2SO_4 溶液,频率固定为 1 kHz,电压范围为 0.3～1.0 V。测试光电流响应时所使用的电解液仍为 0.1 mol·L^{-1} 的 Na_2SO_4 溶液,采集 i-t 曲线,持续 550 s,每隔 50 s 切换一次加光/避光状态,初始的 50 s 为避光,对工作电极施加的偏压为 0.22 V。供电和数据采集均通过计算机控制的 CHI 660E 电化学工作站(中国上海辰华仪器有限公司),测试光电流时使用的光源与光催化降解中使用的光源是相同的。

除了能带结构,半导体的光电性质对其光催化活性也有一定的影响。因此,从载流子浓度、电荷分离效率和表面转化效率三个方面比较了 $Bi_{24}O_{31}Br_{10}$ 纳米带、$Bi_{24}O_{31}Br_{10}$ 纳米片和 BiOBr 纳米片的电化学性质。催化剂的 Mott-Schottky 曲线如图 6.14(a)所示,其线性段的斜率均为正值,表明这三种催化剂都是 n 型半导体。而载流子浓度与 Mott-Schottky 曲线线性段的斜率成反比,因此

$Bi_{24}O_{31}Br_{10}$ 纳米带的载流子浓度要高于另两种对照组的,这对光催化反应而言是有利的[24]。另外,电荷的分离与输运效率对于光催化剂的催化活性也有一定的影响,因此测试了三种催化剂的 EIS 谱,如图 6.14(b)所示。结果显示,BiOBr 纳米片的 EIS 曲率半径远远大于 $Bi_{24}O_{31}Br_{10}$ 纳米带和 $Bi_{24}O_{31}Br_{10}$ 纳米片,说明富氧化处理能有效提升溴氧化铋的载流子分离效率,减少光生空穴与电子在输运过程中的复合概率。$Bi_{24}O_{31}Br_{10}$ 纳米带的 EIS 曲率半径要更小一些,这对光催化反应而言是也有利的。最后,如图 6.14(c)所示,$Bi_{24}O_{31}Br_{10}$ 纳米带在可见光下的光电流响应强度明显比另两个对照组要大,这充分证明在可见光照射下,$Bi_{24}O_{31}Br_{10}$ 纳米带能够产生更多的光生载流子(电子或空穴)并从催化剂表面注入反应物中,从而引发相应的化学反应。因此,$Bi_{24}O_{31}Br_{10}$ 纳米带表现出更好的电化学性质,这也有助于提升其光催化降解有机物的能力。

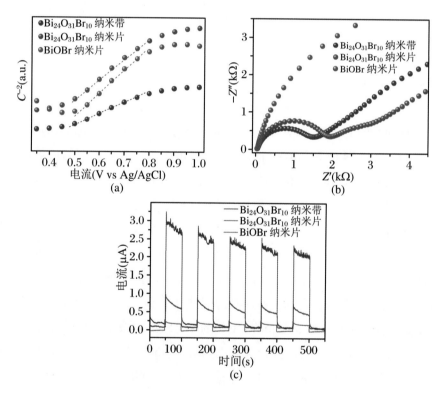

图 6.14 $Bi_{24}O_{31}Br_{10}$ 纳米带、$Bi_{24}O_{31}Br_{10}$ 纳米片和 BiOBr 纳米片的 Mott-Schottky 曲线(a)、EIS 谱(b)和光电流响应曲线(c)

6.5.4
理论计算

通过 XRD 物相分析，BiOBr 和富氧 $Bi_{24}O_{31}Br_{10}$ 的晶体结构分别属于 P4/nmm S1 四方空间群和 A12/m1 单斜空间群。BiOBr ($a = b = 3.92$ Å, $c = 8.076$ Å) 和 $Bi_{24}O_{31}Br_{10}$ ($a = 10.13$ Å, $b = 4.01$ Å, $c = 29.97$ Å, $\beta = 90.15°$) 晶格参数的计算优化结果与实验符合得很好。BiOBr 纳米片的(001)晶面和 $Bi_{24}O_{31}Br_{10}$ 纳米带的(117)晶面都使用了周期性平板法进行模拟，平板之间有 15 Å 真空层厚度。第一性原理 DFT 计算采用基于周期性平面波赝势法的 CASTEP 软件代码实现。在该计算方法中，基于广义梯度近似(GGA)的 Perdew-Burke-Ernzerhof (PBE)泛函用来描述交换相关能和势能。截断能和自洽场(SCF)能量收敛阈值分别设置为 340 eV 和 $1.0 \mathrm{e}^{-4}$ eV/cell。另外，采用 Broyden、Fletcher、Golfarb 和 Shannon(BFGS)算法对初始几何构型进行优化。布里渊区通过 Monkhorst-Pack 网格法进行采点，其中 k 点间距保持在不超过 0.07 Å^{-1}。在几何优化之后，我们也计算了电子结构，包括能带结构和态密度。

在建立上述模型的基础上，比较了 $Bi_{24}O_{31}Br_{10}$ 纳米带的(117)晶面与 BiOBr 的(001)晶面的电子结构。计算得到的 BiOBr (001)和 $Bi_{24}O_{31}Br_{10}$ (117)的 DOS 和投影 DOS(PDOS)，如图 6.15 所示。由于 DFT 方法的局限性，半导体带隙的理论值在计算中往往被低估。而剪刀算符可以有效地计算出理论带隙和实验带隙的差异，反映出富氧卤化铋电子结构的相对变化。在通过该剪刀算符对 BiOBr (001)加 0.505 eV 和 $Bi_{24}O_{31}Br_{10}$ (117)加 2.296 eV 进行补偿后，计算出的带隙与实验值可以很好地匹配。因此，剪刀算符的应用可以用来评估 DOS 和 PDOS。能量轴上的零点对应于费米能级。与 BiOBr 的(001)晶面相比，$Bi_{24}O_{31}Br_{10}$(117)晶面的 DOS 整体向低能级移动，带隙更窄，因此增加了可见光的吸收能力。例如，价带处的 Br 4p 态在 $Bi_{24}O_{31}Br_{10}$ (117)晶面(图 6.15(b))中向较低的能级移动，形成了更稳定的光催化结构。另外，氧溴化铋的导带主要由 Bi 6p 和 O 2p 轨道组成。由于氧溴化铋中 O 原子含量的增加，将有更多的导带态可被占据。与 BiOBr (001)晶面相比，$Bi_{24}O_{31}Br_{10}$(117)晶面的导带底的 O 2p 态向负能级移动的比例更大，导致带隙更窄。因此，纳米带倾向于生成·OH，从而表现出更好的可见光驱动光催化降解性能。

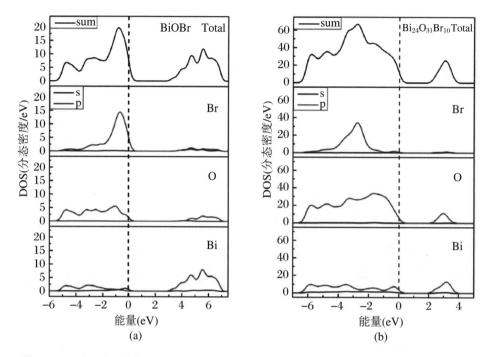

图 6.15　BiOBr(001)晶面(a)和 $Bi_{24}O_{31}Br_{10}$(117)晶面(b)的 DOS 和 PDOS 谱图，图中虚线表示费米能级(0 eV)

6.5.5

$Bi_{24}O_{31}Br_{10}$ 纳米带降解有机物的反应机理

$Bi_{24}O_{31}Br_{10}$ 纳米带光催化降解 BPA 的反应机理如图 6.16 所示。

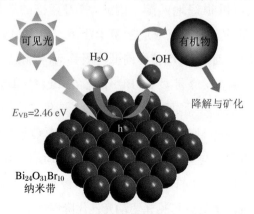

图 6.16　$Bi_{24}O_{31}Br_{10}$ 纳米带光催化降解 BPA 的反应机理示意图

本章通过水热法制备了一维 $Bi_{24}O_{31}Br_{10}$ 纳米带催化剂,其本征光催化活性比 $Bi_{24}O_{31}Br_{10}$ 纳米片和 BiOBr 纳米片分别提升了 4.3 倍和 4.0 倍。测试结果证实了 $Bi_{24}O_{31}Br_{10}$ 纳米带具有更窄的禁带宽度和更高的价带顶势能,因此它具有更高的可见光利用率,同时自身的氧化能力也更强,能够在可见光照射下直接利用光生空穴氧化 H_2O 产生·OH。与前几章提到的通过光生电子还原 O_2 间接产生自由基的反应机制相比,$Bi_{24}O_{31}Br_{10}$ 纳米带的这种机制更为直接,产生·OH 的效率也更高,因此其矿化能力得到了显著提升。此外,$Bi_{24}O_{31}Br_{10}$ 纳米带能够抵抗大部分常见阴离子的干扰,甚至对于工业有机废水也具有良好的处理能力。因此,结合适当的物相调控和形貌调控,溴氧化铋可成为一种能够应用于处理废水的新型高效可见光催化剂。

参考文献

[1] Li H, Shang J, Ai Z, et al. Efficient visible light nitrogen fixation with BiOBr nanosheets of oxygen vacancies on the exposed {001} facets[J]. J. Am. Chem. Soc., 2015, 137: 6393-6399.

[2] Guan M, Xiao C, Zhang J, et al. Vacancy associates promoting solar-driven photocatalytic activity of ultrathin bismuth oxychloride nanosheets[J]. J. Am. Chem. Soc., 2013, 135: 10411-10417.

[3] Li J, Zhao K, Yu Y, et al. Facet-level mechanistic insights into general homogeneous carbon doping for enhanced solar-to-hydrogen conversion[J]. Adv. Funct. Mater., 2015, 25: 2189-2201.

[4] Ye L, Liu J, Gong C, et al. Two different roles of metallic Ag on Ag/AgX/BiOX (X = Cl, Br) visible light photocatalysts: surface plasmon resonance and Z-scheme bridge[J]. ACS Catal., 2012, 2: 1677-1683.

[5] Lu Y, Yu H, Chen S, et al. Integrating plasmonic nanoparticles with TiO_2 photonic crystal for enhancement of visible-light-driven photocatalysis[J]. Environ. Sci. Technol., 2012, 46: 1724-1730.

[6] Kim J, Lee C, Choi W. Platinized WO_3 as an Environmental Photocatalyst that Generates OH Radicals under Visible Light[J]. Environ. Sci. Technol., 2010, 44: 6849-6854.

[7] Ye L, Su Y, Jin X, et al. Recent advances in BiOX (X = Cl, Br and I) photocatalysts: synthesis, modification, facet effects and mechanisms[J]. Environ. Sci.: Nano, 2014, 1: 90-112.

[8] Zhang X, Wang C Y, Wang L W, et al. Fabrication of BiOBr$_x$I$_{1-x}$ photocatalysts with tunable visible light catalytic activity by modulating band structures[J]. Sci. Rep., 2016, 6: 22800-22809.

[9] Feng H, Xu Z, Wang L, et al. Modulation of photocatalytic properties by strain in 2D BiOBr nanosheets[J]. ACS Appl. Mater. Interfaces, 2015, 7: 27592-27596.

[10] Zhang L, Han Z, Wang W, et al. Solar-light-driven pure water splitting with ultrathin BiOCl nanosheets[J]. Chem. Eur. J., 2015, 21: 18089-18094.

[11] Fang Y F, Huang Y P, Yang J, et al. Unique ability of BiOBr to decarboxylate D-Glu and D-MeAsp in the photocatalytic degradation of microcystin-LR in water[J]. Environ. Sci. Technol., 2011, 45: 1593-1600.

[12] Ai Z, Ho W, Lee C, et al. Efficient photocatalytic removal of NO in indoor air with hierarchical bismuth oxybromide nanoplate microspheres under visible light[J]. Environ. Sci. Technol., 2009, 43: 4143-4150.

[13] Zhang X, Wang L W, Wang C Y, et al. Synthesis of BiOCl$_x$Br$_{1-x}$ nanoplate solid solutions as a robust photocatalyst with tunable band structure[J]. Chem. Eur. J., 2015, 21: 11872-11877.

[14] Ye L, Jin X, Liu C, et al. Thickness-ultrathin and bismuth-rich strategies for BiOBr to enhance photoreduction of CO_2 into solar fuels[J]. Appl. Catal. B: Environ., 2016, 187: 281-290.

[15] Xiao X, Jiang J, Zhang L. Selective oxidation of benzyl alcohol into benzaldehyde over semiconductors under visible light: the case of $Bi_{12}O_{17}Cl_2$ nanobelts[J]. Appl. Catal. B: Environ., 2013, 142-143: 487-493.

[16] Wang C Y, Zhang X, Song X N, et al. Novel $Bi_{12}O_{15}Cl_6$ photocatalyst for the degradation of bisphenol A under visible-light irradiation[J]. ACS Appl. Mater. Interfaces, 2016, 8: 5320-5326.

[17] Li Z, Zhu L, Wu W, et al. Highly efficient photocatalysis toward tetracycline under simulated solar-light by Ag^+-CDs-Bi_2WO_6: synergistic effects of silver ions and carbon dots[J]. Appl. Catal. B: Environ., 2016, 192: 277-285.

[18] Mao D, Ding S, Meng L, et al. One-pot microemulsion-mediated synthesis of Bi-rich $Bi_4O_5Br_2$ with controllable morphologies and excellent visible-light photocatalytic removal of pollutants[J]. Appl. Catal. B: Environ., 2017,

207: 153-165.

[19] Liu Z, Liu J, Liu Z, et al. Soluble starch-modulated solvothermal synthesis of grain-like $Bi_{24}O_{31}Br_{10}$ hierarchical architectures with enhanced photocatalytic activity[J]. Mater. Res. Bull., 2016, 81: 119-126.

[20] Kato D, Hongo K, Maezono R, et al. Valence band engineering of layered bismuth oxyhalides toward stable visible-light water splitting: madelung site potential analysis[J]. J. Am. Chem. Soc., 2017, 139: 18725-18731.

[21] Myung Y, Wu F, Banerjee S, et al. Highly conducting, n-type $Bi_{12}O_{15}Cl_6$ nanosheets with superlattice-like structure[J]. Chem. Mater., 2015, 27: 7710-7718.

[22] Xiao X, Liu C, Hu R, et al. Oxygen-rich bismuth oxyhalides: generalized one-pot synthesis, band structures and visible-light photocatalytic properties [J]. J. Mater. Chem., 2012, 22: 22840-22843.

[23] Liu C, Zhang D. BiOI nanobelts: synthesis, modification, and photocatalytic antifouling activity[J]. Chem. Eur. J., 2015, 21: 1-10.

[24] Li F T, Wang Q, Ran J, et al. Ionic liquid self-combustion synthesis of $BiOBr/Bi_{24}O_{31}Br_{10}$ heterojunctions with exceptional visible-light photocatalytic performances[J]. Nanoscale, 2015, 7: 1116-1126.

[25] Peng Y, Yu P P, Chen Q G, et al. Facile fabrication of $Bi_{12}O_{17}Br_2/Bi_{24}O_{31}Br_{10}$ type II heterostructures with high visible photocatalytic activity[J]. J. Phy. Chem. C, 2015, 119: 13032-13040.

[26] Liu Z, Niu J, Feng P, et al. Solvothermal synthesis of $Bi_{24}O_{31}Cl_xBr_{10-x}$ solid solutions with enhanced visible light photocatalytic property[J]. Ceram. Int., 2015, 41: 4608-4615.

[27] Shang J, Hao W, Lv X, et al. Bismuth oxybromide with reasonable photocatalytic reduction activity under visible light[J]. ACS Catal., 2014, 4: 954-961.

[28] Mi Y, Wen L, Wang Z, et al. Fe(Ⅲ) modified BiOCl ultrathin nanosheet towards high-efficient visible-light photocatalyst[J]. Nano Energy, 2016, 30: 109-117.

[29] Deng W, Zhao H, Pan F, et al. Visible-light-driven photocatalytic degradation of organic water pollutants promoted by sulfite addition[J]. Environ. Sci. Technol., 2017, 51: 13372-13379.

[30] Zhang S, Yang J. Microwave-assisted synthesis of BiOCl/BiOBr composites

with improved visible-light photocatalytic activity[J]. Ind. Eng. Chem. Res., 2015, 54: 9913-9919.

[31] Pan M, Zhang H, Gao G, et al. Facet-dependent catalytic activity of nanosheet-assembled bismuth oxyiodide microspheres in degradation of bisphenol A[J]. Environ. Sci. Technol., 2015, 49: 6240-6248.

[32] Ning S, Ding L, Lin Z, et al. One-pot fabrication of Bi_3O_4Cl/BiOCl plate-on-plate heterojunction with enhanced visible-light photocatalytic activity [J]. Appl. Catal. B: Environ., 2016, 185: 203-212.

第 7 章

$ZnO/Bi_{24}O_{31}Br_{10}$ 异质结强化载流子分离

7.1 引言

在实际应用中,光催化剂需要有足够的矿化能力,直接将有机物氧化成 CO_2 和 H_2O,从而才能避免不完全降解所带来的二次污染问题。因此,矿化效率是考察光催化剂降解有机污染性能的重要指标[1-3]。从光催化反应机理上看,自由基主导的光催化降解过程通常会具有较高的矿化效率,换言之,光催化过程中催化剂产生自由基的效率越高,则相应的矿化效率也越高[2,4]。因此,提升矿化效率最直接的方法就是提升光催化过程中自由基的产率。

在典型的光催化反应过程中,自由基主要有两种产生途径:光生空穴直接氧化 H_2O 产生羟基自由基($\cdot OH$),以及光生电子通过一电子途径还原 O_2 产生超氧阴离子($\cdot O_2^-$)[5-8]。基于这两种途径,分别提出了相应的改性策略来提升催化剂的矿化效率。从光生空穴的角度来看,可以通过优化催化剂的能带结构,增大价带顶的势能从而提升光生空穴的氧化能力,一旦此数值超过 $OH^-/\cdot OH$ 的反应势垒,光生空穴就能直接氧化 H_2O 产生 $\cdot OH$[9-11]。也就是说,使光生空穴有足够强的氧化能力从而产生更多的 $\cdot OH$ 来提升矿化效率,这是一种"以质取胜"的策略,上一章中 $Bi_{24}O_{31}Br_{10}$ 纳米带就是采用的这种策略。然而在大多数情况下,光生空穴氧化性的提升意味着价带顶向着远离导带底的方向发生偏移,那么半导体的禁带宽度就会增大,从而导致材料对可见光的利用率下降。因此,这种策略对可见光驱动的光催化剂而言适用范围有限[11-14]。

而从光生电子的角度来看,尽管产生的 $\cdot O_2^-$ 矿化效率略低于 $\cdot OH$,但 $\cdot O_2^-$ 可以通过自由基反应转化成 $\cdot OH$[15-18]。换言之,尽管光生空穴的氧化能力可能不足以氧化 H_2O 产生 $\cdot OH$,但只要有更多的光生电子被注入 O_2 中发生一电子还原反应,那么催化剂同样可以产生更多的自由基,从而实现矿化效率的提升,即"以量取胜"的策略[19]。对于可见光驱动的催化剂,采取这种策略无需调整价带顶势能,也就不会使禁带宽度增大,只需要设法提升半导体中光生空穴-电子的分离效率即可提升催化剂的矿化能力。

如前文所述,经过富氧化处理的 $Bi_{24}O_{31}Br_{10}$ 是一种可见光驱动的半导体催化剂材料,要想进一步提升其矿化能力,提高光生空穴-电子的分离效率是一种有效的方法[20]。提高光生空穴-电子的分离效率的常用方法是与另一种半导体耦合并形成异质结构[21-22]。能带结构匹配的两个物相以特定的晶面结合形成异质结,在光催化过程中以异质结界面会产生诱导效应,使某一相的光生电子(或空穴)跨过异质结界面注入另一相中,从而使空穴与电子彻底分离并分别存在于两相中,从而有效抑制空穴与电子的复合[9,23-25]。在诸多光催化剂中,氧化锌(ZnO)具有无毒、廉价、稳定性好等特点,更重要的是 ZnO 吸收边在 400 nm 左右,能带结构与 $Bi_{24}O_{31}Br_{10}$ 匹配性良好,因此,ZnO 是一种与 $Bi_{24}O_{31}Br_{10}$ 耦合的理想材料[26-28]。通过与 ZnO 形成异质结来提升 $Bi_{24}O_{31}Br_{10}$ 在可见光催化过程中的矿化效率是可行的。

本章通过一步水热法合成了 $ZnO/Bi_{24}O_{31}Br_{10}$ 异质结纳米材料,并详细表征了异质结的结构、形貌和理化性质。选用无色的双酚 A(BPA)作为目标污染物,以此来测试材料的可见光催化活性,同时,采用 $Bi_{24}O_{31}Br_{10}$、ZnO 和 TiO_2(P25)作为对照组。此外,基于对活性物质的测定和对降解过程的解析,证实了异质结的形成对于提升催化剂矿化效率的作用机制,并提出了 $ZnO/Bi_{24}O_{31}Br_{10}$ 异质结的光催化反应机理。

7.2
$ZnO/Bi_{24}O_{31}Br_{10}$ 异质结的制备

本章涉及的所有试剂均购自国药集团化学试剂有限公司,品级为分析纯,无需进一步提纯即可直接使用。$ZnO/Bi_{24}O_{31}Br_{10}$ 异质结的合成方法如下:将 0.485 g(1 mmol)硝酸铋($Bi(NO_3)_3·5H_2O$)和 0.728 g 甘露醇(4 mmol)加入 35 mL 去离子水中,充分超声搅拌分散直至硝酸铋完全溶解形成均匀的溶液。随后,将 0.450 g(2 mmol)溴化锌($ZnBr_2$)加入上述溶液中,反应体系很快变成白色悬浊液。接着,将 1 mL 乙醇胺逐滴加入上述溶液中,搅拌 10 min 使反应物充分混合。反应完成后,将上述反应体系转移至 50 mL 聚四氟乙烯高压水热釜中,在 160 ℃下水热反应 12 h。待冷却至室温,将产物通过离心法分离出来,并用去离子水和无水乙醇反复清洗,最后在 70 ℃下真空干燥 8 h 即可得到 $ZnO/Bi_{24}O_{31}Br_{10}$ 异质结纳米材料。作为对照组,$Bi_{24}O_{31}Br_{10}$ 和 ZnO 均采用类似的方法来制备,合成 $Bi_{24}O_{31}Br_{10}$ 时用 4 mmol 溴化铵(NH_4Br)代替 $ZnBr_2$,而合成 ZnO 时则不添加 $Bi(NO_3)_3·5H_2O$。

7.3
ZnO/$Bi_{24}O_{31}Br_{10}$异质结的微观结构

7.3.1
钨酸铋

为了表征样品的物相组成,进行了 X 射线衍射图(XRD)测试,样品的粉末 XRD 测试通过飞利浦 X'Pert PRO SUPER 衍射仪测定,并配有石墨单色器 Cu Kα辐射部件($\lambda = 1.541874$ Å)。得到的衍射谱图如图 7.1 所示。结果表明,样品的衍射峰可分为两套。其中,一套峰归属于 $Bi_{24}O_{31}Br_{10}$(JCPDS 标准卡片编号为 No. 75-0888);另一套峰归属于 ZnO(JCPDS 标准卡片编号为 No. 89-0511)。样品的 XRD 谱图基线平滑,峰形尖锐,这说明用此方法制得的产物结晶性良好。此外,XRD 谱图中没有其他杂峰出现,表明样品纯度高,不含杂质。

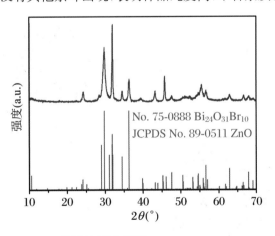

图 7.1 样品的 XRD 谱图

7.3.2
形貌结构

为了观测样品的形貌和异质结结构,拍摄了样品的扫描电子显微镜(SEM)

照片,样品的 SEM 照片是用 X-650 扫描电子显微分析仪和 JSM-6700F 场发射 SEM(日本电子株式会社)拍摄的,如图 7.2(a)所示。SEM 照片清楚地显示出样品分为两相,其中一相为方形的纳米片,平面尺寸为 200～500 nm,分布均匀;另一相尺寸较小,且形状不规则,负载于方形纳米片表面。基于第 4 章的结果,样品中较大的方形纳米片应当是 $Bi_{24}O_{31}Br_{10}$,而另一种较小的纳米片应当是负载于 $Bi_{24}O_{31}Br_{10}$ 上的 ZnO,两种物相的分布情况可以通过 EDS 元素分布来确定,这将在下一节中详细讨论。为了更清晰地观测异质结结构,在更高的放大倍数下拍摄了透射电子显微镜(TEM)照片,样品的 TEM 照片是用 JEM-2011 TEM(日本电子株式会社)拍摄的,电子束电压为 100 kV。如图 7.2(b)和图 7.2(c)所示,TEM 照片清楚地显示出两种物相以及异质结结构,即方形的 $Bi_{24}O_{31}Br_{10}$ 纳米片表面负载不规则的 ZnO 纳米片。此外,异质结的形成通常会影响样品的比表面积,因此通过 BET 法测定了异质结及两种单体的比表面积,测试结果如图 7.2(d)所示。制备的 $ZnO/Bi_{24}O_{31}Br_{10}$ 异质结、$Bi_{24}O_{31}Br_{10}$ 和 ZnO 比表面积分别为 4.54 $m^2 \cdot g^{-1}$、6.25 $m^2 \cdot g^{-1}$ 和 14.50 $m^2 \cdot g^{-1}$,因此形成异质结后样品的比表面积略有减小。

图 7.2 $ZnO/Bi_{24}O_{31}Br_{10}$ 异质结的 SEM(a)和 TEM 照片(b)、(c),以及 N_2 在 $ZnO/Bi_{24}O_{31}Br_{10}$ 异质结、$Bi_{24}O_{31}Br_{10}$ 和 ZnO 上的吸附/脱附等温线(d)

通过 STEM 拍摄了一个单独的方形纳米片及其表面负载的小纳米片,并采集了元素分布谱图,如图 7.3(c)所示。结果表明,在整个方形区域内,Bi、O 和 Br 三种元素均匀分布,而 Zn 元素则主要集中在小纳米片对应的区域内。因此,ZnO/$Bi_{24}O_{31}Br_{10}$ 异质结中较大的方形纳米片是 $Bi_{24}O_{31}Br_{10}$,而负载于其表面的小纳米片是 ZnO。

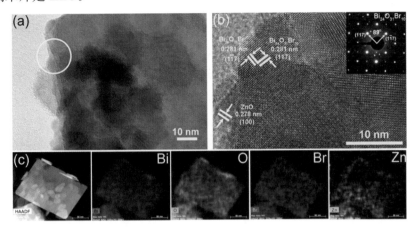

图 7.3 ZnO/$Bi_{24}O_{31}Br_{10}$ 异质结的 TEM(a)和 HRTEM(b)照片,以及 STEM(c)照片和元素分布图

7.3.3
晶面暴露

此外,为了从近原子尺度观测 ZnO/$Bi_{24}O_{31}Br_{10}$ 异质结的结构,拍摄了样品的 HRTEM 照片,如图 7.3 所示。在图 7.3(a)中,两种物相交叠的区域拍摄了高分辨晶格条纹,如图 7.3(b)所示。照片中连续清晰的晶格条纹表明样品结晶性良好,这与 XRD 结果是吻合的。两种物相中,较大的纳米片上拍出了二维点阵相照片,量出的平均条纹间距为 0.281 nm,对应于单斜相 $Bi_{24}O_{31}Br_{10}$ 的(117)和($1\bar{1}7$)晶面。此外,SAED 照片中相邻亮斑之间的夹角为 89°,这与(117)和($1\bar{1}7$)晶面夹角的理论值是一致的。因此,$Bi_{24}O_{31}Br_{10}$ 高暴露晶面为(70-1),即 ZnO 负载于 $Bi_{24}O_{31}Br_{10}$ 的(70-1)晶面上。而较小的纳米片上拍出了一维条纹相照片,平均条纹间距为 0.278 nm,对应于 ZnO 的(100)晶面。其中,高分辨透射电子显微镜(HRTEM)照片、选区电子衍射(SAED)照片、扫描投射电子显微镜(STEM)照片以及元素分布(EDS mapping)图是用 STEM JEM-ARM200F(日本电子株式会社)拍摄的,加速电压为 200 kV。

7.3.4
元素组成与化合态

ZnO/$Bi_{24}O_{31}Br_{10}$异质结表面的元素组成及价态通过 X 射线光电子能谱仪（XPS）ESCALAB 250（美国赛默飞科技股份有限公司）测定。测试结果如图 7.4 所示，所有谱图已对 C 1s 峰的标准值（284.6 eV）进行校正。Bi 4f 的 XPS 信号包含两个主峰，其结合能差值为 5.4 eV，这与 Bi^{3+} 的 $4f_{7/2}$ 和 $4f_{5/2}$ 理论值吻合。O 1s 高分辨谱中主峰位置大约在 530 eV 处，此结果对应于 ZnO/$Bi_{24}O_{31}Br_{10}$ 异质结中的 O^{2-}。Br 3d 高分辨谱在 67.9 eV 和 69.4 eV 处有两个强峰，分别归属于 Br^- 的 $3d_{5/2}$ 和 $3d_{3/2}$。Zn 2p 高分辨谱中两个主峰对应的结合能差值为 23.1 eV，符合 Zn^{2+} 的 $2p_{3/2}$ 和 $2p_{1/2}$。值得注意的是，ZnO/$Bi_{24}O_{31}Br_{10}$ 异质结中 Zn 2p 的信号与 ZnO 单体相比向高结合能方向偏移了约 0.8 eV，此外在形成异质结后 Bi 4f、O 1s 和 Br 3d 的 XPS 信号与单体相比均发生了一定的偏移，这说明 ZnO 和 $Bi_{24}O_{31}Br_{10}$ 两种物相确实形成了异质结构，在交界面处产生了对电子的诱导作用，从而改变了该区域内的电子结构，并使得 XPS 中各元素的信号发生了偏移[27]。

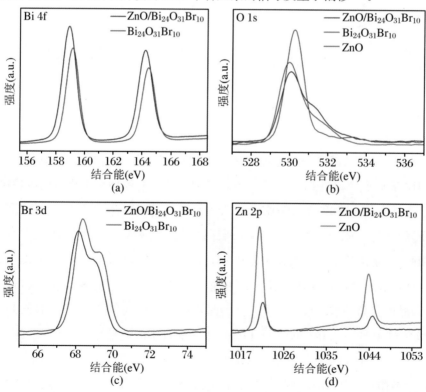

图 7.4　ZnO/$Bi_{24}O_{31}Br_{10}$ 异质结及两种单体的 XPS 测试结果，分别为 Bi 4f(a)、O 1s(b)、Br 3d(c) 和 Zn 2p(d) 的高分辨谱

7.4
ZnO/Bi$_{24}$O$_{31}$Br$_{10}$异质结的光、电性质

7.4.1
能带结构

　　光催化剂的催化活性在很大程度上受限于其光学性质,而光学性质又是由其能带结构所决定的。通过紫外可见分光光度计 Solid 3700(日本岛津制作所有限公司)测定了 ZnO/Bi$_{24}$O$_{31}$Br$_{10}$ 异质结及 Bi$_{24}$O$_{31}$Br$_{10}$ 和 ZnO 两种单体的 UV-Vis 漫反射谱。测试结果如图 7.5(a)所示。UV-Vis 漫反射谱中,ZnO 和 Bi$_{24}$O$_{31}$Br$_{10}$ 两种单体的吸收边分别在 407 nm 和 426 nm 处。而 ZnO/Bi$_{24}$O$_{31}$Br$_{10}$ 异质结的吸收边则红移到 465 nm 处,彻底进入可见光区;因此形成异质结后,催化剂对可见光的吸收率明显提升。根据 UV-Vis 漫反射谱的数据可以计算出相应的 Tauc 曲线,即$(\alpha h\nu)^{1/2}$对 $h\nu$ 的函数关系[16]。Tauc 曲线如图 7.5(b)所示,ZnO 和 Bi$_{24}$O$_{31}$Br$_{10}$ 的禁带宽度分别为 3.05 eV 和 2.72 eV,因此 ZnO/Bi$_{24}$O$_{31}$Br$_{10}$ 异质结中 ZnO 带隙较宽,对可见光的响应很弱,而窄带隙的 Bi$_{24}$O$_{31}$Br$_{10}$ 则具有较强的可见光吸收效率。此外,如图 7.5(c)所示,基于 XPS 价带谱的测试结果,ZnO 和 Bi$_{24}$O$_{31}$Br$_{10}$ 的价带顶势能分别为 2.59 eV 和 2.12 eV,因此其导带底势能分别为 -0.46 eV 和 -0.60 eV。结合 ZnO 和 Bi$_{24}$O$_{31}$Br$_{10}$ 两种单体的能带结构的数值,可以得到 ZnO/Bi$_{24}$O$_{31}$Br$_{10}$ 异质结的电子结构模型,如图 7.5(d)所示。在本章实验中,使用了 420 nm 截止滤波器,因此在光催化过程中只有 Bi$_{24}$O$_{31}$Br$_{10}$ 能够被激发,ZnO 则不能被激发。由于 ZnO 导带底的势能低于 Bi$_{24}$O$_{31}$Br$_{10}$,故 Bi$_{24}$O$_{31}$Br$_{10}$ 的光生电子可以从其导带通过异质结界面注入 ZnO 的导带中。在这一过程中,尽管光生电子损失了一些能量(0.14 eV),但光生空穴与电子实现了彻底的分离,其中光生空穴留在 Bi$_{24}$O$_{31}$Br$_{10}$ 价带中,而光生电子则转移至 ZnO 导带中。这样,由于异质结界面的阻碍,光生空穴与电子的复合被强烈抑制,整个异质结的载流子分离效率大幅提升,更多的光生电子与空穴能够参与到催化反应中,这对于光催化活性的提升是有利的。

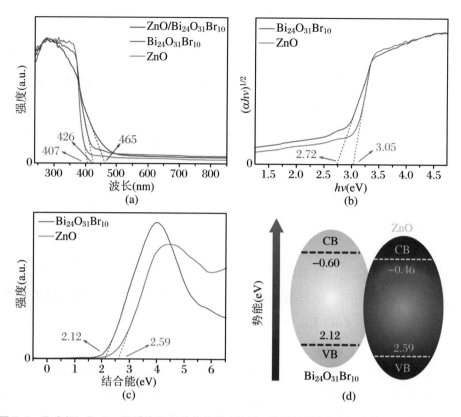

图 7.5　ZnO/Bi$_{24}$O$_{31}$Br$_{10}$ 异质结及两种单体的 UV-Vis 漫反射谱(a)和相应的 Tauc 曲线(b)，Bi$_{24}$O$_{31}$Br$_{10}$ 和 ZnO 的 XPS 价带谱(c)和 ZnO/Bi$_{24}$O$_{31}$Br$_{10}$ 异质结的能带结构(d)示意图

7.4.2

电化学性质

　　本章涉及的电化学测试均是在自制的三电极反应池中进行的。测定电化学阻抗谱(EIS)时，工作电极为负载催化剂的玻璃碳电极(CG)；而测试光电流响应时，工作电极为负载催化剂的氟掺杂二氧化锡(FTO)导电玻璃。参比电极为 Ag/AgCl(KCl 3 mol·L^{-1})电极，对电极为铂丝(Pt)电极。EIS 测试时使用的电解液为 K$_3$[Fe(CN)$_6$] 和 K$_4$[Fe(CN)$_6$] 的混合溶液，二者浓度均为 0.05 mol·L^{-1}，工作电极施加的电压为 0.3 V，频率范围为 $10^{-2} \sim 10^6$ Hz，电压振幅为 5 mV。测试光电流响应时所使用的电解液仍为 0.1 mol·L^{-1} 的 Na$_2$SO$_4$ 溶液，采集 i-t 曲线，持续 650 s，每隔 50 s 切换一次加光/避光状态，初始的 50 s 为避光，对工作电极施加的偏压为 0.22 V。供电和数据采集均通过计算机控制的 CHI 660E 电

化学工作站(中国上海辰华仪器有限公司),测试光电流时使用的光源与光催化降解中使用的光源是相同的,将在下一节介绍。

为了进一步验证催化剂的载流子分离效率,对 $ZnO/Bi_{24}O_{31}Br_{10}$ 异质结及两种单体进行了 EIS 测试,结果如图 7.6(a)所示。EIS 谱中的半圆形曲线可以通过一个等效电路模型来拟合,等效电路如图 7.6(a)内插图所示。其中,R_{CT} 是电荷转移电阻,CPE 是双电层电容,R_S 是电解液的电阻,R_{CT} 与 CPE 并联后再与 R_S 串联[25]。由于工作电极的制作过程以及使用的电解液均是相同的,因此 EIS 谱中半圆形曲线的曲率半径主要取决于电极材料的电阻(即 R_{CT})。曲率半径越小,电荷输运效率越高,故此结果可以反映材料的载流子分离效率。测试结果清楚地显示,$ZnO/Bi_{24}O_{31}Br_{10}$ 异质结对应的曲率半径明显小于 $Bi_{24}O_{31}Br_{10}$ 和 ZnO 两种单体,换言之,$Bi_{24}O_{31}Br_{10}$ 和 ZnO 之间异质结界面的形成有效地提升了整个体系的载流子分离效率。

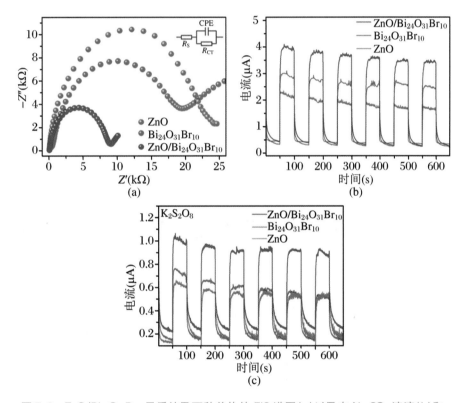

图 7.6　$ZnO/Bi_{24}O_{31}Br_{10}$ 异质结及两种单体的 EIS 谱图(a)以及在 Na_2SO_4 溶液(b)和 Na_2SO_4 + $K_2S_2O_8$ 混合溶液(c)中的光电流响应曲线

此外,还测试了 $ZnO/Bi_{24}O_{31}Br_{10}$ 异质结及两种单体的光电流响应,测试结果如图 7.6(b)和图 7.6(c)所示。光电流响应的强度取决于材料的光吸收效率、载流子分离效率以及表面电荷注入效率。进行光电流测试时,由于 ZnO/

$Bi_{24}O_{31}Br_{10}$ 异质结及两种单体对紫外光具有相近的吸收效率(图 7.5(a)),因此采用紫外光作为光源,可以排除光吸收效率的影响。在 Na_2SO_4 电解液中,$ZnO/Bi_{24}O_{31}Br_{10}$ 异质结产生的光电流响应要强于两种单体,这也暗示了 $ZnO/Bi_{24}O_{31}Br_{10}$ 异质结具有更高的光催化活性。为了分别比较载流子分离效率以及表面电荷注入效率,在 Na_2SO_4 + $K_2S_2O_8$ 混合电解液中测试了三种材料的光电流响应,测试结果如图 7.6(c)所示。由于 $K_2S_2O_8$ 具有很强的得电子能力,因此在 $K_2S_2O_8$ 体系中表面电荷注入效率是 100%,那么此时光电流响应就可以直接反应载流子分离效率。测试结果表明,两种单体的光电流响应大体相近,而 $ZnO/Bi_{24}O_{31}Br_{10}$ 异质结的光电流响应是两种单体的 2 倍,即形成异质结后载流子分离效率提升了一倍。而在包含表面电荷注入效率的影响时(图 7.6(b)),$ZnO/Bi_{24}O_{31}Br_{10}$ 异质结的光电流响应强度仅为 $Bi_{24}O_{31}Br_{10}$ 的 1.4 倍,换言之,ZnO 覆盖在 $Bi_{24}O_{31}Br_{10}$ 表面使得整体的表面电荷注入效率下降了 30%,这是不利于光催化活性提升的。不过,在形成异质结后,载流子分离效率提升的幅度超过了表面电荷注入效率下降的幅度,整体的光电流响应仍然增强显著,因此将 ZnO 和 $Bi_{24}O_{31}Br_{10}$ 耦合并形成异质结以提升光催化活性是有效的。

7.5 $ZnO/Bi_{24}O_{31}Br_{10}$ 异质结光催化降解双酚 A

7.5.1 降解性能

本章选择 BPA 作为目标污染物,$ZnO/Bi_{24}O_{31}Br_{10}$ 异质结可见光催化降解 BPA 在室温下进行,采用 500 W 氙灯并配以 420 nm 截止滤波片作为光源。开始实验之前,将 15 mg $Bi_{24}O_{31}Br_{10}$ 纳米片光催化剂加入 40 mL 浓度为 10 mg·L^{-1} 的 BPA 水溶液中,之后在黑暗中搅拌 60 min 保证达到吸附/脱附平衡。接着,在光照和持续搅拌中以固定的时间间隔取样,并立即高速离心将样品中的催化剂分离出来。BPA浓度通过高效液相色谱(HPLC)(1260 Infinity,美国安捷伦科技股份有限公司)进行测定,色谱柱为安捷伦 Eclipse XDB-C18 柱(4.6 mm × 150 mm),柱温为30 ℃。测定 BPA 浓度时,流动相为50%乙腈和50%去离子水(含0.1%甲酸),流速为1.0 mL·min^{-1},检测波长为273 nm。此外,降解过程中间产物通过气相色谱质谱联用系统(GC-MS)来检测,仪器型号为7890B GC System 和 5977B MDS(美国安捷伦科技股份有限公司)。总有机碳(TOC)浓度通过 TOC 分析仪(Muti N/C 2100,德国耶拿公司)来测定。电子顺磁共振(EPR)测试中所用的捕获剂为 5,5-二甲基-1-吡咯啉-N-氧化物(DMPO),·OOH 的检测在水相体系中进行。此外,分别用对苯二甲酸(TPA)和氯化硝基四氮唑蓝(NBT)来检测·OH 和 $·O_2^-$。

ZnO/$Bi_{24}O_{31}Br_{10}$ 异质结及各对照组降解实验的结果如图7.7(a)所示。空白实验证实了 BPA 在可见光(420 nm)下不会发生自分解。在180 min 可见光照射后,TiO_2(P25)去除的 BPA 不足5%,几乎没有光催化活性。ZnO 和 $Bi_{24}O_{31}Br_{10}$ 单独使用时则分别去除了20%和40%的 BPA,由于 $Bi_{24}O_{31}Br_{10}$ 带隙更窄,对可见光的吸收率更高,所以光催化活性比 ZnO 高一些。然而,将 ZnO 和 $Bi_{24}O_{31}Br_{10}$ 同时投加并进行物理混合后,BPA 的去除率约28%,比 $Bi_{24}O_{31}Br_{10}$ 更低一些,这说明二者简单混合(未产生异质结界面)不能提升光催化活性,且 ZnO 的存在反而在一定程度上阻碍了 $Bi_{24}O_{31}Br_{10}$ 对可见光的吸收,从而降低整体的催化活性。然而,当 ZnO 和 $Bi_{24}O_{31}Br_{10}$ 形成异质结后,BPA 的去除率超过90%,光催化活性得到了大幅提升。

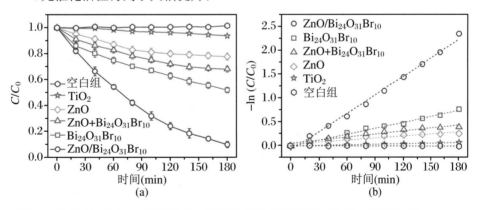

图7.7 ZnO/$Bi_{24}O_{31}Br_{10}$ 异质结及各对照组的 BPA 降解曲线(a)和动力学曲线(b)

为了定量地比较这些催化剂的活性,对 BPA 降解过程进行了动力学拟合。考虑到 BPA 浓度较低,选用准一级动力学模型,计算出的动力学曲线如图7.7(b)所示。对于准一级动力学模型,动力学曲线的斜率就是对应的动力学常数,ZnO/$Bi_{24}O_{31}Br_{10}$ 异质结及各对照组的动力学常数如表7.1所示。结合图7.2(d)的结果,考虑到 ZnO/$Bi_{24}O_{31}Br_{10}$ 异质结及两种单体比表面积没有明显差异,因此比表面积(活性位点暴露)对催化活性的影响可以忽略。因此,根据动力学常数的计算结果，$ZnO/Bi_{24}O_{31}Br_{10}$异质结的催化活性与$Bi_{24}O_{31}Br_{10}$和ZnO相比分别提升了 3 倍和 9 倍。形成异质结后催化活性的提升可以归因于以下两方面：一是$Bi_{24}O_{31}Br_{10}$具有良好的可见光吸收效率；二是异质结界面诱导效应提升了载流子的分离效率。

表 7.1　$ZnO/Bi_{24}O_{31}Br_{10}$异质结及各对照组的动力学常数

催化剂	$ZnO/Bi_{24}O_{31}Br_{10}$	$Bi_{24}O_{31}Br_{10}$	$ZnO+Bi_{24}O_{31}Br_{10}$	ZnO	TiO_2	空白组
$k \times 10^3 (min^{-1})$	12.9	4.18	2.12	1.41	0.372	-0.056

7.5.2
双酚 A 的矿化与分解路径

在实际应用过程中，催化剂不仅要有足够的催化效率，同时也应当具有一定的矿化能力，尽量将有机物直接氧化成CO_2和H_2O，尽量抑制降解产物的生成。因此检测了 BPA 降解过程中不同催化剂对应的 TOC 去除情况，如图 7.8(a)所示。结果表明，$Bi_{24}O_{31}Br_{10}$和 ZnO 在 180 min 光照后的 TOC 去除率分别是 16%和 4%，而二者物理混合后的 TOC 去除率大约为 7%，因此，$Bi_{24}O_{31}Br_{10}$和 ZnO 这两种单体本身的矿化率都不高。然而，$ZnO/Bi_{24}O_{31}Br_{10}$异质结的 TOC 去除率将近 50%，矿化效率比$Bi_{24}O_{31}Br_{10}$和 ZnO 分别提升了 3 倍和 12 倍。这就表明，通过耦合$Bi_{24}O_{31}Br_{10}$和 ZnO 形成异质结来提升催化剂的矿化效率是有效的。此外，通过 GC-MS 检测了 BPA 降解过程的中间产物，并给出了 BPA 的降解路径，如图 7.8(b)所示。BPA 降解仍然遵循断裂、开环、矿化这三个步骤，与前几章的研究结果类似，这里不再赘述。

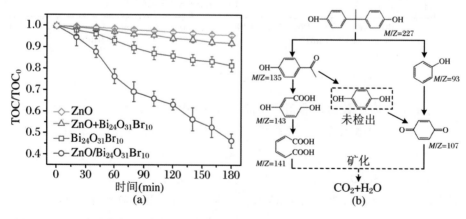

图 7.8　TOC 去除效率(a)和 BPA 降解路径(b)

7.5.3

自由基与主要活性物质

通常,活性氧自由基(ROS)具有较强的氧化能力,能够彻底矿化有机物,为了比较 $ZnO/Bi_{24}O_{31}Br_{10}$ 异质结及两种单体在可见光催化过程中产生自由基的效率,电子顺磁共振(EPR)(JES-FA200,日本电子株式会社)用于检测活性自由基,通过 TPA 和 NBT 捕获实验来检测产生的自由基的浓度。图 7.9(a)~图 7.9(c)中, NBT 被 $·O_2^-$ 氧化,从而导致 259 nm 处吸收峰强度降低,因此 $ZnO/Bi_{24}O_{31}Br_{10}$ 异质结产生的 $·O_2^-$ 浓度明显高于两种单体。图 7.9(d)~图 7.9(f)中,425 nm 处的荧光发射峰是 TPA·OH 的特征信号,因此 $ZnO/Bi_{24}O_{31}Br_{10}$ 异质结产生的 ·OH 浓度也同样高于两种单体。此外,在水溶液中的 $·O_2^-$ 会发生水解产生 ·OOH,加入 DMPO 作为捕获剂后产生的 DMPOX 具有 1∶2∶1∶2∶1∶2∶1 的七重 EPR 信号,如图 7.9(g)所示。因此 $ZnO/Bi_{24}O_{31}Br_{10}$ 异质结反应体系中的 ·OOH 浓度也同样高于两种单体。由于 $Bi_{24}O_{31}Br_{10}$ 的价带顶势能小于 $OH^-/·OH$ 的势垒(2.38 eV),故不能直接氧化 H_2O;而 ZnO 尽管具有足够的价带顶势能,但几乎不能被可见光激发,且 $Bi_{24}O_{31}Br_{10}$ 的光生空穴无法转移到 ZnO 的价带中(载流子跨越异质结界面通常只会损失能量而不会获得能量),这说明整个 $ZnO/Bi_{24}O_{31}Br_{10}$ 异质结不能直接氧化 H_2O 产生自由基。$ZnO/Bi_{24}O_{31}Br_{10}$ 异质结只能通过光生电子还原 O_2 的途径来间接产生自由基,反应过程可通过以下化学方程式表示:

$$Bi_{24}O_{31}Br_{10} \xrightarrow{h\nu} e^-(Bi_{24}O_{31}Br_{10}) + h^+(Bi_{24}O_{31}Br_{10}) \tag{7.1}$$

$$e^-(Bi_{24}O_{31}Br_{10}) \longrightarrow e^-(ZnO) \tag{7.2}$$

$$e^-(ZnO) + O_2 \longrightarrow ·O_2^- \tag{7.3}$$

$$·O_2^- + H_2O \longrightarrow ·OOH + OH^- \tag{7.4}$$

$$·OOH + 2e^- + H_2O \longrightarrow ·OH + 2OH^- \tag{7.5}$$

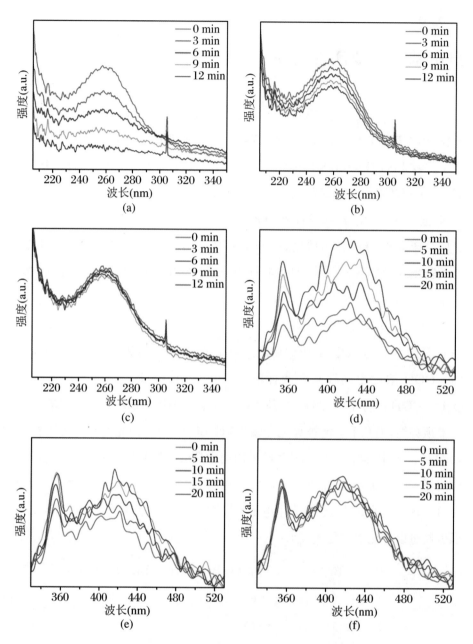

图 7.9　ZnO/Bi$_{24}$O$_{31}$Br$_{10}$ 异质结及两种单体的 NBT 紫外-可见吸收谱(a)～(c)、TPA·OH 荧光发射谱(d)～(f)、·OOH 的 EPR 信号(g)，以及 ZnO/Bi$_{24}$O$_{31}$Br$_{10}$ 异质结的自由基清除实验结果(h)和相应的动力学常数(i)

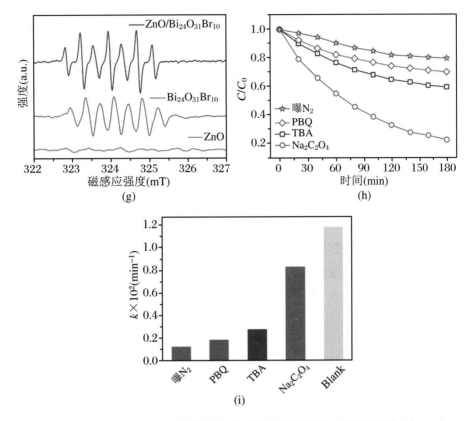

图 7.9(续) ZnO/$Bi_{24}O_{31}Br_{10}$ 异质结及两种单体的 NBT 紫外-可见吸收谱(a)～(c)、TPA·OH 荧光发射谱(d)～(f)、·OOH 的 EPR 信号(g),以及 ZnO/$Bi_{24}O_{31}Br_{10}$ 异质结的自由基清除实验结果(h)和相应的动力学常数(i)

之后,通过自由基清除试验来验证各种活性物质在 BPA 降解过程中发挥的作用,草酸钠($Na_2C_2O_4$)用于清除光生空穴,叔丁醇(TBA)用于清除·OH,对苯醌(PBQ)用于清除·O_2^-,以及曝 N_2 来去除溶解氧,测试结果如图 7.9(h)和图 7.9(i)所示[20]。测试结果表明,清除光生空穴和清除自由基都能抑制 BPA 的降解,但清除自由基对 BPA 降解的抑制明显比清除空穴更强,因此,ZnO/$Bi_{24}O_{31}Br_{10}$ 异质结降解 BPA 是由自由基主导的过程。与第 4 章 $Bi_{24}O_{31}Br_{10}$ 纳米片相比,形成异质结后降解过程更倾向于自由基引发的降解,而空穴产生的降解作用所占比例明显减小,因此整个反应体系具有更高的矿化率。与第 5 章 $Bi_{24}O_{31}Br_{10}$ 纳米带相比,尽管通过光生电子间接产生自由基的效率低于空穴直接氧化 H_2O,但只要有更多的光生电子被注入 O_2 中,那么催化剂同样可以产生更多的自由基,从而实现矿化效率的提升。

7.5.4
ZnO/Bi$_{24}$O$_{31}$Br$_{10}$异质结降解双酚 A 的反应机理

基于上述结果建立了 ZnO/Bi$_{24}$O$_{31}$Br$_{10}$异质结可见光催化降解 BPA 的反应模型,如图 7.10 所示。首先,Bi$_{24}$O$_{31}$Br$_{10}$具有较窄的带隙,能够有效吸收可见光,并产生光生空穴和电子。接着,在异质结界面的诱导下,Bi$_{24}$O$_{31}$Br$_{10}$导带的光生电子被注入 ZnO 导带中,而光生空穴仍然留在 Bi$_{24}$O$_{31}$Br$_{10}$价带中。这样,光生空穴和电子彻底分离到两个物相中,二者的复合被有效抑制,异质结体系的载流子分离效率大幅提升。之后,光生电子被注入 O$_2$ 中并通过一系列反应产生大量自由基。最终,BPA 被自由基和 Bi$_{24}$O$_{31}$Br$_{10}$价带中的光生空穴氧化降解,降解过程中自由基的氧化作用占主导,故具有更高的矿化效率。

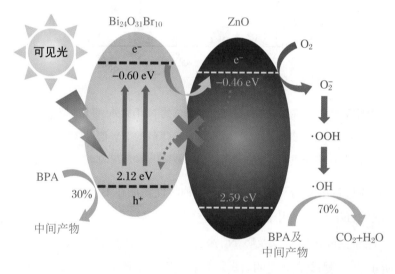

图 7.10　ZnO/Bi$_{24}$O$_{31}$Br$_{10}$异质结光催化降解 BPA 反应机理示意图

本章通过一步水热法合成了 ZnO/Bi$_{24}$O$_{31}$Br$_{10}$异质结光催化剂。在这两种物相中,Bi$_{24}$O$_{31}$Br$_{10}$具有良好的可见光响应,能够在可见光照射下产生光生空穴和电子。此外,Bi$_{24}$O$_{31}$Br$_{10}$与 ZnO 之间形成的异质结界面以及二者匹配的导带底势能使得 Bi$_{24}$O$_{31}$Br$_{10}$中的光生电子能够注入 ZnO 中,从而使光生空穴与电子彻底分离到两个物相中,大幅提升载流子分离效率,并有效抑制电子与空穴的复合。在光催化降解 BPA 的过程中,由于 ZnO/Bi$_{24}$O$_{31}$Br$_{10}$异质结具有更高的载流子分离效率,能够将更多的光生电子注入溶解氧中并产生大量自由基,因此表现出更高的光催化活性和矿化效率。ZnO/Bi$_{24}$O$_{31}$Br$_{10}$异质结降解 BPA 的催化活性比 Bi$_{24}$O$_{31}$Br$_{10}$和 ZnO 分别提高了 3 倍和 9 倍,而矿化效率则分别提高了 3

倍和 12 倍。因此,通过合成 ZnO/$Bi_{24}O_{31}Br_{10}$ 异质结实现了卤氧化铋光催化剂可见光催化效率和矿化效率的同步提升,也证实了铋基光催化剂在饮用水和污水处理工艺中的应用前景。

参考文献

[1] Deng W, Zhao H, Pan F, et al. Visible-light-driven photocatalytic degradation of organic water pollutants promoted by sulfite addition[J]. Environ. Sci. Technol., 2017, 51: 13372-13379.

[2] Mi Y, Wen L, Wang Z, et al. Fe(Ⅲ) modified BiOCl ultrathin nanosheet towards high-efficient visible-light photocatalyst[J]. Nano Energy, 2016, 30: 109-117.

[3] Pan M, Zhang H, Gao G, et al. Facet-dependent catalytic activity of nanosheet-assembled bismuth oxyiodide microspheres in degradation of bisphenol A[J]. Environ. Sci. Technol., 2015, 49: 6240-6248.

[4] Li H, Zhang L. Oxygen vacancy induced selective silver deposition on the {001} facets of BiOCl single-crystalline nanosheets for enhanced Cr(Ⅵ) and sodium pentachlorophenate removal under visible light[J]. Nanoscale, 2014, 6: 7805-7810.

[5] Xu J, Meng W, Zhang Y, et al. Photocatalytic degradation of tetrabromobisphenol A by mesoporous BiOBr: efficacy, products and pathway[J]. Appl. Catal. B: Environ., 2011, 107: 355-362.

[6] Ai Z, Ho W, Lee S, et al. Efficient photocatalytic removal of NO in indoor air with hierarchical bismuth oxybromide nanoplate microspheres under visible light[J]. Environ. Sci. Technol., 2009, 43: 4143-4150.

[7] Fang Y, Huang Y, Yang J, et al. Unique ability of BiOBr to decarboxylate D-Glu and D-MeAsp in the photocatalytic degradation of microcystin-LR in water[J]. Environ. Sci. Technol., 2011, 45: 1593-1600.

[8] Chen F, Liu H, Bagwasi S, et al. Photocatalytic study of BiOCl for degradation of organic pollutants under UV irradiation[J]. J. Photochem. Photobiol. A, 2010, 215: 76-80.

[9] Dong F, Li Q, Sun Y, et al. Noble metal-like behavior of plasmonic Bi particles as a cocatalyst deposited on $(BiO)_2CO_3$ microspheres for efficient

visible light photocatalysis[J]. ACS Catal., 2014, 4: 4341-4350.

[10] Li H, Shang J, Zhu H, et al. Oxygen vacancy structure associated photocatalytic water oxidation of BiOCl[J]. ACS Catal., 2016, 6: 8276-8285.

[11] Li K, Tang Y, Xu Y, et al. A BiOCl film synthesis from Bi_2O_3 film and its UV and visible light photocatalytic activity[J]. Appl. Catal. B: Environ., 2013, 140-141: 179-188.

[12] Ye L, Liu J, Jiang Z, et al. Facets coupling of BiOBr-g-C_3N_4 composite photocatalyst for enhanced visible-light-driven photocatalytic activity[J]. Appl. Catal. B: Environ., 2013, 142-143: 1-7.

[13] Bai Y, Ye L, Chen T, et al. Synthesis of hierarchical bismuth-rich $Bi_4O_5Br_xI_{2-x}$ solid solutions for enhanced photocatalytic activities of CO_2 conversion and Cr(Ⅵ) reduction under visible light[J]. Appl. Catal. B: Environ., 2017, 203: 633-640.

[14] Weng S, Chen B, Xie L, et al. Facile in situ synthesis of a Bi/BiOCl nanocomposite with high photocatalytic activity[J]. J. Mater. Chem. A, 2013, 1: 3068-3075.

[15] Wang C Y, Zhang X, Song X N, et al. Novel $Bi_{12}O_{15}Cl_6$ photocatalyst for the degradation of bisphenol A under visible-light irradiation[J]. ACS Appl. Mater. Interfaces, 2016, 8: 5320-5326.

[16] Wang C Y, Zhang X, Qiu H B, et al. Photocatalytic degradation of bisphenol A by oxygen-rich and highly visible-light responsive $Bi_{12}O_{17}Cl_2$ nanobelts[J]. Appl. Catal. B: Environ., 2017, 200: 659-665.

[17] Zhang X, Wang L W, Wang C Y, et al. Synthesis of $BiOCl_xBr_{1-x}$ nanoplate solid solutions as a robust photocatalyst with tunable band structure[J]. Chem. Eur. J., 2015, 21: 11872-11877.

[18] Jin X, Ye L, Xie H, et al. Bismuth-rich bismuth oxyhalides for environmental and energy photocatalysis[J]. Coordin. Chem. Rev., 2017, 349: 84-101.

[19] Li Q, Zhao X, Yang J, et al. Exploring the effects of nanocrystal facet orientations in g-C_3N_4/BiOCl heterostructures on photocatalytic performance [J]. Nanoscale, 2015, 7: 18971-18983.

[20] Wang C Y, Zhang X, Qiu H B, et al. $Bi_{24}O_{31}Br_{10}$ nanosheets with controllable thickness for visible-light-driven catalytic degradation of tetracycline hydrochloride[J]. Appl. Catal. B: Environ., 2017, 205: 615-623.

[21] Li F T, Wang Q, Ran J, et al. Ionic liquid self-combustion synthesis of BiOBr/$Bi_{24}O_{31}Br_{10}$ heterojunctions with exceptional visible-light photocatalytic performances[J]. Nanoscale, 2015, 7: 1116-1126.

[22] Peng Y, Yu P P, Chen Q G, et al. Facile fabrication of $Bi_{12}O_{17}Br_2$/$Bi_{24}O_{31}Br_{10}$ type II heterostructures with high visible photocatalytic activity[J]. J. Phy. Chem. C, 2015, 119: 13032-13040.

[23] Ye L, Liu J, Gong C, et al. Two different roles of metallic Ag on Ag/AgX/BiOX (X = Cl, Br) visible light photocatalysts: surface plasmon resonance and Z-scheme bridge[J]. ACS Catal., 2012, 2: 1677-1683.

[24] Jia X, Cao J, Lin H, et al. Transforming type-I to type-II heterostructure photocatalyst via energy band engineering: A case study of I-BiOCl/I-BiOBr[J]. Appl. Catal. B: Environ., 2017, 204: 505-514.

[25] Sun L, Xiang L, Zhao X, et al. Enhanced visible-vight photocatalytic activity of BiOI/BiOCl heterojunctions: key role of crystal facet combination[J]. ACS Catal., 2015, 5: 3540-3551.

[26] Moussa H, Girot E, Mozet K, et al. ZnO rods/reduced graphene oxide composites prepared via a solvothermal reaction for efficient sunlight-driven photocatalysis[J]. Appl. Catal. B: Environ., 2016, 185: 11-21.

[27] Zalfani M, van der Schueren B, Mahdouani M, et al. ZnO quantum dots decorated 3DOM TiO_2 nanocomposites: Symbiose of quantum size effects and photonic structure for highly enhanced photocatalytic degradation of organic pollutants[J]. Appl. Catal. B: Environ., 2016, 199: 187-198.

[28] Lin L, Yang Y, Men L, et al. A highly efficient TiO_2@ZnO n-p-n heterojunction nanorod photocatalyst[J]. Nanoscale, 2013, 5: 588-593.

第 8 章

$BiOCl_xBr_{1-x}$ 固溶体的制备与能带调控

8.1 引言

如前所述,提高光催化剂的可见光响应、改善光催化性能的主要策略集中在三个领域:构建异质结[1-6]、合成贵金属复合物[7-8]和通过元素掺杂改变带隙宽度[9-11]。光催化剂的催化活性主要由它暴露的特殊原子结构的晶面所决定[12-13]。当单晶光催化剂具有不同的优先暴露晶面时,一种晶面决定光催化性能的有趣现象总会伴随着出现[14-15]。例如,(001)晶面暴露的 $BiOV_4$ 纳米片能够在可见光下降解罗丹明 B 染料和催化水分解产氧的过程中体现出优秀的光催化活性[16]。

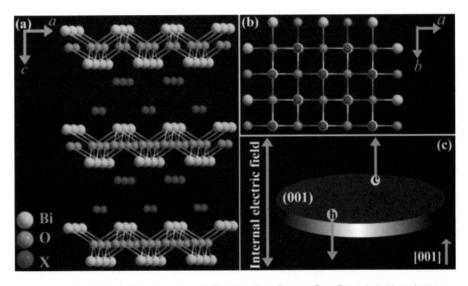

图 8.1 卤氧化铋的晶体结构:$[Bi_2O_2]^{2+}$ 层沿[010](a)和[001](b)方向的示意图,二维卤氧化铋纳米结构内部电场在[001]方向的模型(c)

卤氧化铋是一种具有间接带隙的 p 型半导体,在卤氧化铋典型的层状结构中,$[Bi_2O_2]^{2+}$ 层沿 c 轴堆积,这使得合成[001]晶面暴露的卤氧化铋纳米片成为了可能。这种[001]晶面有助于诱导晶体产生内部电场,从而促进电子-空穴对沿[001]方向的分离[17]。所以,[001]晶面暴露的卤氧化铋纳米片具有优良的光催化性能。例如,与[010]晶面暴露的 BiOCl 和 BiOBr 纳米片相比,具有高暴露[001]晶面的纳米片在紫外光下降解 RhB 和 2,4-二氯苯酚时表现出更高的光催化活性[18-19]。因此,具有高暴露晶面的光催化剂的可控合成成为过去几十年的一个研究焦点。

众所周知,固溶体的形成会导致光催化剂带隙结构、晶体结构和局部电子结构的变化[20],这些变化又会影响催化剂的活性。在这方面,[001]晶面暴露的卤氧化铋固溶体纳米片光催化活性与组分之间的关系亟须全面、深入的研究,所以可以作为一种模型材料[13,21-22]。截至目前,已经有几种卤氧化铋固溶体被报道过,如 $BiOCl_xBr_{1-x}$[23]、$BiOBr_xI_{1-x}$[24] 和 $BiOCl_xI_{1-x}$[25] 微球。然而,寻找快速可靠的方法来实现二维 $BiOCl_xBr_{1-x}$ 结构活性晶面和最优组成的可控合成仍然存在很大的挑战。

本章我们尝试用一种简单快速的溶剂热方法实现了[001]晶面暴露且带隙结构可调的 $BiOCl_xBr_{1-x}$ 纳米片的合成,材料的光催化活性由可见光下催化降解 RhB 的实验所反映。根据计算所得的能带位置和 Brunauer-Emmett-Teller 比表面积(S_{BET})的测量结果,我们还提出了 $BiOCl_xBr_{1-x}$ 纳米片光催化活性增强的机理。

8.2 $BiOCl_xBr_{1-x}$ 固溶体的制备

本章涉及的所有试剂均购于中国上海化学试剂有限公司,无需进一步提纯即可直接使用。$BiOCl_xBr_{1-x}$ 固溶体的制备方法如下:将 1 mmol 的 $Bi(NO_3)_3 \cdot 5H_2O$ 溶解于 15 mL 的乙二醇(EG)中;将总量为 1 mmol 但摩尔比不同的 NH_4Cl 和 NH_4Br 溶解于 25 mL 水中。之后将两种溶液迅速混合,并充分搅拌。反应完全后将该溶液倒入聚四氟乙烯高压水热釜中,进行 12 h 水热反应,温度为 160 ℃。最后,待反应釜冷却至室温后,取出产物并用超纯水和乙醇分别洗涤 3 次。最终得到的样品在真空干燥箱中于 80 ℃下干燥 12 h。

8.3 BiOCl$_x$Br$_{1-x}$固溶体的微观结构

8.3.1 物相表征

产物的物相通过粉末 XRD 测试来表征,如图 8.2 所示。使用飞利浦 X'Pert PRO SUPER 衍射仪来测定样品的 XRD 谱图,仪器配有石墨单色器 Cu K$_\alpha$ 辐射部件($\lambda = 1.541874$ Å)。图 8.2 展示了具有不同 x 值(x 的取值范围是 0~1)的样品的 XRD 谱图。可以看出 $x = 0.0$ 和 $x = 1.0$ 时样品的 XRD 图谱分别只表现出了 BiOCl(JCPDC 卡片编号为 No. 06-0249)和 BiOBr(JCPDS 卡片编号为 No. 09-0393)晶体的衍射信号,并且都具有明显的(001)峰。当 BiOCl$_x$Br$_{1-x}$ 光催化剂中 Br$^-$ 含量增加时,衍射峰向低角发生偏移。这是由于 Cl$^-$ 的离子半径(1.81 Å)比 Br$^-$ 的(1.95 Å)要小。XRD 图谱的逐渐偏移反映了 Br$^-$ 含量的递变,这表明 BiOCl$_x$Br$_{1-x}$ 纳米片是固溶体[26]。

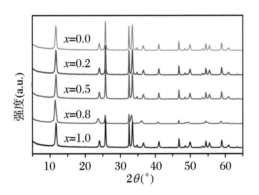

图 8.2 具有不同 x 值($x = 1.0$、0.8、0.5、0.2 和 0.0)的 BiOCl$_x$Br$_{1-x}$ 纳米片的 XRD 谱图

8.3.2
形貌结构

样品的形貌和微观结构通过扫描电子显微镜(SEM)、透射电子显微镜(TEM)、高分辨透射电子显微镜(HRTEM)、扫描透射电子显微镜(STEM)来观察。样品的 SEM 照片用 X-650 扫描电子显微分析仪 JSM-6700F 场发射 SEM(日本电子株式会社)拍摄;TEM 照片是使用 TEM(H-7650,日立公司,日本)拍摄,加速电压为 100 kV;HRTEM 照片和选区电子衍射图谱是采用 HRTEM-2010(日本电子株式会社)拍摄的,加速电压 200 kV;STEM 照片采用 JEM-ARM200F 扫描投射电子显微镜(日本电子株式会社)拍摄,加速电压为 200 kV。样品的表面积采用 Brunauer-Emmett-Teller(BET)法,通过 Builder 4200 仪器(Tristar Ⅱ 3020M,Micromeritics Co.,美国)进行测定。

SEM 和 TEM 拍摄了 $BiOCl_xBr_{1-x}$ 固溶体形貌的照片(图 8.3)。根据低倍的 SEM 和 TEM 照片,$x=1.0$ 和 $x=0.0$ 的样品具有典型片状结构,直径为 200~500 nm;高倍 SEM 和 TEM 图片清楚地显示出纳米片的厚度为 20~30 nm。但值得注意的是,在 $x=0.8$、$x=0.5$ 和 $x=0.2$ 时,对应的样品 SEM 和 TEM 照片也有相似的片状形貌、大小分布和厚度。BiOCl 和 BiOBr 的 $[Bi_2O_2]$ 层间距分别是 7.369 Å 和 8.103 Å。另外,由于 Cl^- 和 Br^- 大小不同,$BiOCl_xBr_{1-x}$ 固溶体晶格内有张力,在 $x=0.5$ 时张力最大。因此,通过溶剂热法可以得到尺寸分布均匀的 $BiOCl_xBr_{1-x}$ 固溶体纳米片。

$BiOCl_xBr_{1-x}$ 固溶体(以 $x=0.5$ 为代表)的组成均一性和晶面暴露情况分别由元素分布(EDS mapping)和高分辨率透射电镜(HRTEM)检测(图 8.4)。元素分布显示,各元素均匀地分布在 $BiOCl_xBr_{1-x}$ 纳米片($x=0.5$)内。根据 HRTEM 照片(图 8.4(f))可以发现,$BiOCl_xBr_{1-x}$ 结晶度较高,具有清晰的晶格边界,晶面间距为 0.27 nm,晶面夹角为 90°。这些都与(110)晶面相吻合。选区电子衍射(SAED)谱图(图 8.4(f)内插图)表明这些 $BiOCl_xBr_{1-x}$ 纳米片具有单晶的特征。SAED 谱图中标注的角度是 45°,这和(110)面与(200)面的夹角相同。这组衍射点阵可以归属于四方 $BiOCl_xBr_{1-x}$ 纳米片沿 [001]晶轴的投影。

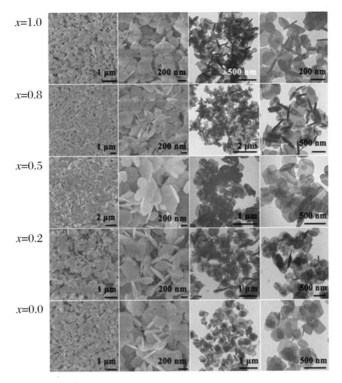

图 8.3 当 x 值变化时（x = 1.0、0.8、0.5、0.2 和 0.0）
$BiOCl_xBr_{1-x}$ 纳米片的 SEM 和 TEM 照片

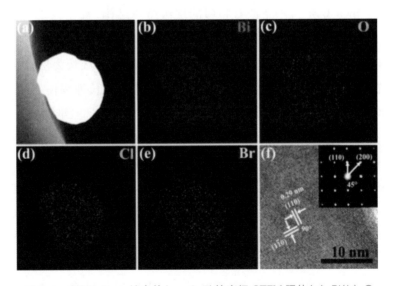

图 8.4 $BiOCl_xBr_{1-x}$ 纳米片（x = 0.5）的亮场 STEM 照片（a）；Bi（b）、O（c）、Cl（d）和 Br（e）的分布；$BiOCl_xBr_{1-x}$ 纳米片（x = 0.5）的 HRTEM 照片（f），内插图为对应的 SAED 图谱

为了探明 $BiOCl_xBr_{1-x}$ 纳米片（以 x = 0.5 为代表）的形成机理，对反应各阶段的产物都拍摄了相应的 SEM 照片，从而研究其晶体生长过程。图 8.5（a）

展示了反应初始阶段样品的 SEM 照片，其中只能看到大量聚集的花球状 $BiOCl_xBr_{1-x}$ 纳米晶体，直径为 100~200 nm。图 8.5(b)中的 $BiOCl_xBr_{1-x}$ 纳米晶体已经具有了片状结构且分散性较好，此时距离反应开始已有 1 h，纳米片的直径为 200~500 nm。$BiOCl_xBr_{1-x}$ 尺寸增长是 Ostwald 熟化过程。这些结果表明，$BiOCl_xBr_{1-x}$ 结构是 $[Bi_2O_2]$ 层与两层卤原子相互交替形成的。这也可以用来解释卤氧化物为什么倾向于形成层状结构。

图 8.5　$BiOCl_xBr_{1-x}$ 纳米晶体在不同反应阶段的生长情况：初始阶段的白色浊液(a)；160 ℃下反应 1 h(b)

我们还对溶剂 EG 在纳米片生长时发挥的作用进行了研究。图 8.6 展示了仅使用 EG 作为溶剂时，具有不同 x 值的样品的 SEM 照片。当 x 的值变化时，所得的 $BiOCl_xBr_{1-x}$ 样品拥有相似的层级微球结构，直径为 1~3 μm。正如前面提到的那样，卤氧化铋具有层状结构，所以往往形成片状的形貌。当使用 EG 作为唯一溶剂时，片状晶体很容易产生弯曲，最后成长为层级花球状形貌[27]。在本章研究中，由于水的使用，使 EG 的晶体生长抑制作用减弱，从而使微结构的生长成为具有良好分散性的层状结构，而不是三维微球[13]。结果表明，通过控制水和 EG 的比例，可以将 $BiOCl_xBr_{1-x}$ 固溶体成功地从纳米片调整到球体。

通常，光催化剂的吸附能力与其 S_{BET} 值有关，并且能力越强，光催化剂就可以吸附越多底物分子进行光催化反应。为了将 S_{BET} 的贡献和 $BiOCl_xBr_{1-x}$ 纳米片的催化活性区分开，我们利用氮气吸附/脱附法测量了材料的 S_{BET}。图 8.7 展示了 $BiOCl_xBr_{1-x}$ 纳米片的 Ⅱ 型吸附/脱附等温线，表 8.1 列举出了各样品的比表面积。因此我们预期，更高的 S_{BET} 值将赋予被合成材料更好的光催化活性。

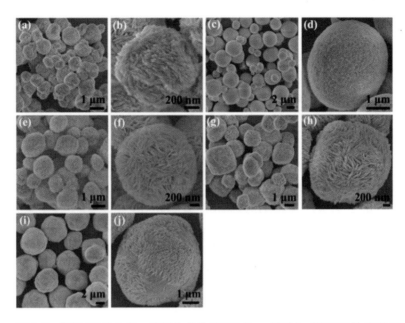

图 8.6 使用 EG 作为唯一溶剂合成的 $BiOCl_xBr_{1-x}$ 微球(x 值不同)的 SEM 照片:1.0(a)、(b);0.8(c)、(d);0.5(e)、(f);0.2(g)、(h)和 0.0(i)、(j)

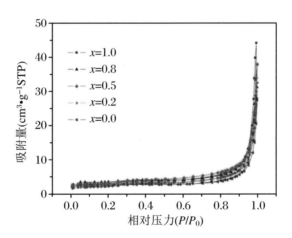

图 8.7 合成的 $BiOCl_xBr_{1-x}$ 纳米片(x=1.0、0.8、0.5、0.2 和 0.0)氮气吸附/脱附等温线

表 8.1 BET 表面积、吸收边缘、光学带隙、导带底和价带顶

$BiOCl_xBr_{1-x}$	$x=1.0$	$x=0.8$	$x=0.5$	$x=0.2$	$x=0.0$
$S_{BET}(m^2 \cdot g^{-1})$	10.29	12.12	11.94	9.20	9.24
吸收边缘(nm)	366	394	416	436	446
光学带隙(eV)	3.39	3.14	2.98	2.84	2.78
导带底(eV)	−0.97	−0.76	−0.14	−0.35	−0.61
价带顶(eV)	2.42	2.38	2.84	2.49	2.17

8.3.3

$BiOCl_xBr_{1-x}$ 元素组成与化合态

$BiOCl_xBr_{1-x}$ 的元素组成与化合态通过 XPS(ESCALAB 250,美国赛默飞科技股份有限公司)表征,结果如图 8.8 所示。图 8.8(a)清楚地显示了 Bi、O、Cl 和 Br 的存在,除了进入的少许碳基杂质,没有其他杂质元素。如图 8.8(b)所示,Bi $4f_{7/2}$ 和 Bi $4f_{5/2}$ 自旋轨道出现两个结合能分别为 159.4 eV 和 164.7 eV 的主峰。如图 8.8(c)所示,O 1s 的 XPS 谱图在 530.2 eV 和 531.5 eV 处各有一个峰,它们分别对应于 $BiOCl_xBr_{1-x}$ 晶格 O 和表面吸附的 O。Cl 2p 的 XPS 谱图(图 8.8(d))在结合能 198.4 eV 和 199.7 eV 处出现两个峰。如图 8.8(e)所示,Br 3d 结合能的两个特征峰分别在 68.7 eV 和 69.5 eV 处。以上结果同样证实了产物为 $BiOCl_xBr_{1-x}$ 固溶体。

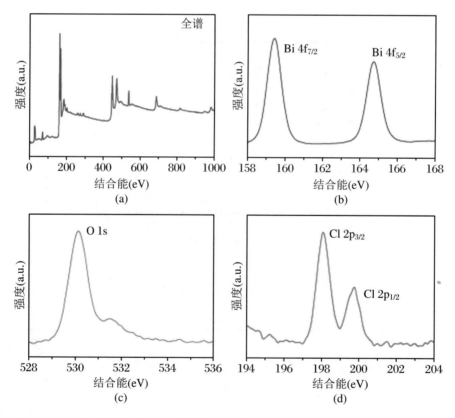

图 8.8　$x=0.5$ 时 $BiOCl_xBr_{1-x}$ 样品的 XPS 谱图:全谱(a);Bi 4f(b)、O 1s(c)、Cl 2p(d)、Br 3d(e)和 C 1s(f)精细谱

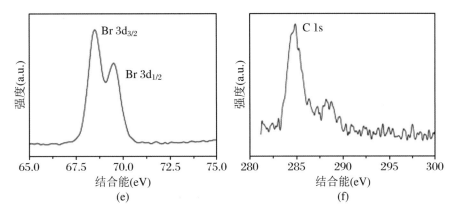

图 8.8(续)　$x=0.5$ 时 $BiOCl_xBr_{1-x}$ 样品的 XPS 谱图：全谱(a)；Bi 4f(b)、O 1s(c)、Cl 2p(d)、Br 3d(e)和 C 1s(f)精细谱

8.4 BiOCl$_x$Br$_{1-x}$的紫外可见漫反射光谱和能带结构

$BiOCl_xBr_{1-x}$($x=1.0$、0.8、0.5、0.2 和 0.0)固溶体纳米片 UV-Vis DRS 采用 UV/Vis 分光光度计(Solid 3700，日本岛津)进行表征，结果如图 8.9 所示。$BiOCl_xBr_{1-x}$ 纳米片($x=1.0$、0.8、0.5、0.2 和 0.0)的光学吸收性质与其电子结构有直接联系，这是控制催化剂光催化活性的关键。如图 8.9(a)所示，随着 Br^- 含量的增加，$BiOCl_xBr_{1-x}$ 纳米片的吸收范围也随之拓宽，响应区域包括紫外光区和可见光区。$BiOCl_xBr_{1-x}$ 纳米片的带隙通过方程 $E_g=1239.8/\lambda_g$ 计算得到。如表 8.1 所示，$BiOCl_xBr_{1-x}$ 纳米片的最大吸收波长分别是 366 nm、394 nm、416 nm、436 nm 和 446 nm，通过计算，对应的带隙分别为 3.39 eV、3.14 eV、2.98 eV、2.84 eV 和 2.78 eV。

通过 XPS 价带谱测量具有不同 x 值($x=1.0$、0.8、0.5、0.2 和 0.0)的 $BiOCl_xBr_{1-x}$ 固溶体纳米片的价带顶(VB)位置(图 8.9(b))，结果表明 $BiOCl_xBr_{1-x}$ 固溶体纳米片 VB 势能分别为 2.42 eV、2.38 eV、2.84 eV、2.49 eV 和 2.17 eV。再结合禁带宽度的计算结果，可以间接算出导带底(CB)的位置，结

果分别为 -0.97 eV、-0.76 eV、-0.14 eV、-0.35 eV 和 -0.61 eV（图 8.9(a)）。具有不同 x 值的 $BiOCl_xBr_{1-x}$ 固溶体纳米片样品的 CB 和 VB 的相对位置如图 8.9(c) 所示。$BiOX(X=Cl,Br)$ 中的 VB 主要由 Bi 6s，O 2p 和 X np 轨道组成，而 CB 则由 Bi 6s 和 Bi 6p 轨道组成。因此，与 BiOCl 相比，可以通过改变 Cl 3p 和 Br 4p 轨道的比例来调节 $BiOCl_xBr_{1-x}$ 固溶体的价带顶，从而缩小带隙，获得更宽的吸收区域。同时，CB 也会随着 Cl 3p 和 Br 4p 轨道比例的改变而改变[28-29]。因此，通过控制 Cl/Br 比例可以调节能带位置。

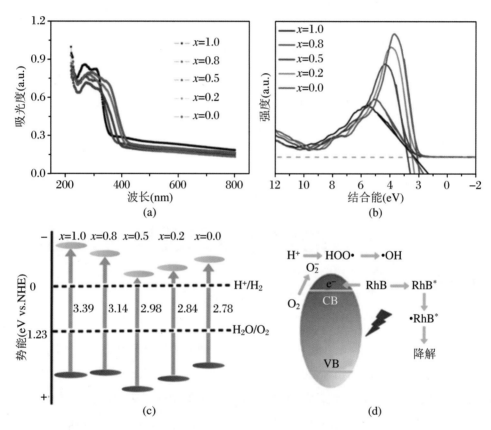

图 8.9 紫外可见漫反射光谱(a)；价带电子能谱(XPS)(b)；$BiOCl_xBr_{1-x}$ 纳米片($x=1.0$、0.8、0.5、0.2、0.0)CB 和 VB 的相对位置(c)以及可见光照射下光催化过程的示意图(d)

8.5 BiOCl$_x$Br$_{1-x}$纳米片光催化降解罗丹明 B

在室温下,采用 350 W 氙灯并配以 420 nm 截止滤波片作为光源,通过测定 BiOCl$_x$Br$_{1-x}$ 纳米片光催化降解 RhB 的性能来评估材料的光催化活性。在实验前,将 10.0 mg BiOCl$_x$Br$_{1-x}$ 样品添加到 30 mL 浓度为 20 mg·L^{-1} 的 RhB 水溶液中,并在黑暗中搅拌 30 min,保证达到吸附/解吸平衡。以固定的时间间隔,从反应系统中取出 1 mL 样品,并以 12000 r·min^{-1} 离心 15 min 以除去光催化剂颗粒。样品中 RhB 的浓度使用紫外-可见分光光度计(U-3310,日立公司,日本)检测,检测波长为 554 nm。

通过研究可见光($\lambda \geqslant$ 420 nm)下 RhB 降解实验来评估 BiOCl$_x$Br$_{1-x}$ 体系的光催化性能与化学组成之间的关系。为了进行比较,将 BiOCl、BiOBr 和 TiO$_2$(P25) 作为对照组。在没有光催化剂存在的情况下,可见光照射 90 min 后,未观察到 RhB 的光解作用(图 8.10(a)),这证明 RhB 具有化学稳定性,并且不会发生自分解。同样在商用 TiO$_2$(P25) 存在的情况下,RhB 也未发生明显的降解(图 8.10(a))。而制备的 BiOCl 和 BiOBr 纳米片在 60 min 内的 RhB 分别降解 65% 和 71%。对于 $x=0.2$、0.5 和 0.8 的样品,90 min 内 RhB 降解率分别为 86%、98% 和 56%。在所有样品中,$x=0.5$ 的 BiOCl$_x$Br$_{1-x}$ 纳米片表现出最高的催化活性。

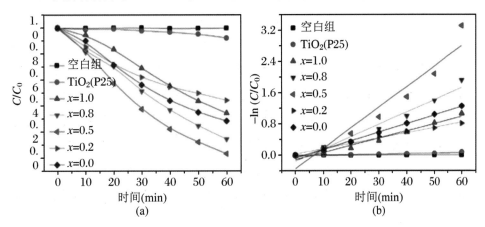

图 8.10 在可见光下 BiOCl$_x$Br$_{1-x}$ 纳米片催化降解 RhB(a) 和 RhB 被样品光催化降解的动力学线性曲线(b)

光降解过程符合伪一级动力学模型（图 8.10(b)），$\ln(C/C_0) = kt$，式中 C_0 和 C 分别是初始和 t 时的 RhB 浓度，斜率 k 是表观反应速率常数。拟合结果表明，$x = 1.0$、0.8、0.5、0.2 和 0.0 的 $BiOCl_xBr_{1-x}$ 纳米片的表观降解速率常数分别为 $0.0183\ min^{-1}$、$0.0312\ min^{-1}$、$0.0522\ min^{-1}$、$0.0134\ min^{-1}$ 和 $0.0216\ min^{-1}$。所以，$BiOCl_xBr_{1-x}$ $x = 0.5$ 纳米片的光催化活性比 BiOCl 的要高 2.8 倍，比 BiOBr 的高 2.4 倍，表明 Br 元素的掺杂增强了 $BiOCl_xBr_{1-x}$ 可见光催化活性。

众所周知，半导体催化染料降解有两条光催化路径，即直接半导体光激发和间接染料光敏化，两条路径分别对不同波长的光产生响应[17]。在本章 RhB 被选作模型污染物来评估 $BiOCl_xBr_{1-x}$ 的光活性，光降解实验在波长大于 420 nm 的可见光下进行。然而，通过 UV-Vis DRS 的结果可知，$x = 1.0$、0.8 和 0.5 时的 $BiOCl_xBr_{1-x}$ 纳米片最大吸收波长小于 420 nm（表 8.1），RhB 是吸收波长在 470 nm 以下的光的主要材料[30]。这个现象表明其可见光催化活性来自于间接的染料光敏化降解。首先 RhB 染料分子吸收入射光的能量转变为激发态，然后这些吸附的激发态染料分子能够有效地将光生电子注入 $BiOCl_xBr_{1-x}$ 纳米片的导带中，再与表面吸附的分子氧反应生成活性物种（·O_2^-、·OH），接下来的反应里，染料分子被降解（图 8.9(d) 和图 8.11）。间接染料光敏化路径中光生载流子的产生和传递过程如下列方程式所示：

$$RhB_{(ads)} + 可见光 \longrightarrow [RhB_{(ads)}]^* \tag{8.1}$$

$$[RhB_{(ads)}]^* + BiOCl_xBr_{1-x} \longrightarrow \cdot[RhB_{(ads)}]^* + BiOCl_xBr_{1-x}(e^-) \tag{8.2}$$

$$O_2 + BiOCl_xBr_{1-x}(e^-) \longrightarrow \cdot O_2^- \tag{8.3}$$

$$\cdot O_2^- + H^+ \longrightarrow \cdot OOH \tag{8.4}$$

$$O_2 + H^+ + \cdot OOH \longrightarrow O_2 + H_2O_2 \tag{8.5}$$

$$H_2O_2 + \cdot O_2^- \longrightarrow OH^- + \cdot OH + O_2 \tag{8.6}$$

$$\cdot[RhB_{(ads)}]^* + \cdot OH\ or\ \cdot O_2^- \longrightarrow 降解产物 \tag{8.7}$$

为了让 $BiOCl_xBr_{1-x}$ 纳米片对可见光产生更好的响应，可以通过降低价带、抬高导带或双管齐下的办法使纳米片带隙变窄，但这会抑制 $BiOCl_xBr_{1-x}$ 纳米片的氧化能力。因此，它不可避免地造成了广泛的可见光吸收和足够的氧化能力之间的矛盾。调整电子结构以达到吸收光和氧化能力之间的最佳平衡是弱化这一矛盾的一种可行方法[31]。这些结果和发现对新型光催化剂的设计具有重要意义，制备具有连续可调电子结构的固溶体半导体是开发高性能光敏半导体的最有效手段之一。

本章介绍了通过溶剂热法制备一系列 $BiOCl_xBr_{1-x}$ 固溶体作为新型的可见光催化剂。光活性实验评估表明，$x = 0.5$ 的 $BiOCl_xBr_{1-x}$ 纳米片表现出最高的光催化活性。可见光区域的可调带隙增加了光催化反应中涉及的光生电子和空穴的数量。此外，$BiOCl_xBr_{1-x}$固溶体具有较大的比表面积，提供了反应性位点，二维纳米板和(001)暴露面有利于光生电荷的分离和传输。这些独特性能的组合显著改善了$BiOCl_xBr_{1-x}$纳米片的光催化性能。

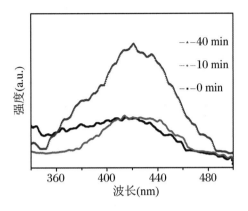

图8.11 在3 mmol·L^{-1}对苯二甲酸和RhB中可见光照射的$BiOCl_xBr_{1-x}$悬浮液在不同照射时间测得的荧光光谱

参考文献

[1] Zhang J, Xu Q, Feng Z, et al. Importance of the relationship between surface phases and photocatalytic activity of TiO_2[J]. Angew. Chem. Int. Ed., 2008, 47: 1766-1769.

[2] Li C, Zhang P, Lv R, et al. Selective deposition of Ag_3PO_4 on monoclinic $BiVO_4$(040) for highly efficient photocatalysis[J]. Small, 2013, 9: 3951-3956.

[3] Shenawi-Khalil S, Uvarov V, Fronton S, et al. A novel heterojunction BiOBr/Bismuth oxyhydrate photocatalyst with highly enhanced visible light photocatalytic properties[J]. J. Phys. Chem. C, 2012, 116: 11004-11012.

[4] Guan M L, Ma D K, Hu S W, et al. From hollow olive-shaped $BiVO_4$ to n-p core-shell $BiVO_4@Bi_2O_3$ microspheres: controlled synthesis and enhanced visible-light-responsive photocatalytic properties[J]. Inorg. Chem., 2010, 50: 800-805.

[5] Yu Y, Cao C, Liu H, et al. A Bi/BiOCl heterojunction photocatalyst with enhanced electron-hole separation and excellent visible light photodegrading

activity[J]. J. Mater. Chem. A, 2014, 2: 1677-1681.

[6] Weng S, Chen B, Xie L, et al. Facile in situ synthesis of a Bi/BiOCl nanocomposite with high photocatalytic activity[J]. J. Mater. Chem. A, 2013, 1: 3068-3075.

[7] Cheng H, Wang W, Huang B, et al. Tailoring AgI nanoparticles for the assembly of AgI/BiOI hierarchical hybrids with size-dependent photocatalytic activities[J]. J. Mater. Chem. A, 2013, 1: 7131-7136.

[8] Kochuveedu S T, Jang Y H, Kim D H. A study on the mechanism for the interaction of light with noble metal-metal oxide semiconductor nanostructures for various photophysical applications[J]. Chem. Soc. Rev., 2013, 42: 8467-8493.

[9] Ohno T, Akiyoshi M, Umebayashi T, et al. Preparation of S-doped TiO_2 photocatalysts and their photocatalytic activities under visible light[J]. Appl. Catal. A, 2004, 265: 115-121.

[10] Ya Z, Jia F, Tian S, et al. Microporous Ni-doped TiO_2 film photocatalyst by plasma electrolytic oxidation[J]. ACS Appl. Mater. Interfaces, 2010, 2: 2617-2622.

[11] Jiang J, Zhang L, Li H, et al. Self-doping and surface plasmon modification induced visible light photocatalysis of BiOCl[J]. Nanoscale, 2013, 5: 10573-10581.

[12] Yang H G, Sun C H, Qiao S Z, et al. Anatase TiO_2 single crystals with a large percentage of reactive facets[J]. Nature, 2008, 453: 638-641.

[13] Zhang X, Wang X B, Wang L W, et al. Synthesis of a highly efficient BiOCl single-crystal nanodisk photocatalyst with exposing {001} facets[J]. ACS Appl. Mater. Interfaces, 2014, 6: 7766-7772.

[14] Bi Y, Ouyang S, Umezawa N, et al. Facet effect of single-crystalline Ag_3PO_4 sub-microcrystals on photocatalytic properties[J]. J. Am. Chem. Soc., 2011, 133: 6490-6492.

[15] Liu G, Jimmy C Y, Lu G Q M, et al. Crystal facet engineering of semiconductor photocatalysts: motivations, advances and unique properties[J]. Angew. Chem. Int. Ed., 2011, 50: 2133-2137.

[16] Xi G, Ye J. Anisotropy in photocatalytic oxidization activity of $NaNbO_3$ photocatalyst[J]. Chem. Commun., 2010, 46: 1893-1895.

[17] Guan M, Xiao C, Zhang J, et al. Vacancy associates promoting solar-driven

photocatalytic activity of ultrathin bismuth oxychloride nanosheets[J]. J. Am. Chem. Soc., 2013, 135: 10411-10417.

[18] Jiang J, Zhao K, Xiao X, et al. ChemInform Abstract: Synthesis and Facet-Dependent Photoreactivity of BiOCl Single-Crystalline Nanosheets[J]. J. Am. Chem. Soc., 2012, 134: 4473-4476.

[19] Lin W, Wang X, Wang Y, et al. Retracted Article: Synthesis and Facet-Dependent Photocatalytic Activity of BiOBr Single-Crystalline Nanosheets[J]. Chem. Commun., 2014. DOI: 10.1039/C3CC41498A.

[20] Xu Z, Han L, Lou B, et al. BiOBr$_x$I(Cl)$_{1-x}$ based spectral tunable photodetectors fabricated by a facile interfacial self-assembly strategy[J]. J. Mater. Chem. C, 2014, 2: 2470-2474.

[21] Wang D H, Gao G Q, Zhang Y W, et al. Nanosheet-constructed porous BiOCl with dominant {001} facets for superior photosensitized degradation[J]. Nanoscale, 2012, 4: 7780-7785.

[22] Li L, Ai L, Zhang C, et al. Hierarchical {001}-faceted BiOBr microspheres as a novel biomimetic catalyst: dark catalysis towards colorimetric biosensing and pollutant degradation[J]. Nanoscale, 2014, 6: 4627-4634.

[23] Gnayem H, Sasson Y. Hierarchical Nanostructured 3D Flowerlike BiOCl$_x$Br$_{1-x}$ Semiconductors with Exceptional Visible Light Photocatalytic Activity[J]. ACS Catal., 2013, 3: 186-191.

[24] Jia Z, Wang F, Xin F, et al. Simple Solvothermal Routes to Synthesize 3D BiOBr$_x$I$_{1-x}$ Microspheres and Their Visible-Light-Induced Photocatalytic Properties[J]. Ind. Eng. Chem. Res., 2011, 50: 6688-6694.

[25] Ren K, Liu J, Liang J, et al. Synthesis of the bismuth oxyhalide solid solutions with tunable band gap and photocatalytic activities[J]. Dalton Trans., 2013, 42: 9706-9712.

[26] Liu Y, Son W J, Lu J, et al. Composition Dependence of the Photocatalytic Activities of BiOCl$_{1-x}$Br$_x$ Solid Solutions under Visible Light[J]. Chem. Eur. J., 2011, 17: 9342-9349.

[27] Zhang J, Shi F, Lin J, et al. Self-Assembled 3-D Architectures of BiOBr as a Visible Light-Driven Photocatalyst[J]. Chem. Mater., 2008, 20: 2937-2941.

[28] Zhang X, Zhang L. Electronic and Band Structure Tuning of Ternary Semiconductor Photocatalysts by Self Doping: The Case of BiOI[J]. J.

Phys. Chem. C, 2010, 114: 18198-18206.

[29] Zhang H, Yang Y, Zhou Z, et al. Enhanced Photocatalytic Properties in BiOBr Nanosheets with Dominantly Exposed (102) Facets[J]. J. Phys. Chem. C, 2014, 118: 14662-14669.

[30] Hu X, Mohamood T, Ma W, et al. Oxidative Decomposition of Rhodamine B Dye in the Presence of VO_2^+ and/or Pt(Ⅳ) under Visible Light Irradiation: N-Deethylation, Chromophore Cleavage, and Mineralization[J]. J. Phys. Chem. B, 2006, 110: 26012-26018.

[31] Ouyang S, Ye J. β-$AgAl_{1-x}Ga_xO_2$ Solid-Solution Photocatalysts: Continuous Modulation of Electronic Structure toward High-Performance Visible-Light Photoactivity[J]. J. Am. Chem. Soc., 2011, 133: 7757-7763.

第 9 章

BiOBr$_x$I$_{1-x}$固溶体的制备与能带调控

9.1 引言

如前文所述,半导体光催化技术以其在能源生产和环境净化方面广阔的应用前景而备受关注[1]。从实际应用考虑,高性能光催化剂应当具备可见光高效吸收、光生载流子高效分离的特点以及足够的还原或氧化电位[2-3]。目前已有研究提出了一系列方法来实现催化剂的改性,包括同质结/异质结[4-9]、相结[10-11]、固溶体[12-15]、晶面工程[16-17]和元素掺杂[18-19]。其中,构建固溶体可以实现半导体能带构造的调节,从而大幅提升对可见光的吸收效率[20-22]。例如,$AgInS_2$ 和 ZnS 在可见光下也几乎没有任何活性。但由二者构成的 $(AgIn)_xZn_{2(1-x)}S_2$ 固溶体则在可见光下具有良好的析 H_2 催化活性[23]。类似地,尽管 GaN 和 ZnO 都不吸收可见光,但形成 $(Ga_{1-x}Zn_x)(N_{1-x}O_x)$ 固溶体后,其吸收边也可扩展到更长的可见光波段[24]。

在上一章中,通过简单的混合溶剂热法制备了 $BiOCl_xBr_{1-x}$ 固溶体光催化剂,且产物中 Cl、Br 两种原子比例连续可调。随着 Br 原子比例逐渐增大,材料的禁带宽度也逐渐减小(从 3.4 eV 减小至 2.8 eV),从而提升了材料对入射光的吸收效率,并使吸收边从紫外区(366 nm)逐渐红移至可见光区(446 nm)。因此,$BiOCl_xBr_{1-x}$ 固溶体在可见光下表现出了良好的光催化活性,能够快速降解有机染料罗丹明 B(RhB)。考虑到 $BiOCl_xBr_{1-x}$ 固溶体的吸收边刚刚开始进入可见光区,对整个可见光波段的吸收仍不够充分,在可见光下的催化效率可能仍存在进一步提升的空间。

在卤氧化铋光催化剂中,BiOBr 和 BiOI 均为可见光光催化剂,带隙分别为 2.87 eV 和 1.89 eV。BiOBr 的带隙更宽一些,仅能吸收一小部分可见光,在没有染料敏化作用的情况下,其可见光催化活性仍然不高[13];而 BiOI 带隙足够窄,吸光范围可覆盖大部分可见光区,但由于 CB 位置较高,其氧化还原能力受到一定的限制[25]。通常情况下,为了将 BiOBr 的光催化性能拓展到可见光区,可以通过降低 CB 位置、提高 VB 位置或两者兼而有之的方式来减小禁带宽度,但这会在一定程度上削弱催化剂的氧化能力。类似地,为了提升 BiOI 对有机物的氧化能力,可以通过提高 CB 位置、降低 VB 位置或两者兼而有之的方式来增加光生电子、空穴的氧化还原能力,但这会拓宽材料的禁带宽度并在一定程度上抑制材料的可见光吸收。换言之,强可见光吸收和足够的氧化性能之间具有不可避免的矛盾性,如何调节材料的电子结构以在光吸收和氧化性之间实现最佳平衡尤为重要。

鉴于 BiOBr 氧化性较强但可见光吸收不足,BiOI 可见光吸收较强但氧化性不足,二者正好形成优势互补。此外二者具有高度相似的晶体结构,因此制备带隙可调的 $BiOBr_xI_{1-x}$ 固溶体光催化剂的想法应运而生。借鉴上一章中材料设计与制备的思路,本章提出了简单方便的一步溶剂热法制备 $BiOBr_xI_{1-x}$ 固溶体纳米片,产物晶体中 Br、I 原子比例可调,从而实现了产品禁带宽度的调节,并在光吸收效率和氧化性之间寻找最佳的平衡点。通过在可见光下降解 RhB 来评估其光催化活性,并根据能带位置的计算结果阐明 $BiOBr_xI_{1-x}$ 固溶体纳米片光催化活性增强的机理。

9.2
$BiOBr_xI_{1-x}$ 固溶体的制备

本章涉及的所有试剂均购于中国上海化学试剂有限公司,无需进一步提纯即可直接使用。$BiOBr_xI_{1-x}$ 固溶体的制备方法如下:将 1 mmol 的 $Bi(NO_3)_3 \cdot 5H_2O$ 溶解于 5 mL 的乙二醇中;将总量为 1 mmol 但摩尔比不同的 NH_4Br 和 NH_4I 溶解于 40 mL 水中。之后,将两种溶液迅速混合并充分搅拌。反应完全后将该溶液倒入聚四氟乙烯高压水热釜中,进行 12 h 水热反应,温度为 160 ℃。待反应釜冷却至室温后,取出产物并用超纯水和乙醇分别洗涤 3 次。最终得到的样品在真空干燥箱中于 80 ℃下干燥 12 h。

9.3 BiOBr$_x$I$_{1-x}$ 纳米片固溶体的微观表征

9.3.1 物相表征

产物的物相通过粉末 XRD 测试来表征,使用飞利浦 X'Pert PRO SUPER 衍射仪来测定样品的 XRD 谱图,仪器配有石墨单色器 Cu Kα 辐射部件(λ = 1.541874 Å)。图 9.1 展示了具有不同 x 值(x = 0.0、0.2、0.5、0.8 和 1.0)的样品的 XRD 谱图,以及四方相 BiOBr(JCPDS 卡片编号为 No. 73-2061)和四方相 BiOI 的标准衍射图谱(JCPDS 卡片编号为 No. 10-0445)。可以看出,在 x = 1.0 和 0.0 时的样品衍射峰分别归属于四方相 BiOBr 和 BiOI。当 BiOBr 晶体中一定数量的 Br 被 I 取代(x = 0.8、0.5 和 0.2 个样品)时,BiOBr 的衍射峰向高角发生偏移,且 XRD 峰位置随着 I 离子含量的变化而逐渐变化,这表明 BiOBr$_x$I$_{1-x}$ 样品是固溶体[21]。

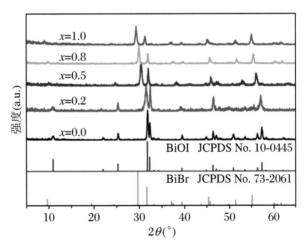

图 9.1 样品的 XRD 谱图

9.3.2
形貌结构

  样品的形貌和微观结构通过扫描电子显微镜(SEM)、透射电子显微镜(TEM)、高分辨透射电子显微镜(HRTEM)和扫描投射电子显微镜(STEM)来观察。样品的 SEM 照片用 X-650 扫描电子显微分析仪和 JSM-6700F 场发射扫描电子显微镜(日本电子株式会社)拍摄;TEM 照片使用 TEM(H-7650,日立公司,日本)拍摄,加速电压为 100 kV;HRTEM 照片和选区电子衍射(SAED)图谱采用 HRTEM-2010(日本电子株式会社)拍摄,加速电压为 200 kV;STEM 照片采用 JEM-ARM200F 扫描投射电子显微镜(日本电子株式会社)拍摄,加速电压为 200 kV。

  $BiOBr_xI_{1-x}$ 固溶体的形貌如图 9.2 所示。图 9.2(a_1)、图 9.2(a_2)和图 9.2(e_1)、图 9.2(e_2)分别展示了 BiOBr 和 BiOI 的二维片状结构,平面尺寸为 200~500 nm,厚度约为 15 nm。图 9.2(a_3)~图 9.2(a_4)和图 9.2(e_3)~图 9.2(e_4)分别为 BiOBr 和 BiOI 的 TEM 图像,进一步证实了样品平面尺寸为 200~500 nm。图 9.2(b_1)~图 9.2(b_4)、图 9.2(c_1)~图 9.2(c_4)、图 9.2(d_1)~图 9.2(d_4)展示了 $x=0.8$、0.5 和 0.2 时对应的 $BiOBr_xI_{1-x}$ 样品 SEM 和 TEM 照片,图中可以观察到类似的二维片状形态和均匀的平面尺寸。因此,通过溶剂热法可以得到尺寸分布均匀的 $BiOBr_xI_{1-x}$ 固溶体纳米片。

  为了进一步表征产物的精细结构,选取 $BiOBr_xI_{1-x}$ ($x=0.8$) 纳米片为代表,进行了 HRTEM 表征。图 9.3(a)是在单个纳米片的边缘拍摄的 $BiOBr_xI_{1-x}$ ($x=0.8$) 纳米片照片,而图 9.3(b)是 $BiOBr_xI_{1-x}$ ($x=0.8$) 纳米片的俯视图像,图中具有清晰连续的晶格条纹,表明结晶性较好。此外,测量出的晶格间距为 0.281 nm 且夹角为 90°,这与 $BiOBr_xI_{1-x}$ 纳米片的(110)与($1\bar{1}0$)晶面完全匹配。相应的 SAED 谱图(图 9.3(c))表明了 $BiOBr_xI_{1-x}$ ($x=0.8$) 纳米片的单晶性质,SAED 谱图中标记的角度与(110)和($1\bar{1}0$)晶面之间的理论值是一致的,衍射花纹归属于 $BiOBr_xI_{1-x}$ 纳米片的[001]晶轴。

  HRTEM 侧视图像(图 9.3(e))是从图 9.3(d)中横向纳米片尖端拍摄的,也揭示了样品的高度结晶。图中显示了连续清晰的晶格条纹,量出的晶格间距约为 0.286 nm,这与 $BiOBr_xI_{1-x}$ ($x=0.8$) 纳米片的(102)晶面匹配。相应的 SAED 谱图(图 9.3(f))也证实了 $BiOBr_xI_{1-x}$ 为单晶纳米片。SAED 图谱中测出的角度为 18.8°,这与(110)和(111)晶面之间夹角的理论值是一致的,衍射花

纹归属于 $BiOBr_xI_{1-x}$ 纳米片的 $[1\bar{1}0]$ 晶轴。

为了考察 $BiOBr_xI_{1-x}$ 纳米片中的元素组成和分布,以 $BiOBr_xI_{1-x}(x=0.8)$ 纳米片为代表检测了元素分布图。如图 9.3(h)~图 9.3(k)所示,Bi、O、Br 和 I 在单个 $BiOBr_xI_{1-x}$ 纳米片上分布高度均匀,这证实了产物为均匀的固溶体。

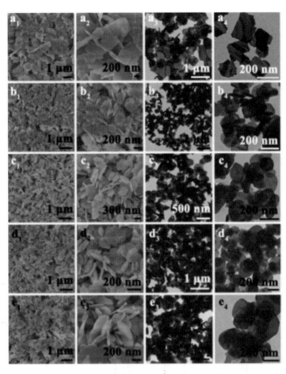

图 9.2　$BiOBr_xI_{1-x}$ 的 SEM 和 TEM 照片: $x=1.0(a_1)$~(a_4), $x=0.8$ (b_1)~(b_4), $x=0.5(c_1)$~(c_4), $x=0.2(d_1)$~(d_4), $x=0.0(e_1)$~(e_4)

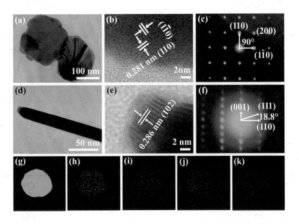

图 9.3　$BiOBr_xI_{1-x}(x=0.8)$ 的 TEM(a)、(d),HRTEM 照片(b)、(e) 和 SAED 谱图(c)、(f);单个 $BiOBr_xI_{1-x}$ 纳米片的 STEM 图像 (g);Bi、O、Br 和 I 元素的对应元素分布图(h)~(k)

9.3.3
BiOBr$_x$I$_{1-x}$的元素组成与氧化态

BiOBr$_x$I$_{1-x}$的元素组成与氧化态通过XPS(ESCALAB 250,美国赛默飞科技股份有限公司)表征,结果如图9.4所示。全谱(图9.4(a))表明BiOBr$_x$I$_{1-x}$(x=0.8)纳米片中存在Bi、O、Br和I四种元素。如图9.4(b)所示,Bi 4f$_{7/2}$和Bi 4f$_{5/2}$自旋轨道出现两个结合能分别为159.7 eV和165.1 eV的主峰。如图9.4(c)所示,O 1s信号峰可分解为两个峰,中心峰位置分别为529.1 eV和530.6 eV。在529.1 eV处观察到的低结合能成分归因于晶格氧,而后者的峰归属于样品的表面氧。Br 3d区域的XPS谱图(图9.4(d))在结合能67.7 eV和69.4 eV处出现两个峰,分别对应于Br 3d$_{3/2}$和Br 3d$_{1/2}$轨道。如图9.4(e)所示,I 3d$_{3/2}$和I 3d$_{1/2}$信号峰的结合能分别为618.0 eV和629.4 eV。以上结果同样证实了产物为BiOBr$_x$I$_{1-x}$固溶体。

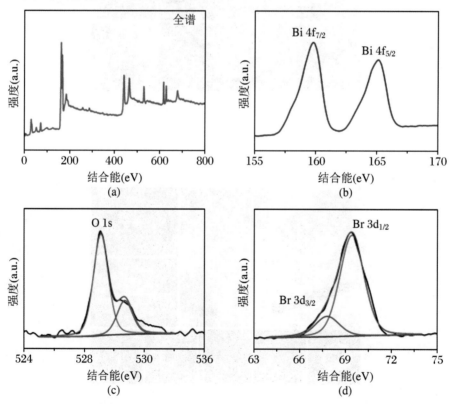

图9.4　BiOBr$_x$I$_{1-x}$(x=0.8)的XPS测试结果:分别为总谱(a);Bi 4f、O 1s、Br 3d、I 3d和C 1s(b)~(f)的高分辨谱

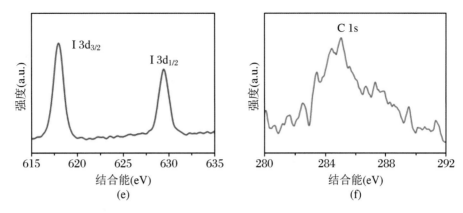

图 9.4(续)　BiOBr$_x$I$_{1-x}$(x=0.8)的 XPS 测试结果,分别为总谱(a)、Bi 4f、O 1s、Br 3d、I 3d 和 C 1s(b)~(f)的高分辨谱

9.4 BiOBr$_x$I$_{1-x}$的能带结构

BiOBr$_x$I$_{1-x}$(x=1.0、0.8、0.5、0.2 和 0.0)固溶体纳米片的 UV-Vis DRS 采用 UV/Vis 分光光度计(UV-2550,日本岛津)进行表征,结果如图 9.5(a)所示。在 BiOBr$_x$I$_{1-x}$固溶体纳米片中,随着 I 含量的增加,样品的吸收边会发生明显且连续的红移,且样品相应的颜色从白色逐渐变为红色(图 9.5(b))。这表明所制备的样品不是 BiOBr 和 BiOI 的简单混合物,而是 BiOBr$_x$I$_{1-x}$固溶体。另外,吸收边的红移还意味着可以通过溶剂热法在 Br、I 摩尔比连续变化的情况下精确控制 BiOBr$_x$I$_{1-x}$固溶体的带隙。

BiOBr$_x$I$_{1-x}$样品的带隙可以基于 UV-Vis DRS 结果(图 9.5(a))采用 Kubelka-Munk(KM)方法通过以下公式确定[26]:

$$\alpha h\nu = A(h\nu - E_g)^{n/2} \tag{9.1}$$

$$E_g = E_{VB} - E_{CB} \tag{9.2}$$

式中,α、$h\nu$、E_g、A、E_{VB} 和 E_{CB} 分别是吸收系数、光子能量、带隙、常数、价带隙和传导带隙,而 n 取决于半导体中跃迁的特性。BiOX(X=Cl、Br、I)是间接带隙半导体,故 n=4。随着 x 值从 1.0 降低到 0.0,相应的带隙禁带宽度也可从 2.87 eV

调节至 1.89 eV，具体数值如表 9.1 所示。这表明在 BiOBr 晶体中掺入的 I 原子可以减小禁带宽度并拓展 BiOBr 在可见光区的吸收范围。

表 9.1　吸收边缘、计算出的光学带隙、导带底部和价带顶部

$BiOBr_xI_{1-x}$	$x=1.0$	$x=0.8$	$x=0.5$	$x=0.2$	$x=0.0$
吸收边缘(nm)	431	555	607	645	655
光学带隙(eV)	2.87	2.23	2.04	1.92	1.89
导带底(eV)	−0.55	0.01	−0.04	−0.07	0.18
价带顶(eV)	2.32	2.24	2.0	1.85	2.07

通过 XPS 价带谱测量具有不同 x 值（$x=1.0$、0.8、0.5、0.2 和 0.0）的 $BiOBr_xI_{1-x}$ 固溶体纳米片的 VB 位置（图 9.5(c)），结果表明 $BiOBr_xI_{1-x}$ 固溶体的 VB 势能分别为 2.32 eV、2.24 eV、2.0 eV、1.85 eV 和 2.07 eV。再结合禁带宽度的计算结果，可以间接算出 CB 位置，结果分别为 −0.55 eV、0.01 eV、−0.04 eV、−0.07 eV 和 0.18 eV 处。具有不同 x 值的 $BiOBr_xI_{1-x}$ 固溶体纳米片的能带结构在图 9.5(d) 和表 9.1 中列出。

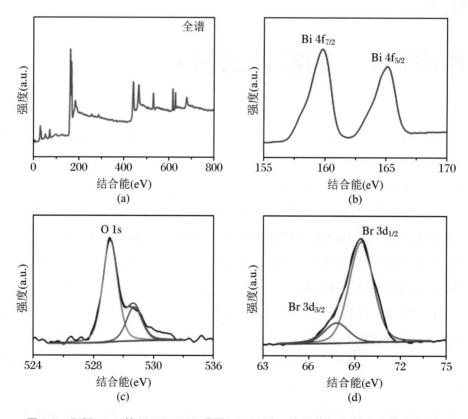

图 9.5　$BiOBr_xI_{1-x}$ 的 UV-Vis DRS 谱图(a)、不同 x 值照片(b)、XPS 价带谱(c) 和 $BiOBr_xI_{1-x}$ 的能带结构示意图(d)

9.5
BiOBr$_x$I$_{1-x}$纳米片光催化降解罗丹明 B

9.5.1
降解性能

在室温下,采用 350 W 氙灯并配以 420 nm 截止滤波片作为光源,通过测定 BiOBr$_x$I$_{1-x}$ 纳米片光催化降解 RhB 的性能来评估材料的光催化活性。在实验前,将 10.0 mg BiOBr$_x$I$_{1-x}$ 样品添加到 30 mL 浓度为 20 mg·L^{-1} 的 RhB 水溶液中,并在黑暗中搅拌 30 min,保证达到吸附/解吸平衡。以固定的时间间隔,从反应系统中取出 1 mL 样品,并以 12000 r·min^{-1} 离心 10 min 以除去光催化剂颗粒。样品中 RhB 的浓度使用紫外-可见分光光度计(U-3310,日立公司,日本)检测,检测波长为 554 nm。

BiOBr$_x$I$_{1-x}$ 固溶体纳米片可见光催化降解 RhB 的结果如图 9.6 所示。为了进行比较,将 BiOBr、BiOI 和 TiO$_2$(P25)作为对照组。在没有光催化剂存在的情况下,可见光照射 90 min 后,未观察到 RhB 的光解作用(图 9.6(a)),这证明 RhB 具有化学稳定性,并且不会发生自分解。在商用 TiO$_2$(P25)存在的情况下,可见光照 90 min 后,光催化褪色仅约为 15%(图 9.6(a))。

制备的 BiOBr 和 BiOI 纳米片在 90 min 内 RhB 分别降解为 68% 和 31%。对于 $x=0.8$、0.5 和 0.2 的样品,90 min 内 RhB 的降解率分别为 99%、73% 和 51%。在所有样品中,$x=0.8$ 的 BiOBr$_x$I$_{1-x}$ 纳米片表现出最高的催化活性。

光降解过程符合伪一级动力学模型(图 9.6(b)):

$$-\ln(C/C_0) = kt \tag{9.3}$$

式中,C_0 和 C 分别是初始和 t 时的 RhB 浓度,斜率 k 是表观反应速率常数。拟合结果表明,$x=1.0$、0.8、0.5、0.2 和 0.0 的 BiOBr$_x$I$_{1-x}$ 纳米片的表观降解速率常数分别为 0.012 min^{-1}、0.042 min^{-1}、0.014 min^{-1}、0.008 min^{-1} 和 0.005 min^{-1}(图 9.6(c))。所以,$x=0.8$ 的 BiOBr$_x$I$_{1-x}$ 纳米片的光催化活性比 BiOBr 约高 3.5 倍,比 BiOI 约高 8.4 倍,表明 I 元素的掺杂增强了 BiOBr 的可见光催化活性,且 $x=0.8$ 对应的 BiOBr$_x$I$_{1-x}$ 纳米片固溶体具有最佳的 Br、I 原子比例。

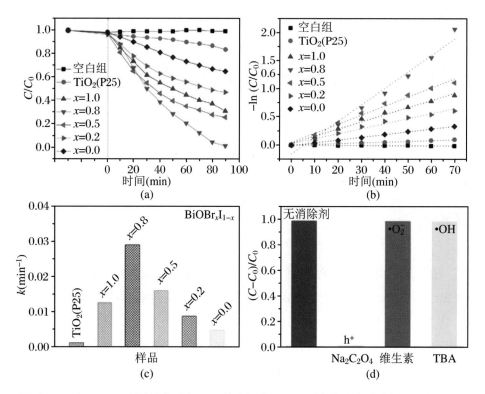

图 9.6　$BiOBr_xI_{1-x}$ 可见光催化降解 RhB 的降解曲线(a)、拟合的动力学曲线(b)、伪一级动力学常数 k(c)和不同自由基清除剂存在下 RhB 的降解曲线(d)

9.5.2
主要活性物质

通过向反应体系中分别添加 2 mmol·L^{-1} 草酸钠($Na_2C_2O_4$),2 mmol·L^{-1} 维生素 C 和 1 mmol·L^{-1} 叔丁醇(TBA)作为自由基清除剂,以考察光催化反应过程中各种活性物种的贡献,其中 $Na_2C_2O_4$ 清除 h^+、维生素 C 清除 ·O_2^- 、TBA 清除 ·OH[7,27]。除添加自由基清除剂外,实验过程与之前的光降解实验相同。如图 9.6(d)所示,当使用维生素 C 和 TBA 清除 ·O_2^- 和 ·OH 时,光催化活性没有被显著抑制,表明 ·O_2^- 和 ·OH 对 RhB 降解起到的作用相对较弱。但是,当使用草酸钠淬灭 h^+ 时,光催化活性明显被抑制,证实了 h^+ 在光催化降解 RhB 过程中发挥主要作用。

此外,反应过程中 ·O_2^- 的生成量可通过氯化硝基四氮唑蓝(NBT)进行检测,NBT 能够和 ·O_2^- 结合并在 260 nm 处具有特征吸收,可采用 U-3310 分光光度计检测 NBT 的浓度。NBT 捕获实验也与光降解实验相同,但溶液中不添加 RhB 而改为捕获剂 NBT。使用 NBT 检测剂进行 $\cdot O_2^-$ 转化实验从而进行反应性物种捕获,以验证为 $BiOBr_xI_{1-x}$ 纳米片确定的电荷转移机制。不同光照时间下 NBT 的吸收光谱如图 9.7 所示,260 nm 处的吸收峰逐渐降低表明光照过程会不断生成 $\cdot O_2^-$。

基于以上实验结果和分析,可以归纳出 $BiOBr_xI_{1-x}$ 纳米片在可见光下可能的反应机理(图 9.8)[28]。首先,$BiOBr_xI_{1-x}$ 纳米片被激发并产生大量光生载流子,电子在可见光下被激发到 CB 上,同时在 VB 中留下光生空穴(步骤 1)。然后,CB 上的电子与 O_2 分子反应,O_2 分子吸附在 $BiOBr_xI_{1-x}$ 纳米片上,光生电子注入 O_2 分子中产生 $\cdot O_2^-$(步骤 2)。因此,这也在一定程度上抑制了光生电子和空穴的复合(步骤 3)。最后,VB 中的光生空穴氧化 $BiOBr_xI_{1-x}$ 纳米片表面吸附的 RhB 分子,从而实现 RhB 的可见光催化降解(步骤 4)。

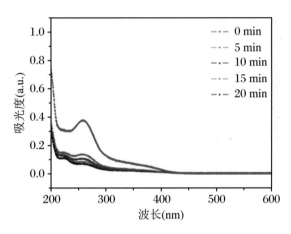

图 9.7 采用 $BiOBr_xI_{1-x}$ ($x=0.8$) 时不同光照时间下 NBT 的吸收光谱

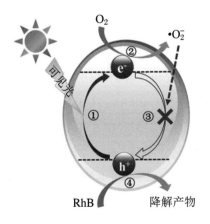

图 9.8 降解机理示意图

9.5.3
循环稳定性

为了研究 $BiOBr_xI_{1-x}$ 纳米片的可回用性,通过自然沉降收集光催化反应后的样品粉末,并在相同条件下将其在光催化反应中重复进行三次。如图9.9(a)所示,$BiOBr_xI_{1-x}$ 纳米片表现出较强的稳定性和较高的光催化活性。此外,从光催化反应后 $BiOBr_xI_{1-x}$ 样品的 SEM 照片(图9.9(b))可以看出,其结构在反应后依然可以保持完整,这也证明了材料的形貌和结构稳定性。因此,通过溶剂法制备的 $BiOBr_xI_{1-x}$ 对污染物的光催化作用是稳定的,这对其实际应用具有重要意义[29]。

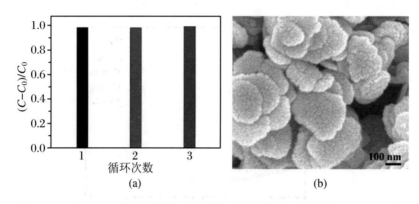

图 9.9　$BiOBr_{0.8}I_{0.2}$ 纳米片的循环稳定性(a)和光催化反应后的 $BiOBr_{0.8}I_{0.2}$ 纳米片的 SEM 照片(b)

本章通过溶剂热法制备了一系列 $BiOBr_xI_{1-x}$ 固溶体作为新型的可见光催化剂。所得到的 $BiOBr_xI_{1-x}$ 固溶体材料具有暴露的(001)面和均匀的二维片状形貌,且可以通过降低 Br、I 原子比而实现禁带宽度从 2.87 eV 到 1.89 eV 连续可调。降解实验也证实了能带结构的变化对 RhB 降解过程中光催化活性有极大影响,且有效的可见光吸收和足够的氧化还原电势之间的平衡对于高活性至关重要。在合成的光催化剂中,$BiOBr_{0.8}I_{0.2}$ 表现出最高的光催化性能,它的活性分别比 BiOBr 和 BiOI 的高 3.5 倍和 8.4 倍,展示了其作为光催化剂实际应用的潜力。本章的结果也充分证实了构建 BiOX(X = Cl、Br、I)系列固溶体能够实现两种材料间的性能互补,从而在可见光吸收效率与材料氧化能力之间达到最佳的平衡点。

参考文献

[1] Fujishima A, Honda K. Photolysis-decomposition of water at the surface of an irradiated semiconductor[J]. Nature, 1972, 238: 37-38.

[2] Ghosh S, Kouamé N A, Ramos L, et al. Conducting polymer nanostructures for photocatalysis under visible light[J]. Nature Mater., 2015, 14: 505-511.

[3] Wang H, Zhang L, Chen Z, et al. Semiconductor heterojunction photocatalysts: design, construction, and photocatalytic performances[J]. Chem. Soc. Rev., 2014, 43: 5234-5244.

[4] Li P, Zhou Y, Zhao Z, et al. Hexahedron prism-anchored octahedronal CeO_2: crystal facet-based homojunction promoting efficient solar fuel synthesis[J]. J. Am. Chem. Soc., 2015, 137: 9547-9550.

[5] Huang Y, Long B, Li H, et al. Enhancing the photocatalytic performance of $BiOCl_xI_{1-x}$ by introducing surface disorders and Bi nanoparticles as cocatalyst[J]. Adv. Mater. Interfaces, 2015, 2: 1500249-1500255.

[6] Sun L, Xiang L, Zhao X, et al. Enhanced visible-Light photocatalytic activity of BiOI/BiOCl heterojunctions: key role of crystal facet combination[J]. ACS Catal., 2015, 5: 3540-3551.

[7] Huang H, Han X, Li X, et al. Fabrication of multiple heterojunctions with tunable visible-light-active photocatalytic reactivity in BiOBr-BiOI full-range composites based on microstructure modulation and band structures[J]. ACS Appl. Mater. Interfaces, 2015, 7: 482-492.

[8] Peng Y, Yu P P, Chen Q G, et al. Facile fabrication of $Bi_{12}O_{17}Br_2/Bi_{24}O_{31}Br_{10}$ type II heterostructures with high visible photocatalytic activity[J]. J. Phys. Chem. C, 2015, 119: 13032-13040.

[9] Li F T, Wang Q, Ran J, et al. Ionic liquid self-combustion synthesis of $BiOBr/Bi_{24}O_{31}Br_{10}$ heterojunctions with exceptional visible-light photocatalytic performances[J]. Nanoscale, 2015, 7: 1116-1126.

[10] Li R, Weng Y, Zhou X, et al. Achieving overall water splitting using titanium dioxide-based photocatalysts of different phases[J]. Energ. Environ. Sci., 2015, 8: 2377-2382.

[11] Wang X, Xu Q, Li M, et al. Photocatalytic overall water splitting promoted

by an α-β phase junction on Ga_2O_3[J]. Angew. Chem. Int. Ed., 2012, 51: 13089-13092.

[12] Zhang X, Wang L W, Wang C Y, et al. Synthesis of $BiOCl_xBr_{1-x}$ nanoplate solid solutions as a robust photocatalyst with tunable band structure[J]. Chem. Eur. J., 2015, 21: 11872-11877.

[13] Liu G, Wang T, Ouyang S, et al. Band-structure-controlled $BiO(ClBr)_{(1-x)/2}I_x$ solid solutions for visible-light photocatalysis[J]. J. Mater. Chem. A, 2015, 3: 8123-8132.

[14] Gnayem H, Sasson Y. Hierarchical nanostructured 3D flowerlike $BiOCl_xBr_{1-x}$ semiconductors with exceptional visible light photocatalytic activity[J]. ACS Catal., 2013, 3: 186-191.

[15] Gnayem H, Sasson Y. Nanostructured 3D sunflower-like bismuth doped $BiOCl_xBr_{1-x}$ solid-solutions with enhanced visible light photocatalytic activity as a remarkably efficient technology for water purification[J]. J. Phys. Chem. C, 2015, 119: 19201-19209.

[16] Zhao K, Zhang L, Wang J, et al. Surface structure-dependent molecular oxygen activation of BiOCl single-crystalline nanosheets[J]. J. Am. Chem. Soc., 2013, 135: 15750-15753.

[17] Yang H G, Sun C H, Qiao S Z, et al. Anatase TiO_2 single crystals with a large percentage of reactive facets[J]. Nature, 2008, 453: 638-641.

[18] Huang H, Li X, Wang J, et al. Anionic group self-doping as a promising strategy: band-gap engineering and multi-functional applications of high-performance CO_3^{2-} doped $Bi_2O_2CO_3$[J]. ACS Catal., 2015, 5: 4094-4103.

[19] Long L L, Zhang A Y, Yang J, et al. A green approach for preparing doped TiO_2 single crystals[J]. ACS Appl. Mater. Interfaces, 2014, 6: 16712-16720.

[20] Ren K, Liu J, Liang J, et al. Synthesis of the bismuth oxyhalide solid solutions with tunable band gap and photocatalytic activities[J]. Dalton Trans., 2013, 42: 9706-9712.

[21] Liu Y, Son W J, Lu J, et al. Composition dependence of the photocatalytic activities of $BiOCl_{1-x}Br_x$ solid solutions under visible light[J]. Chem. Eur. J., 2011, 17: 9342-9349.

[22] Li Q, Meng H, Zhou P, et al. $Zn_{1-x}Cd_xS$ solid solutions with controlled bandgap and enhanced visible-light photocatalytic H_2-production activity[J].

ACS Catal., 2013, 3: 882-889.

[23] Tsuji I, Kato H, Kobayashi H, et al. Photocatalytic H_2 evolution reaction from aqueous solutions over band structure-controlled $(AgIn)_x Zn_{2(1-x)} S_2$ solid solution photocatalysts with visible-light response and their surface nanostructures[J]. J. Am. Chem. Soc., 2004, 126: 13406-13413.

[24] Maeda K, Teramura K, Lu D, et al. Photocatalyst releasing hydrogen from water[J]. Nature, 2006, 440: 295-295.

[25] Zhang W, Zhang Q, Dong F. Visible-light photocatalytic removal of NO in air over BiOX (X = Cl, Br, I) single-crystal nanoplates prepared at room temperature[J]. Ind. Eng. Chem. Res., 2013, 52: 6740-6746.

[26] Tian H, Teng F, Xu J, et al. An innovative anion regulation strategy for energy bands of semiconductors: a case from Bi_2O_3 to $Bi_2O(OH)_2SO_4$[J]. Sci. Rep., 2015, 5: 1-9.

[27] Zhang L Z, Li H, Shi J, et al. Sustainable molecular oxygen activation with oxygen vacancies on the {001} facets of BiOCl nanosheets under solar light [J]. Nanoscale, 2014, 6: 14168-14173.

[28] Ye L, Zan L, Tian L, et al. The {001} facets-dependent high photoactivity of BiOCl nanosheets[J]. Chem. Commun., 2011, 47: 6951-6953.

[29] Buriak J M, Kamat P V, Schanze K S. Best practices for reporting on heterogeneous photocatalysis[J]. ACS Appl. Mater. Interfaces., 2014, 6: 11815-11816.

第 10 章

BiOCl 的钴掺杂修饰及其可见光催化活性

10.1 引言

如前文所述，BiOCl 具有层状结构，$[Bi_2O_2]^{2+}$ 层和 $[Cl_2]^{2-}$ 层交替排列[1-3]。由于原子层之间电负性存在差异，在 BiOCl 晶体中具有沿着垂直于原子层的静电场，而静电场的诱导作用也使得 BiOCl 具有较高的光生空穴-电子分离效率[4-6]。因此，BiOCl 具有良好的光催化活性，是一种有潜在应用价值的光催化剂。尽管有研究表明，BiOCl 能够在可见光下降解有机染料分子（染料敏化作用），但从能带结构上看，BiOCl 仍是典型的宽带隙紫外光驱动的光催化剂[7-9]。考虑到大多数有机污染物都属于非染料的无色分子，此时在可见光下 BiOCl 就显得无能为力，这也成为制约 BiOCl 走向实际应用的一大问题[10]。

为了解决这一问题，在之前的工作中，通过富氧化处理得到了几种窄带隙的氯氧化铋光催化剂，包括 $Bi_{12}O_{15}Cl_6$ 纳米片和 $Bi_{12}O_{17}Cl_2$ 纳米带，它们均具有良好的可见光催化活性[11-12]。此外，也有其他报道通过形成 $BiOCl_xBr_{1-x}$ 固溶体、引入氧空位作为晶格缺陷、与金属形成肖特基结以及调控形貌、尺寸、暴露晶面等参数，以使 BiOCl 产生可见光响应[5,13-19]。然而，上述方法各有其局限性，形貌、尺寸和晶面调控通常不会改变材料的本征光响应性质，形成异质结或肖特基结通常合成方法比较复杂且不易得到分布均匀的产物，而改变物相（例如富氧化）则会在一定程度上改变 $[Bi_2O_2]^{2+}$ 层和 $[Cl_2]^{2-}$ 层的比例，从而削弱层间静电场的诱导效应[20-23]。

因此，掺杂是一种有望实现 BiOCl 可见光响应的有效策略，掺入的杂原子会形成掺杂能级，从而改变半导体的能带结构，进而影响催化剂的本征光响应性质，而在这一过程中主晶的晶体结构不会发生明显改变[24-27]。有研究表明，Fe 元素的掺杂能够使 BiOCl 带隙变窄，同时 Fe 还能活化光催化过程中产生的 H_2O_2，从而提升 BiOCl 的可见光催化活性[28]。此外，C 掺杂 BiOCl 也同样能够实现可见光响应[29]。受这些研究启发，推测 Co 也是一种可以改变 BiOCl 可见光催化活性的元素，而 Co 掺杂 BiOCl 尚未被报道。一方面，掺入的 Co 形成掺杂能级以改变 BiOCl 的本征光响应性质；另一方面，Co 具有良好的电化学活性，能够提升 BiOCl 的载流子分离和输运效率，从而强化 BiOCl 的可见光催化活性[30-32]。

在本章工作中，首次通过一步水热法制备了 Co 掺杂 BiOCl 纳米片（以下记作 Co-BiOCl),并通过多种手段表征了产物的理化性质,且从光吸收、电荷分离和表面反应三个方面考察了 Co 元素的作用。此外,还通过密度泛函理论计算(DFT)进一步探索了 Co 掺杂对 BiOCl 电子结构和能带结构的影响。为了验证 Co-BiOCl 在实际应用中的可行性,选择 BPA 作为目标污染物来测试其在可见光下的催化活性。此外,检测了光催过程中的活性物质,并建立了 BPA 的降解路径,揭示了 Co-BiOCl 光催化降解 BPA 的催化机理,从而为催化剂的设计和制备提供了一种可行的新策略。

10.2 Co-BiOCl 纳米片的制备

本章涉及的所有试剂均购自国药集团化学试剂有限公司,品级为分析纯,无需进一步提纯即可直接使用。Co-BiOCl 纳米片的合成方法如下:将 0.485 g(1 mmol)硝酸铋($Bi(NO_3)_3 \cdot 5H_2O$)和 0.5 mL 曲拉通 X-100 加入 15 mL 乙二醇中,充分超声分散直至硝酸铋完全溶解形成均匀的溶液。另外,将 0.0238 g(0.1 mmol)氯化钴($CoCl_2$)、0.117 g(2 mmol)氯化钠(NaCl)和 0.546 g(3 mmol)甘露醇溶解在 15 mL 去离子水中,充分搅拌直至形成均匀的溶液。之后,将上述两种溶液快速混合,并搅拌 15 min 使反应充分进行。反应完成后,将上述反应体系转移至 50 mL 聚四氟乙烯高压水热釜中,在 160 ℃下水热反应 12 h。待冷却至室温,通过离心将固体产物分离出来,并用去离子水和乙醇分别清洗 3 次以去除残留的反应物,并将清洗后的粉体产物置于 70 ℃下进行真空干燥,干燥后即可得到 Co-BiOCl 纳米材料。作为对照组,BiOCl 也通过上述方法制备,反应体系中不添加 $CoCl_2$。

10.3 Co-BiOCl 纳米片的微观结构

10.3.1 物相表征

通过 X 射线衍射图（XRD）来表征样品的物相，样品的粉末 XRD 测试通过飞利浦 X'Pert PRO SUPER 衍射仪测定，并配有石墨单色器 Cu Kα 辐射部件（$\lambda = 1.541874$ Å）。结果如图 10.1 所示，样品的所有衍射峰均归属于四方相 BiOCl（JCPDS 标准卡片编号为 No. 06-0249），这表明 Co 掺杂后 BiOCl 主晶的晶体结构仍然保持良好，$[Bi_2O_2]^{2+}$ 层和 $[Cl_2]^{2-}$ 层交替排列的层状体系没有被破坏。此外，XRD 谱图中没有出现任何含有 Co 元素的物相的衍射峰，这说明 Co 元素在 BiOCl 主晶中高度分散且没有发生晶化。因此，通过 ICP 来检测样品中 Co 和 Bi 的相对含量，ICP 测试结果表明二者的原子比约为 1∶85，说明确实有少量 Co 掺入到 BiOCl 中。

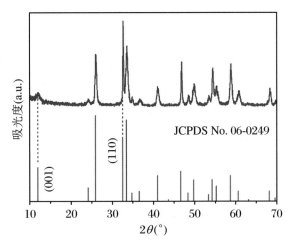

图 10.1 样品的 XRD 谱图

仔细比较样品的 XRD 谱图和标准卡片可以发现，样品的衍射峰位置比标准卡片的出峰位置向高角方向偏移了约 0.2°，这表明 Co-BiOCl 的晶胞参数略小于 BiOCl 的标准值。考虑到 Co 原子半径明显小于 Bi，因此在 Co-BiOCl 中，

Co应当是取代式掺杂,即替换了主晶中的部分Bi,从而使得晶胞参数减小,XRD衍射峰向高角方向偏移。此外,图中11.9°的衍射峰对应于BiOCl的c轴方向,即$[Bi_2O_2]^{2+}$层和$[Cl_2]^{2-}$层交替堆叠的方向;而32.4°的衍射峰属于(110)晶面的衍射峰,与(001)晶面垂直[22]。由于(110)的峰强度明显大于(001),Co-BiOCl主要是沿着[110]方向生长,因此(110)晶面的暴露受到抑制,而与之垂直的(001)晶面则具有较高的暴露率。这一结论将结合下文HRTEM的测试结果进一步论证。

10.3.2
形貌结构

样品的扫描电子显微镜(SEM)照片是用X-650扫描电子显微分析仪和JSM-6700F场发射SEM(日本电子株式会社)拍摄的。样品的透射电子显微镜(TEM)照片是用JEM-2011 TEM(日本电子株式会社)拍摄的,电子束电压为100 kV。样品的SEM和TEM照片如图10.2所示。SEM照片显示了样品的形貌,所制备的样品具有二维片状形貌,产率高,分布均匀,平面尺寸为50～100 nm。TEM照片进一步证实了这种片状形貌,且纳米片的厚度大约为20 nm。因此,通过此方法得到的材料是形貌均匀的纳米片。此外,针对图10.2(c)中的区域采集了EDS谱图,其中除了有Bi、O和Cl三种元素的信号外,还有微弱的Co元素信号,这表明样品中确实掺入了少量的Co元素。除了以上四种元素以及Cu(铜网基底)和C(铜网上负载的碳膜)以外,未检测到其他元素的信号,证明Co-BiOCl纳米片具有较高的纯度。考虑到样品的比表面积对催化活性也有一定的影响,通过BET法测试了Co-BiOCl和BiOCl的比表面积,使用的仪器是全自动比表面积和孔隙分析仪Tristar Ⅱ 3020M(美国麦克仪器公司),结果如图10.3所示。Co-BiOCl和BiOCl的比表面积计算结果分别为17.1 $m^2 \cdot g^{-1}$和8.6 $m^2 \cdot g^{-1}$,尽管比表面积在数值上有所增加,但并未发生数量级上的改变,差别不大。

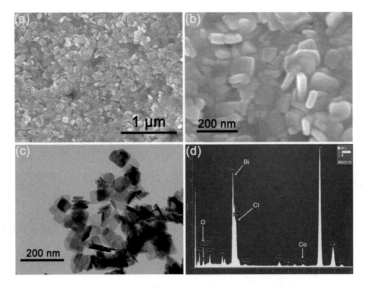

图 10.2　样品的 SEM(a)、(b)，TEM 照片(c)和 EDS 能谱(d)

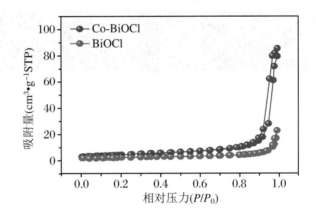

图 10.3　N_2 在 Co-BiOCl 和 BiOCl 上的吸附/脱附等温线

10.3.3

晶面暴露

高分辨透射电子显微镜(HRTEM)照片、选区电子衍射(SAED)照片和扫描透射电子显微镜(STEM)照片元素分布(EDS mapping)图是用 STEM JEM-ARM200F(日本电子株式会社)拍摄的，加速电压 200 kV。为了进一步表征 Co-BiOCl 纳米片的晶体结构，拍摄了 HRTEM 照片，如图 10.4(b)所示，拍摄的区域是图 10.4(a)中红圈标出的部分。HRTEM 照片中显示出连续、清晰的晶格条纹，量出的晶面间距为 0.29 nm，两个方向的夹角为 90°，这一结果与 BiOCl

的(110)晶面吻合。SAED 照片中相邻亮斑与中央亮斑的连线相互垂直,这对应于(110)和($1\bar{1}0$)晶面,而对角线位置的亮斑对应于(200)晶面。因此,这组 SAED 亮斑与四方相 BiOCl 的[001]晶带轴方向吻合,表明制备的样品是(001)晶面高暴露的 Co-BiOCl 纳米片。此外,EDS mapping 结果中 Co 的信号强度明显低于其他三种元素,而在纳米片区域内的 Co 元素分布均匀,没有出现局部的聚集,这表明 Co 元素掺杂量很少,且在 BiOCl 主晶中高度分散且未发生晶化。

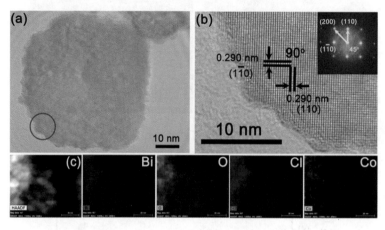

图 10.4　Co-BiOCl 纳米片的 TEM(a)和 HRTEM 照片(b),以及 STEM 照片(c)和 EDS mapping 图,(b)中的内插图是对应区域的 SAED 照片

10.3.4
元素组成与化合态

Co-BiOCl 和 BiOCl 元素组成及价态的比较通过 X 射线光电子能谱仪(XPS)ESCALAB 250(美国赛默飞科技股份有限公司)测定。测试结果如图 10.5 所示,所有谱图已对 C 1s 峰的标准值(284.6 eV)进行校正。其中,Bi 4f 的 XPS 信号包含两个主峰,其结合能差值为 5.4 eV,这与 Bi^{3+} 的 $4f_{7/2}$ 和 $4f_{5/2}$ 理论值吻合。比较 Co-BiOCl 和 BiOCl 的 Bi 4f 信号可以发现,Co-BiOCl 出峰位置对应的结合能更高。结合之前 XRD 的测试结果,Co 掺杂后材料的晶胞参数减小,说明 Bi 原子与周围的 O 原子距离更近,而 O 的电负性远大于 Bi,故 Bi 周围的电子云密度下降,Bi 4f 电子的结合能有所增大。O 1s 高分辨谱中主峰位置大约在 530 eV 处,此结果对应于 Co-BiOCl 中的 O^{2-},而大约在 533 eV 位置处还有一个较弱的信号峰,对应于晶体中的氧空位,通过水热法制备的 Co-BiOCl 和

BiOCl 均含有少量氧空位。此外,Cl 2p 高分辨谱(图 10.5(d))中两个主峰的结合能差值为 4.4 eV,对应于 Cl$^-$ 的 2p$_{3/2}$ 和 2p$_{1/2}$。而 Co 2p 的信号仅出现于 Co-BiOCl 的样品中,BiOCl 样品未检测到 Co 的信号,且两个主峰的结合能差值为 15.5 eV,对应于 Co—O 键中 Co 2p 的特征值,这也暗示了 Co 在 BiOCl 主晶中取代了 Bi 的位置并与 O 成键[36-37]。此外,通过 XPS 价带谱测定了 Co-BiOCl 和 BiOCl 的价带顶势能,结果分别为 2.39 eV 和 2.55 eV,即 Co 掺杂后 BiOCl 的价带顶势能轻微地下降了 0.16 eV。

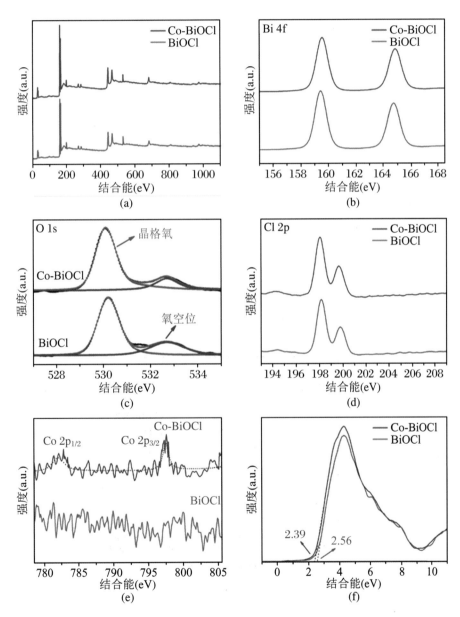

图 10.5 Co-BiOCl 和 BiOCl 的 XPS 测试结果,分别为总谱(a),Bi 4f(b)、O 1s(c)、Cl 2p(d)和 Co 2p(e)的高分辨谱,以及价带谱(f)

10.3.5 Co 元素的存在形式

Co-BiOCl 和 BiOCl 的拉曼（Raman）光谱如图 10.6 所示。Raman 光谱仪型号为 LabRAM HR Evolution（日本堀场仪器有限公司），激光发射器波长为 633 nm。BiOCl 的光谱中出现了 3 个信号峰，对应的出峰位置分别为 143.6 cm^{-1}、199.2 cm^{-1} 和 395.5 cm^{-1}，其中，143.6 cm^{-1} 和 199.2 cm^{-1} 的峰对应于 Bi—Cl 键的伸缩震动，而 395.5 cm^{-1} 处还有一个强度很低的峰，对应于 O 原子的振动[29]。在 Co-BiOCl 中，395.5 cm^{-1} 的峰几乎消失，且 142.2 cm^{-1} 和 196.9 cm^{-1} 的峰与 BiOCl 相比发生了轻微的蓝移。这表明 Co 元素的引入使得 BiOCl 主晶发生了化学重整，且使得 BiOCl 晶格转化为 Co-BiOCl 晶格并产生相应的屈服应力[28]。因此，结合 XRD、XPS 和 Raman 的测试结果可以得出结论，在 Co-BiOCl 纳米片中，Co 部分地取代了 [Bi$_2$O$_2$]$^{2+}$ 层中 Bi 的位置。另外，有文献报道，在 BiOCl 晶体中，Bi 与 O 通过强烈的共价结合形成 [Bi$_2$O$_2$]$^{2+}$ 层，而 Bi 与 Cl 则仅通过非化学键的范德华力结合[29]。那么，在 Co-BiOCl 晶体中，Co 也应当在 [Bi$_2$O$_2$]$^{2+}$ 层中与 O 键合并形成 Co—O 键，而不是在 [Cl$_2$]$^{2-}$ 层中与 Cl 键合。上述 XRD、HRTEM、SAED、EDS mapping、XPS 以及 Raman 的测试结果证实了制备的材料是有少量 Co 掺杂的（001）晶面的高暴露的 BiOCl 纳米片，且 Co 存在于 [Bi$_2$O$_2$]$^{2+}$ 层中部分地取代了 Bi 的位置并与 O 键合。

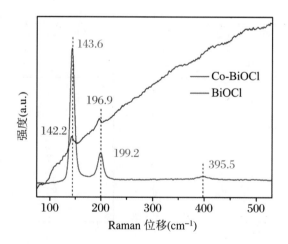

图 10.6　Co-BiOCl 和 BiOCl 的 Raman 光谱

10.4 钴掺杂产生的影响

10.4.1 光学性质与能带结构

光催化剂的催化活性由三个因素决定:光吸收效率、电荷分离效率和表面电荷转移效率,其关系符合以下公式:

$$\eta_{PC} = \eta_{LA} \times \eta_{CS} \times \eta_{CI} \tag{10.1}$$

式中,η_{PC}、η_{LA}、η_{CS} 和 η_{CI} 分别表示光催化活性(Photocatalysis)、光吸收效率(Light Absorption)、电荷分离效率(Charge Separation)和表面电荷转移效率(Charge Injection),而这三方面效率均有可能受到掺杂的影响并发生改变。

首先,能带结构是光催化剂的重要性能参数,它不仅直接决定了催化剂的光学性质,同时也能够在很大程度上影响催化剂的氧化/还原能力。因此,通过紫外可见分光光度计 Solid 3700(日本岛津制作所有限公司)测定了 Co-BiOCl 和 BiOCl 的 UV-Vis 漫反射谱,如图 10.7(a)所示。测试结果表明,二者均对紫外光具有强烈的吸收作用,且本征吸收边的位置非常接近(约 380 nm),这就表明 Co-BiOCl 和 BiOCl 均能够被紫外光激发。半导体的禁带宽度可以根据 Tauc 方程计算[14]:

$$\alpha(h\nu) = A(h\nu - E_g)^{n/2} \tag{10.2}$$

式中,α、$h\nu$、A 和 E_g 分别是吸收系数、光子能、常数和禁带宽度;而 n 的值取决于半导体本身的性质,BiOCl 为间接带隙半导体,n 取值为 4。

计算出的 Tauc 曲线如图 10.7(a)内插图所示,Co-BiOCl 和 BiOCl 的禁带宽度分别为 3.09 eV 和 3.17 eV。这就表明,由于 Co 的掺杂很低,主晶仍然是 BiOCl,其本征带隙并未发生显著改变。结合价带顶势能的数值可以得到 Co-BiOCl 和 BiOCl 的导带底势能,分别为 -0.70 eV 和 -0.61 eV,能带结构如图 10.7(b)所示。

然而，在图10.7(a)的Co-BiOCl漫反射谱中，其吸收边之后出现了明显的拖尾，范围覆盖了整个可见光区域。因此，尽管可见光的波长大于Co-BiOCl的吸收边(380 nm)，但Co-BiOCl仍可以对可见光产生响应。作为对照组的BiOCl则完全不具有可见光响应。有研究表明，掺杂导致的晶体结构变化能够在一定程度上使半导体的电子结构发生重整，从而改变其光学性质，而通常在主晶表面和浅晶格中进行的掺杂倾向于在价带顶和导带底之间形成一个额外的掺杂能级而不直接改变禁带宽度，对应到漫反射谱上就是使吸收边产生拖尾现象，但不改变吸收边的位置[29]。与BiOCl相比，Co-BiOCl的吸收边几乎没有发生红移，而在可见光区域产生了明显的拖尾，这就暗示了Co元素主要分布在BiOCl表面和浅晶格中，并形成掺杂能级，从而使Co-BiOCl产生强烈的可见光响应。

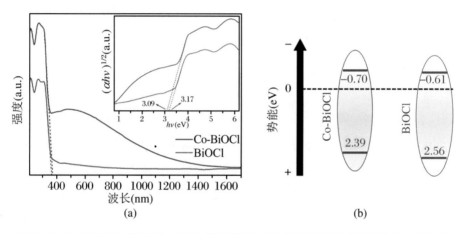

图10.7 Co-BiOCl和BiOCl的UV-Vis漫反射谱(a)和能带结构示意图(b)，(a)中的内插图是对应的Tauc曲线

10.4.2

电化学性质

本章涉及的电化学测试均是在自制的三电极反应池中进行的。测定电化学阻抗谱(EIS)和Mott-Schottky曲线时，工作电极为负载催化剂的玻璃碳电极(CG)；而测试光电流响应时，工作电极为负载催化剂的氟掺杂二氧化锡(FTO)导电玻璃。参比电极为Ag/AgCl(KCl 3 mol·L^{-1})电极，对电极为铂丝(Pt)电极。EIS测试时使用的电解液为$K_3[Fe(CN)_6]$和$K_4[Fe(CN)_6]$混合溶液，二者

浓度均为 0.05 mol·L^{-1},工作电极施加的电压为 0.2 V,频率范围为 $10^6 \sim 10^{-2}$ Hz,电压振幅为 5 mV。测 Mott-Schottky 曲线时,电解液为 0.1 mol·L^{-1} 的 Na_2SO_4 溶液,频率固定为 1 kHz,电压范围为 0~1.0 V。测试光电流响应时所使用的电解液分别为 0.1 mol·L^{-1} Na_2SO_4 纯溶液和 0.1 mol·L^{-1} Na_2SO_4 + $K_2S_2O_8$ 混合溶液,采集 i-t 曲线,持续 850 s,每隔 50 s 切换一次加光/避光状态,初始的 50 s 为避光,对工作电极施加的偏压为 0.2 V。供电和数据采集均通过计算机控制的 CHI 660E 电化学工作站(中国上海辰华仪器有限公司),测试光电流时使用功率为 500 W 的氙灯作为光源,并配以 300 nm 截止滤波片。

接着,为了考察载流子分离效率,测试了 Co-BiOCl 和 BiOCl 的 EIS 谱和 Mott-Schottky 曲线,如图 10.8(a)和图 10.8(b)所示。如图 10.8(a)所示,EIS 谱中 Co-BiOCl 的曲率半径明显小于 BiOCl 的,表明 Co 的引入有效降低了材料的阻抗,提升了载流子输运效率。半导体载流子密度(N_d)可通过以下公式计算[21]:

$$N_d = 2/(e_0 \varepsilon \varepsilon_0) [d(C^{-2})/dV]^{-1} \tag{10.3}$$

式中,e_0 是电子的电荷,ε 和 ε_0 别是半导体的介电常数和真空介电常数,而式中 $d(C^{-2})/dV$ 这部分对应于 Mott-Schottky 曲线线性段的斜率。因此,半导体的载流子密度与 Mott-Schottky 曲线线性段的斜率成反比。Co-BiOCl 和 BiOCl 的 Mott-Schottky 曲线如图 10.8(b)所示,Co-BiOCl 对应的线性段斜率略小于 BiOCl,说明 Co-BiOCl 的载流子密度与 BiOCl 相比有所提升。因此,EIS 谱和 Mott-Schottky 曲线的结果表明,Co 的引入改善了 BiOCl 的电化学性质,提升了载流子的分离与输运效率,这对于光催化活性的提升是有利的。

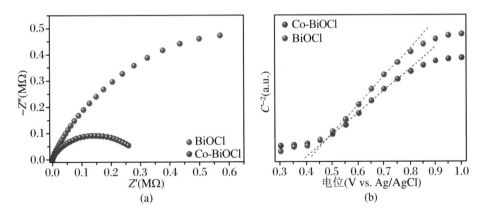

图 10.8 Co-BiOCl 和 BiOCl 的 EIS 谱(a)、Mott-Schottky 曲线(b)以及在 Na_2SO_4 纯溶液(c)和 Na_2SO_4 + $K_2S_2O_8$ 混合溶液(d)中测试的光电流响应

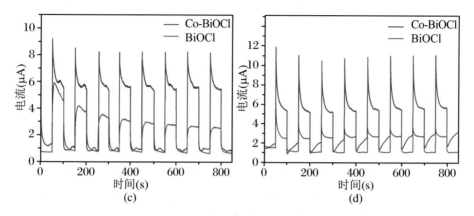

图 10.8(续)　Co-BiOCl 和 BiOCl 的 EIS 谱(a)、Mott-Schottky 曲线(b)以及在 Na_2SO_4 纯溶液(c)和 $Na_2SO_4 + K_2S_2O_8$ 混合溶液(d)中测试的光电流响应

最后,通过光电流测试来考察 Co-BiOCl 和 BiOCl 的表面电荷转移效率。其中,考虑到 Co-BiOCl 和 BiOCl 对紫外光都有较强的吸收,因此采用紫外光作为光源。根据 UV-Vis 漫反射谱(图 10.7(a)),Co-BiOCl 的光吸收效率是 BiOCl 的 1.7 倍,即式(10.1)中 η_{LA} 这一项已经明确,那么该方程可以简化如下:

$$I^{UV} = \eta_{CS} \times \eta_{CI} \tag{10.4}$$

式中,I^{UV} 为紫外光下的光电流响应值,相应的测试结果如图 10.8(c)所示。Co-BiOCl 和 BiOCl 均能产生光电流响应,但响应信号趋于稳定后 Co-BiOCl 的响应强度是 BiOCl 的 3.2 倍,即

$$\frac{I^{UV}(\text{Co-BiOCl})}{I^{UV}(\text{BiOCl})} = 3.2 \tag{10.5}$$

此时,光电流响应的强度仍然受到有两个因素的影响,即 η_{CS} 和 η_{CI}。因此,在电解液中 $K_2S_2O_8$(公式中记作 KSO)作为电子捕获剂,使催化剂表面电荷转移效率达到最大($\eta_{CI}^{KSO} = 1$)。[5] 此时,式(10.4)可以进一步简化如下:

$$I^{UV+KSO} = \eta_{CS} \tag{10.6}$$

式中,I^{UV+KSO} 为待测材料在含有 $K_2S_2O_8$ 的电解液中对紫外光产生的光电流响应,相应的测试结果如图 10.8(d)所示。信号稳定后,Co-BiOCl 的响应强度是 BiOCl 的 3.3 倍,即

$$\frac{I^{UV+KSO}(\text{Co-BiOCl})}{I^{UV+KSO}(\text{BiOCl})} = 3.3 \tag{10.7}$$

考虑到 η_{LA} 这一项中 Co-BiOCl 是 BiOCl 的 1.7 倍,因此 Co-BiOCl 的 η_{CS} 这一项应当是 BiOCl 的 1.9 倍,即 Co-BiOCl 的载流子分离效率是 BiOCl 的 1.9 倍,再次证实了 Co 的引入改善了 BiOCl 的电化学性质,与 EIS 谱和 Mott-Schottky 曲线的结果是一致的。考虑到实验过程中难免会存在由人工操作而产生的误差,因此式(10.5)和式(10.7)的结果没有显著差别,二者是近似相等的:

$$\frac{I^{\text{UV+KSO}}(\text{Co-BiOCl})}{I^{\text{UV+KSO}}(\text{BiOCl})} = \frac{I^{\text{UV}}(\text{Co-BiOCl})}{I^{\text{UV}}(\text{BiOCl})} \qquad (10.8)$$

即

$$\frac{\eta_{\text{CS}}(\text{Co-BiOCl})}{\eta_{\text{CS}}(\text{BiOCl})} = \frac{\eta_{\text{CS}}(\text{Co-BiOCl}) \times \eta_{\text{CI}}(\text{Co-BiOCl})}{\eta_{\text{CS}}(\text{BiOCl}) \times \eta_{\text{CI}}(\text{BiOCl})} \qquad (10.9)$$

简化后可得

$$\eta_{\text{CI}}(\text{Co-BiOCl}) = \eta_{\text{CI}}(\text{BiOCl}) \qquad (10.10)$$

这一结果表明，Co-BiOCl 和 BiOCl 的表面电荷转移效率相等。换言之，BiOCl 表面和浅晶格中掺入的 Co 不能成为载流子从半导体表面注入反应物分子的额外通道（即活性位点）。

10.4.3
Co 掺杂的作用

上述结果表明引入的 Co 元素具有两个作用：一是在 BiOCl 的价带顶和导带底之间形成掺杂能级，价带的电子首先借由 Co^{2+} 和 Co^{3+} 的互变作用达到掺杂能级，之后再被可见光激发到导带[28]；二是优化了 BiOCl 的电化学性质，使载流子分离效率提升了 1.9 倍。这两个作用对光催化活性的提升都是有利的。

10.5
Co-BiOCl 纳米片光催化降解双酚 A

10.5.1
降解性能

本节工作采用 BPA 作为测试催化剂催化活性的目标污染物，Co-BiOCl 纳米片可见光催化降解 BPA 在室温下进行，采用 500 W 氙灯作为光源，并配以 420 nm 截止滤波片。开始实验之前，将 20 mg Co-BiOCl 纳米片光催化剂加入到 30 mL 浓度为 10 mg·L^{-1} 的 BPA 水溶液中，之后在黑暗中搅拌 60 min 保证达到吸附/脱附平衡。接着，在光照和持续搅拌中以固定的时间间隔取样，并立即高速离心将样品中的催化剂分离出来。TTCH 浓度通过高效液相色谱（HPLC）(1260 Infinity,美国安捷伦科技股份有限公司)进行测定，色谱柱为安捷伦 Eclipse XDB-C18 柱(4.6 mm×150 mm)，柱温为 30 ℃。测定 BPA 浓度时，流动相为 50%乙腈和 50%去离子水(含 0.1%甲酸)，流速为 1.0 mL·min^{-1}，检测波长为 273 nm。图 10.9(a)为相应的测试结果。在 2 h 光照反应后，仅有不到 10% 的 BPA 被商品化 TiO$_2$(P25)所去除。而 BiOCl 则去除了约 20% 的 BPA，这部分催化活性应当是由其自身的晶格缺陷(氧空位)所造成的。然而，Co-BiOCl 纳米片的降解效果明显优于对照组，相同时间内有超过 95% 的 BPA 被降解。此外，Co-BiOCl 纳米片具有良好的稳定性，循环 5 次后仍能保持 90% 以上的催化活性(如图 10.10 所示)，且通过 ICP 测得的 Co 与 Bi 原子比仍为 1∶85，掺入的 Co 基本不会脱出。

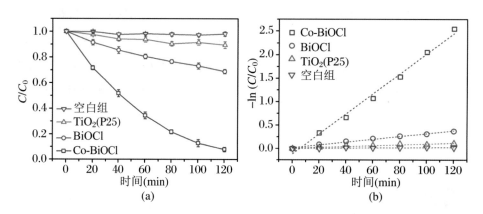

图 10.9　BPA 降解曲线(a)和动力学曲线(b)

接着，通过对 BPA 降解过程进行了动力学拟合来定量地比较这些催化剂的活性。考虑到 BPA 浓度较低，选用准一级动力学模型，计算出的动力学曲线如图 10.9(b)所示。对于准一级动力学模型，动力学曲线的斜率就是对应的动力学常数，Co-BiOCl 和 BiOCl 的动力学常数分别为 0.021 min^{-1} 和 0.003 min^{-1}，对比表面积进行归一化后的结果为 1.23 mg·m^{-2}·min^{-1} 和 0.35 mg·m^{-2}·min^{-1}。因此，Co-BiOCl 的本征催化活性是 BiOCl 的 3.5 倍。

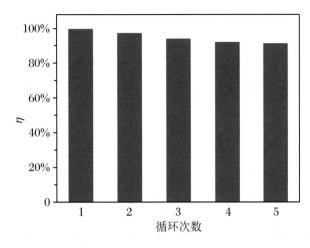

图 10.10　Co-BiOCl 循环稳定性测试结果

10.5.2
自由基产生与转化

　　光催化降解有机物在很大程度上依赖于光生空穴的氧化能力和催化剂产生活性氧自由基（ROS）的效率。通过电子顺磁共振（EPR）（JES-FA200，日本电子株式会社）测试和 TPA 荧光法检测光催化过程中产生的·O_2^-、·OOH 和·OH，用于检测活性自由基。EPR 测试中所用的捕获剂为 5,5-二甲基-1-吡咯啉-N-氧化物（DMPO），·O_2^- 的检测在甲醇相体系中进行，·OOH 的检测在水相体系中进行。此外，还采用对苯二甲酸（TPA）来检测·OH。测试结果如图 10.11 所示。图 10.11(a) 中强度相等的四重峰和图 10.11(b) 中 1:2:1:2:1:2:1 的七重峰分别是 DMP 捕获·O_2^- 和·OOH 产生的 DMPO·O_2^- 和 DMPOX 的特征信号。测试结果表明，Co-BiOCl 在可见光下能产生强烈的自由基信号，而 BiOCl 则几乎没有信号。图 10.11(c) 和图 10.11(d) 中 420 nm 处的荧光发射峰是 TPA·OH 的特征信号，测试结果与 EPR 相似，Co-BiOCl 能产生强烈的荧光发射峰，而 BiOCl 的荧光信号则没有显著变化。这一结果表明，Co-BiOCl 能够在可见光下产生·O_2^-、·OOH 和·OH，从而有效地降解有机污染物；而 BiOCl 对可见光没有响应，不能产生这些活性物质。考虑到 Co-BiOCl 的价带顶势能是 2.39 eV，满足 OH^-/·OH 的反应势垒 2.38 eV，因此，·OH 既可以通过价带的空穴直接氧化产生，也可以通过导带的电子还原 O_2 间接产生，即

$$h^+ + H_2O \longrightarrow \cdot OH + H^+ \quad (10.11)$$

$$O_2 + e^- \longrightarrow \cdot O_2^- \tag{10.12}$$

$$\cdot O_2^- + H_2O \longrightarrow \cdot OOH + OH^- \tag{10.13}$$

$$\cdot OOH + 2e^- + H_2O \longrightarrow \cdot OH + 2OH^- \tag{10.14}$$

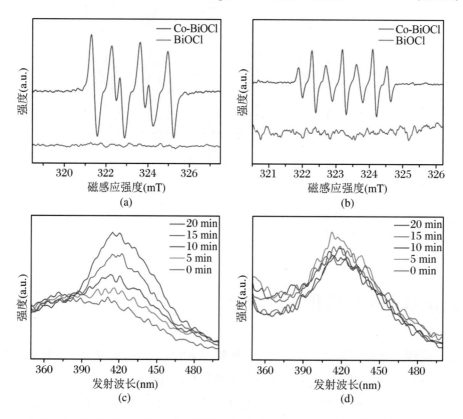

图 10.11 Co-BiOCl 和 BiOCl 的 DMPO·O_2^-(a)和 DMPOX(b)的 EPR 信号，以及 Co-BiOCl(c)和 BiOCl(d)的 TPA·OH 的荧光发射谱

10.5.3 主要活性物质

通过自由基清除试验来验证各种活性物质在 BPA 降解过程中发挥的作用，草酸钠($Na_2C_2O_4$)用于清除光生空穴，叔丁醇(TBA)用于清除·OH，对苯醌(PBQ)用于清除·O_2^-，以及曝 N_2 来去除溶解氧，测试结果如图 10.12(a)所示，相应的动力学常数如图 10.12(b)所示。结果表明，四种清除剂均能不同程度地抑制 BPA 降解，其中 $Na_2C_2O_4$ 的抑制作用明显强于其他清除剂。因此，光生空穴是最主要的活性物质，各种活性物质的贡献依次为 $h^+ > \cdot O_2^- > \cdot OH$。此

外,还用 GC-MS 检测了 BPA 降解过程中的中间产物,并给出了 BPA 可能的降解路径,如图 10.13 所示。测试结果与前几章类似,故不再赘述。

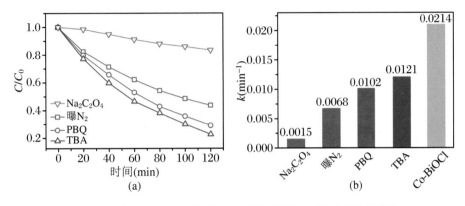

图 10.12　加入清除剂后 Co-BiOCl 降解 BPA 的降解曲线(a)和动力学常数(b)

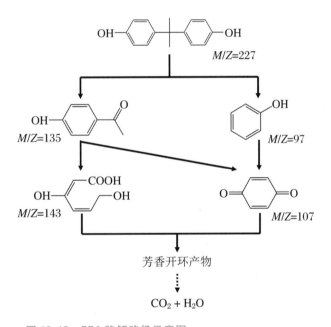

图 10.13　BPA 降解路径示意图

10.5.4

双酚 A 降解路径

降解过程中间产物通过气相色谱质谱联用系统(GC-MS)来检测,仪器型号为 7890B GC System 和 5977B MDS(美国安捷伦科技股份有限公司)。

10.6 钴掺杂的增效机制

10.6.1 理论计算

基于 XRD 物相分析的结果，制备的 BiOCl 晶体结构属于 P4/nmm S1 空间群，是$[Bi_2O_2]^{2+}$层与两层$[Cl_2]^{2-}$重复交叠的一种层状结构[33]。本节采用周期性表面平板模型来模拟 BiOCl 的(001)晶面和 Co-BiOCl 的(001)晶面。在 Co-BiOCl 模型中，用一个 Co 原子替换了 2×2 的超晶胞表面的一个 Bi 原子。DFT 计算是采用的 CASTEP 计算模块中的周期性平面波赝势方法，该方法中的交换作用项采用基于广义梯度近似的 Perdew-Burke-Ernzerhof 泛函（GGA-PBE）描述。[34-35] 几何优化过程采用 Broyden-Fletcher-Goldfarb-Shanno（BFGS）极小化算法，BiOCl 和 Co-BiOCl 中所有的原子均被松弛优化到最稳定的位置，相应的截断能设置为 300 eV，k 点设置为 2×2×1，能量和力的收敛标准分别设置为 $2×10^{-5}$ eV·atom^{-1} 和 0.05 eV·Å^{-1}。而在计算电子结构时，将截断能和 k 点分别增加到 340 eV 和 5×5×1，并且对 Co-BiOCl 采用 GGA+U 算法进行进一步校正，施加于 Co 原子的 U 值为 2.5 eV。

为了从电子结构的层面来考察 Co 掺杂对 BiOCl 纳米片的影响，通过 DFT 计算分别模拟了 Co 掺杂前后 BiOCl(001)晶面的能带结构和态密度，如图 10.14 所示。态密度计算结果显示 Co 掺杂前后的 BiOCl 的价带和导带的位置几乎未发生改变。但 Co-BiOCl 的价带顶和导带底之间出现了一个额外的掺杂能级，这个掺杂能级主要是由 Co 的 3d 轨道和少量的 O 2p 轨道构成的。结合测量的价带顶(2.39 eV)和导带底(-0.70 eV)势能，算出 Co 掺杂能级位于 1.19 eV 附近。同时，这一结果再次证实了掺杂的 Co 原子与 O 原子在$[Bi_2O_2]^{2+}$层中形成了 Co—O 键，这也与几何优化后的掺杂结构中 Co 向 O 原子层移动相吻合。因此，掺杂的 Co 诱导 O 2p 轨道在 BiOCl 价带顶和导带底之间形成掺杂能级，提升了可见光吸收效率和载流子分离效率，从而提高了材料的可见光催化活性。

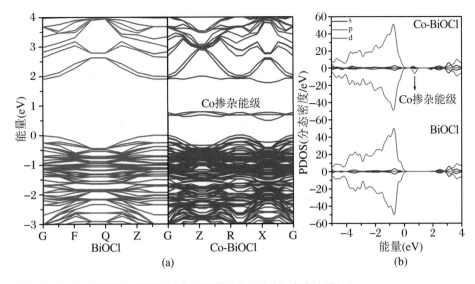

图 10.14　Co-BiOCl 和 BiOCl 的电子能带结构图(a)和态密度图(b)

10.6.2
Co-BiOCl 纳米片降解双酚 A 的反应机理

基于上述结果,建立了 Co-BiOCl 纳米片可见光催化降解 BPA 的反应模型,如图 10.15 所示。首先,价带的电子借由 Co^{2+} 和 Co^{3+} 的互变作用达到掺杂能级,之后再被可见光激发到导带,从而实现可见光吸收和载流子分离;接着,到达催化剂表面的载流子与 O_2 和 H_2O 反应并产生大量活性氧自由基;最终,BPA 分子被光生空穴以及产生的自由基降解,并矿化成 CO_2 和 H_2O。

本章通过一步水热法制备了 Co-BiOCl 纳米片,Co 元素主要分布在 BiOCl 主晶的表面和浅晶格中。引入的 Co 元素具有两方面作用:一方面,在 BiOCl 的价带顶和导带底之间形成掺杂能级,作为电子从价带激发到导带的"台阶",实现可见光响应;另一方面,Co 元素还优化了 BiOCl 的电化学性质,使载流子分离效率提升了 1.9 倍。因此,Co-BiOCl 具有良好的可见光催化活性,能够有效降解 BPA,本征催化活性是 BiOCl 的 3.5 倍。DFT 计算的结果进一步验证了上述结论,并给出了 Co 掺杂能级在 BiOCl 禁带中所处的位置。此外,Co-BiOCl 纳米片具有良好的稳定性,光生空穴是降解过程中的主要活性物质,还给出了 BPA 可能的降解路径。本章的工作不仅证实 Co-BiOCl 在处理有机污染方面的应用前景,也为光催化剂的设计和改性提供了新的思路。

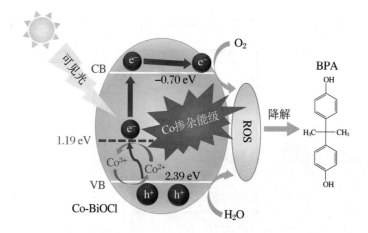

图 10.15　Co-BiOCl 纳米片光催化降解 BPA 的反应机理示意图

参考文献

[1] Ye L, Su Y, Jin X, et al. Recent advances in BiOX (X = Cl, Br and I) photocatalysts: synthesis, modification, facet effects and mechanisms[J]. Environ. Sci.: Nano, 2014, 1: 90-112.

[2] Li J, Li H, Zhan G, et al. Solar water splitting and nitrogen fixation with layered bismuth oxyhalides[J]. Acc. Chem. Res., 2017, 50: 112-121.

[3] Li J, Yu Y, Zhang L. Bismuth oxyhalide nanomaterials: layered structures meet photocatalysis[J]. Nanoscale, 2014, 6: 8473-8488.

[4] Ganose A M, Cuff M, Butler K T, et al. Interplay of orbital and relativistic effects in bismuth oxyhalides: BiOF, BiOCl, BiOBr, and BiOI[J]. Chem. Mater., 2016, 28: 1980-1984.

[5] Sun L, Xiang L, Zhao X, et al. Enhanced visible-vight photocatalytic activity of BiOI/BiOCl heterojunctions: key role of crystal facet combination [J]. ACS Catal., 2015, 5: 3540-3551.

[6] Li J, Cai, L, Shang J, et al. Giant enhancement of internal electric field boosting bulk charge separation for photocatalysis[J]. Adv. Mater., 2016, 28: 4059-4064.

[7] Wu S, Xiong J, Sun J, et al. Hydroxyl-dependent evolution of oxygen vacancies enables the regeneration of BiOCl photocatalyst[J]. ACS Appl. Mater. Interfaces, 2017, 9: 16620-16626.

[8] Tian F, Zhang Y, Li G, et al. Thickness-tunable solvothermal synthesis of BiOCl nanosheets and their photosensitization catalytic performance[J]. New J. Chem., 2015, 39: 1274-1280.

[9] Li K, Tang Y, Xu Y, et al. A BiOCl film synthesis from Bi_2O_3 film and its UV and visible light photocatalytic activity[J]. Appl. Catal. B: Environ., 2013, 140-141: 179-188.

[10] Barbero N, Vione D. Why dyes should not be used to test the photocatalytic activity of semiconductor oxides[J]. Environ. Sci. Technol., 2016, 50: 2130-2131.

[11] Wang C Y, Zhang X, Song X N, et al. Novel $Bi_{12}O_{15}Cl_6$ photocatalyst for the degradation of bisphenol A under visible-light irradiation[J]. ACS Appl. Mater. Interfaces, 2016, 8: 5320-5326.

[12] Wang C Y, Zhang X, Qiu H B, et al. Photocatalytic degradation of bisphenol A by oxygen-rich and highly visible-light responsive $Bi_{12}O_{17}Cl_2$ nanobelts.[J] Appl. Catal. B: Environ., 2017, 200: 659-665.

[13] Zhang X, Wang L W, Wang C Y, et al. Synthesis of $BiOCl_xBr_{1-x}$ nanoplate solid solutions as a robust photocatalyst with tunable band structure[J]. Chem. Eur. J., 2015, 21: 11872-11877.

[14] Guan M, Xiao C, Zhang J, et al. Vacancy associates promoting solar-driven photocatalytic activity of ultrathin bismuth oxychloride nanosheets[J]. J. Am. Chem. Soc., 2013, 135: 10411-10417.

[15] Dong F, Li Q, Sun Y, et al. Noble metal-like behavior of plasmonic Bi particles as a cocatalyst deposited on $(BiO)_2CO_3$ microspheres for efficient visible light photocatalysis[J]. ACS Catal., 2014, 4: 4341-4350.

[16] Li H, Shang J, Zhu H, et al. Oxygen vacancy structure associated photocatalytic water oxidation of BiOCl[J]. ACS Catal., 2016, 6: 8276-8285.

[17] Pan M, Zhang H, Gao G, et al. Facet-dependent catalytic activity of nanosheet-assembled bismuth oxyiodide microspheres in degradation of bisphenol A[J]. Environ. Sci. Technol., 2015, 49: 6240-6248.

[18] Li H, Shang J, Yang Z, et al. Oxygen vacancy associated surface fenton chemistry: surface structure dependent hydroxyl radicals generation and substrate dependent reactivity[J]. Environ. Sci. Technol., 2017, 51: 5685-5694.

[19] Di J, Xia J, Ji M, et al. New insight of Ag quantum dots with the improved

molecular oxygen activation ability for photocatalytic applications[J]. Appl. Catal. B: Environ., 2016, 188: 376-387.

[20] Di J, Xia J, Ji M, et al. Advanced photocatalytic performance of graphene-like BN modified BiOBr flower-like materials for the removal of pollutants and mechanism insight[J]. Appl. Catal. B: Environ., 2016, 183: 254-262.

[21] Zhang L, Han Z, Wang W, et al. Solar-light-driven pure water splitting with ultrathin BiOCl nanosheets[J]. Chem. Eur. J., 2015, 21: 18089-18094.

[22] Chang X, Wang S, Qi Q, et al. Constrained growth of ultrasmall BiOCl nanodiscs with a low percentage of exposed {001} facets and their enhanced photoreactivity under visible light irradiation[J]. Appl. Catal. B: Environ., 2015, 176-177: 201-211.

[23] Xiao X, Liu C, Hu R, et al. Oxygen-rich bismuth oxyhalides: generalized one-pot synthesis, band structures and visible-light photocatalytic properties [J]. J. Mater. Chem., 2012, 22: 22840-22843.

[24] Yu N, Chen Y, Zhang W, et al. Preparation of Yb^{3+}/Er^{3+} Co-doped BiOCl sheets as efficient visible-light-driven photocatalysts[J]. Mater. Lett., 2016, 179: 154-157.

[25] Huang C, Hu J, Cong S, et al. Hierarchical BiOCl microflowers with improved visible-light-driven photocatalytic activity by Fe(Ⅲ) modification [J]. Appl. Catal. B: Environ., 2015, 174-175: 105-112.

[26] Fujito H, Kunioku H, Kato D, et al. Layered perovskite oxychloride Bi_4NbO_8Cl: a stable visible light responsive photocatalyst for water splitting [J]. J. Am. Chem. Soc., 2016, 138: 2082-2085.

[27] Wu D, Yue S, Wang W, et al. Boron doped BiOBr nanosheets with enhanced photocatalytic inactivation of *Escherichia coli*[J]. Appl. Catal. B: Environ., 2016, 192: 35-45.

[28] Mi Y, Wen L, Wang Z, et al. Fe(Ⅲ) modified BiOCl ultrathin nanosheet towards high-efficient visible-light photocatalyst[J]. Nano Energy, 2016, 30: 109-117.

[29] Li J, Zhao K, Yu Y, et al. Facet-level mechanistic insights into general homogeneous carbon doping for enhanced solar-to-hydrogen conversion[J]. Adv. Funct. Mater., 2015, 25: 2189-2201.

[30] Wu Z, Wang J, Han L, et al. Supramolecular gel-assisted synthesis of double

shelled Co＠CoO＠N-C/C nanoparticles with synergistic electrocatalytic activity for the oxygen reduction reaction[J]. Nanoscale, 2016, 8: 4681-4687.

[31] Xu X, Su C, Zhou W, et al. Co-doping strategy for developing perovskite oxides as highly efficient electrocatalysts for oxygen evolution reaction[J]. Adv. Sci., 2016, 3: 1500187-1500192.

[32] Staszak-Jirkovsky J, Malliakas C D, Lopes P P, et al. Design of active and stable Co-Mo-S_x chalcogels as pH-universal catalysts for the hydrogen evolution reaction[J]. Nat. Mater., 2016, 15: 197-203.

[33] Xiong J, Cheng G, Li G, et al. Well-crystallized square-like 2D BiOCl nanoplates: mannitol-assisted hydrothermal synthesis and improved visible-light-driven photocatalytic performance[J]. RSC Adv., 2011, 1: 1542-1553.

[34] Segall M D, Lindan P J D, Probert M J, et al. First-principles simulation: ideas, illustrations and the CASTEP code[J]. J. Phys.: Condens. Matter, 2002, 14: 2717-2744.

[35] Perdew J P, Burke K, Ernzerhof M. Generalized gradient approximation made simple[J]. Phys. Rev. Lett., 1996, 77: 3865-3868.

[36] Meng C, Ling T, Ma T Y, et al. Atomically and electronically coupled Pt and CoO hybrid nanocatalysts for enhanced electrocatalytic performance[J]. Adv. Mater., 2017, 29: 1604607-1604613.

[37] Liang Y, Li Y, Wang H, et al. Co_3O_4 nanocrystals on graphene as a synergistic catalyst for oxygen reduction reaction[J]. Nat. Mater., 2011, 10: 780-786.

第 11 章

硫掺杂 BiOBr 纳米片可见光催化降解双酚 A

11.1 引言

如前文所述，作为光催化剂，BiOBr 对于可见光的吸收效率较低。已经有很多关于调节 BiOBr 能带结构的研究，旨在提高其可见光光催化活性。构建异质结是通过提高电荷分离效率来提高其可见光催化活性的有效策略，如 BiOBr/Bi_2MoO_6、TiO_2/BiOBr 和 SnO_2/BiOBr 异质结等[1-3]。但是获得具有均匀结构的异质结仍然是一个挑战。此外，有报道称改变形貌和引入氧空位作为晶格缺陷也可以提高 BiOBr 的光催化性能[4-5]。然而，这些方法也存在其他的缺陷。例如，不同的形态对于本征光吸收的影响可忽略不计，引入氧空位可能会导致反应时间延长。因此，需要选出合适的改性策略来调节 BiOBr 的能带结构，以增强其对可见光的响应。

元素掺杂是调整半导体能带结构的一种有效策略。以往的研究表明，金属掺杂可以增强 BiOBr 的可见光响应，如 Ti、Ag 和 Fe 等[6-8]。有研究工作采用溶剂热法制备了 Fe 掺杂 BiOBr 的空心微球，Fe 离子在 Fe 掺杂中起到关键作用，促进了中空结构的自组装过程，中空结构和 Fe 掺杂促进了载流子的迁移，增强了光吸收能力，使得该材料在罗丹明 B 降解中具有优异的光催化性能[9]。然而，该方法有时对环境较为敏感，容易受到金属掺杂的光腐蚀现象的影响[10]。因此，非金属掺杂被认为是一种可以克服光腐蚀弱点的替代方法。采用两步法制备的均相非金属 C 掺杂 BiOCl，在可见光照射下比 BiOCl 具有更高的瞬态光电流响应、电荷分离和转移效率，从而提高了太阳能转化为氢的效率[11]。另外，硫化铋(Bi_2S_3)是一种带隙仅有 1.2~1.7 eV 典型的半导体材料，其可见光捕获效率高，在过氧化氢传感器、储氢、生物分子检测和太阳能电池等领域中具有潜在应用[12]。S 3d 轨道可以在掺杂过程中形成中间态，并减少光电子跃迁所需的能量[13]。S 原子可以取代 O 原子在 S 掺杂的 TiO_2 晶格中形成 Ti—S 键，从而导致吸收边缘的红移[14]。此外，由于 S 3p 态与 TiO_2 的价带（VB）（O 2p 态）的结合，TiO_2 晶体中掺杂的 S 元素有助于带隙的变窄。基于以上研究，S 掺杂 BiOBr (S-BiOBr)可能会使 BiOBr 的能带结构变窄从而促进对于可见光的吸收。然而，目前关于 S 掺杂 BiOBr 的研究较少。

本章通过简单温和的一步水热法制备了新型二维 S-BiOBr 纳米材料，表征了 S-BiOBr 的形态、晶体结构、能带结构和光电性质。选择双酚 A（BPA，一种典型的非染料有机污染物）作为目标污染物，考察可见光照射下 BPA 在 S-BiOBr 上的降解机理，并确定主要的活性物种。此外，基于密度泛函理论（DFT）计算的结果,考察了 S 掺杂 BiOBr 前后材料电子结构的差异。综合上述结果,明确了 S 掺杂改性与催化剂活性提升之间的构效关系。

11.2 S-BiOBr 纳米片的制备

本章所用试剂中,乙二醇和无水乙醇购于国药化学试剂有限公司(中国上海),其他试剂均购于阿拉丁试剂有限公司(中国上海),无需进一步提纯即可直接使用。S-BiOBr 的制备方法如下:将 1 mmol 的 $Bi(NO_3)_3 \cdot 5H_2O$ 溶于 5 mL 的乙二醇中,超声 5 min 至形成均匀的白色悬浮液。另外,在恒定磁力搅拌下,将 1 mmol 的 NaBr 和不同摩尔量(分别为 0.1 mmol、0.2 mmol 和 0.5 mmol)的硫脲(CH_4N_2S)添加到 30 mL 蒸馏水中。之后,将两种溶液混合并搅拌 5 min,移至 50 mL 反应釜中,160 ℃ 恒温反应 12 h。待反应釜冷却至室温,将样品分别用超纯水和无水乙醇清洗 3 遍,最终得到的样品在真空干燥箱中于 80 ℃ 下干燥 12 h。收集所获得的产物将用于随后的表征和光催化降解。基于添加的 S 量,样品分别记为 $S_{0.1}$-BiOBr、$S_{0.2}$-BiOBr 和 $S_{0.5}$-BiOBr。最后分别在不添加 NaBr 和 CH_4N_2S 的条件下,用与上述相同的步骤制备 BiOBr 和 Bi_2S_3。

11.3 S-BiOBr 纳米片的表征

11.3.1 物相表征

XRD 用来确定样品的物相组成,利用智能 X 射线衍射仪来测定样品的

XRD 谱图。图 11.1(a)、图 11.1(b)中对照组的衍射峰分别对应四方相 BiOBr (JCPDS 标准卡片编号为 No.09-0393)和 Bi_2S_3(JCPDS 标准卡片编号为 No.17-0320)结构。在图 11.1(a)中,S-BiOBr 样品的衍射峰也与 BiOBr 一致,表明低浓度的 S 掺杂并未改变 BiOBr 作为主体晶体的物相组成。所有的衍射峰具有尖锐的峰型并且无其他杂质峰,表明所制备的样品的结晶度和纯度较高。然而,对于 S-BiOBr,未观察到 Bi_2S_3 和其他与 S 元素相关的衍射峰,表明掺杂的 S 在 BiOBr 的主体晶体中高度分散并均匀分布。另外,在 10.9°和 32.2°处的衍射分别对应于 BiOBr 的(001)和(110)晶面。与(001)平面相比,(110)平面的信号强度更高,表明晶体沿(110)晶面方向生长,即(110)晶面被压缩,所制备的样品为(001)晶面暴露。与 BiOBr 样品相比,S-BiOBr 的衍射峰向低角度发生偏移,这表明 S 掺杂后,BiOBr 晶体的晶格参数变大。

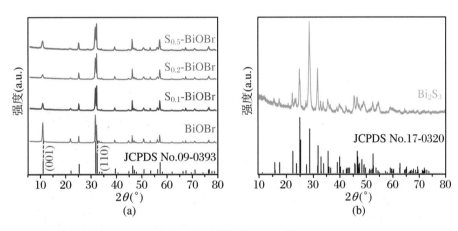

图 11.1 BiOBr、S-BiOBr(a)和 Bi_2S_3(b)样品的 XRD 谱图

11.3.2

形貌结构

样品的形貌和微观结构通过扫描电子显微镜(SEM)、透射电子显微镜(TEM)、高分辨透射电子显微镜(HRTEM)和扫描透射电子显微镜(STEM)来观察。SEM 采用日立 SU8010 扫描电子显微镜拍摄,TEM 采用 JEM 2100F 透射电子显微镜拍摄。图 11.2(a)展示了 $S_{0.2}$-BiOBr 的二维纳米片状,图 11.2(b)为 $S_{0.2}$-BiOBr 的 TEM 图,进一步证实了 $S_{0.2}$-BiOBr 纳米片的平均尺寸为 100~300 nm,平均厚度约为 10 nm,表明 S 掺杂并没有改变 BiOBr 的形状。为了详细

表征 $S_{0.2}$-BiOBr 样品的晶体结构,进行了 HRTEM 和 STEM 表征(图 11.2(c)~图 11.2(e))。在 HRTEM 图像中可以观察到 $S_{0.2}$-BiOBr 样品具有清晰且连续的晶格条纹(图 11.2(d)),两个相互垂直晶面的平均晶面间距为 0.28 nm,这与 BiOBr 的(110)和($1\bar{1}0$)晶面相匹配。另外,还根据选取电子衍射谱(SAED)确定了 BiOBr 的(110)和($1\bar{1}0$)晶面(图 11.2(d)的内插图)。因此,所制备的样品呈现出(001)晶面暴露的片状结构。这些结果进一步证实了 XRD 分子中的推论。为了考察 S-BiOBr 纳米片中的元素组成和分布,元素分布图测试证实了 S 元素的存在,结果表明,掺杂的 S 元素在 BiOBr 主体晶体中均匀分布,并且掺杂的 S 含量很低,原子百分数仅为 0.71%。

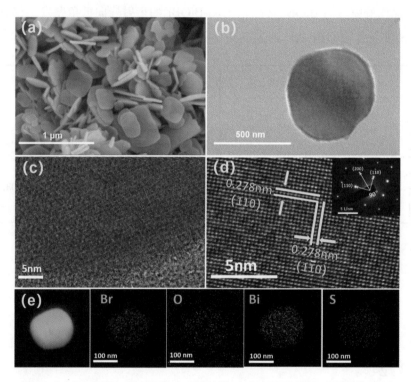

图 11.2 $S_{0.2}$-BiOBr 的 SEM(a),TEM(b)、(c),HRTEM(d),STEM 和 EDS mapping 图(e)

11.3.3

元素组成

样品的元素组成通过 XPS(Thermo Scientific K-Alpha,美国赛默飞科技股份有限公司)进行表征。图11.3(a)表明BiOBr和S-BiOBr样品由Bi、O、Br三种元素组成,与XRD结果相似,由于S元素的浓度低且分散度高,同样未检测到S元素的存在。从图11.3(b)可以看出,Br 3d信号峰可分为分裂能$\Delta=1.0$ eV的两个峰,分别对应Br $3d_{5/2}$和Br $3d_{3/2}$轨道[4]。在O 1s图谱中(图11.3(c)),530 eV处的衍射峰对应于Bi—O键形成的O^-[4,15-16]$_2$。Bi 4f的两个强衍射峰分别对应Bi $4f_{7/2}$(159 eV)和Bi $4f_{5/2}$(164.5 eV)[17-19]。159 eV和164.5 eV分别与S $2p_{3/2}$和S $2p_{1/2}$的结合能一致[20]。图11.3(b)~图11.3(d)表明,S掺杂后Bi、O和Br的XPS信号向低结合能方向移动,并且随着S掺杂量的增多,移动程度更大。由于S元素的电负性低于O元素,因此S原子很可能占据BiOBr晶体中的O原子位置,则S掺杂后Bi、O和Br原子的电子云密度增加,从而导致XPS信号向更低的结合能转移。然而,与其他不同的是,$S_{0.5}$-BiOBr的Bi、O和Br的XPS信号向更高的结合能方向移动。如图11.4所示,在金属氧化物半导体中,在530.3 eV处的峰可以对应为晶格氧,并且532.2 eV处的峰表明$S_{0.5}$-BiOBr中的氧空位被吸附的含氧物质固定,证实了氧空位的存在[21]。表11.1给出了各样品晶格氧和氧空位的峰面积值。显然,$S_{0.5}$-BiOBr中的氧空位的峰面积最大,这可能是由于晶格位点上掺杂的S原子引起的。与$S_{0.1}$-BiOBr和$S_{0.2}$-BiOBr样品相比,在制备$S_{0.5}$-BiOBr的水热过程中加入了更多的S源,并且S原子可能掺杂在BiOBr的间隙晶格位点上,因此需要在$S_{0.5}$-BiOBr中产生更多的氧空位,以平衡主体晶体的电荷。所以,主体晶体中这些多余的S原子会降低其他元素的电子云密度,从而导致$S_{0.5}$-BiOBr的XPS信号向更高的结合能偏移。

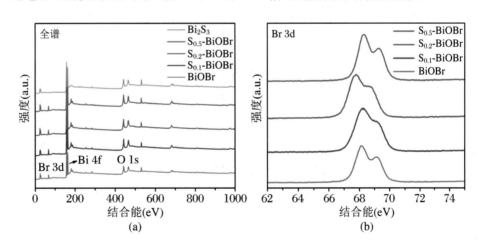

图11.3 BiOBr、S-BiOBr和Bi_2S_3样品的XPS总谱(a),Br 3d(b)、O 1s(c)和Bi 4f(d)谱图

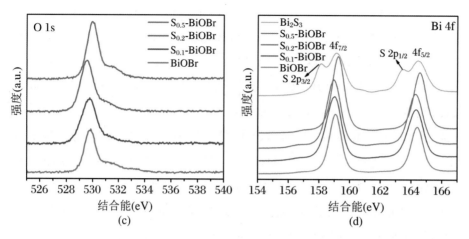

图 11.3(续)　BiOBr、S-BiOBr 和 Bi_2S_3 样品的 XPS 总谱(a)，Br 3d(b)、O 1s(c)和 Bi 4f(d)谱图

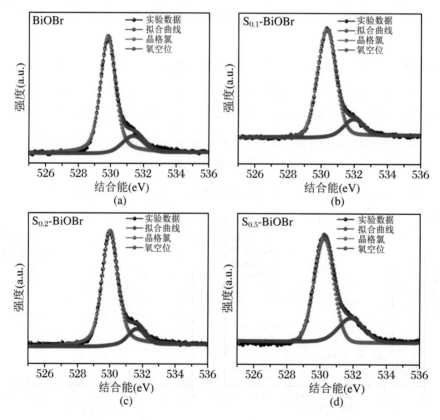

图 11.4　BiOBr(a)、$S_{0.1}$-BiOBr(b)、$S_{0.2}$-BiOBr(c)和 $S_{0.5}$-BiOBr(d)的 O 1s 的 XPS 谱图和拟合曲线

表 11.1 晶格氧和氧空位的峰面积值

氧的类型	晶格氧（面积）	氧空位（面积）
BiOBr	65227.6	10572.8
$S_{0.1}$-BiOBr	67695.8	10204.7
$S_{0.2}$-BiOBr	72360.4	8883.9
$S_{0.5}$-BiOBr	60312.2	20748.0

11.4 S-BiOBr 能带结构和电化学性质

11.4.1 能带结构

所有电化学测试均使用三电极系统在 CHI760E 电化学工作站上进行。将 Ag/AgCl(KCl,3 mol·L^{-1})和 Pt 线分别用作参比电极和对电极。将材料沉积在玻璃碳电极上用作电化学阻抗谱(EIS)测量和 Mott-Schottky 曲线测试的工作电极，沉积在 FTO 导电玻璃上进行光电流响应测试。

半导体光催化剂的光吸收性能极大地限制其光催化活性，这取决于半导体光催化剂的能带结构。从样品的 UV-Vis 漫反射(UV-Vis DRS)光谱（图11.5(a)）可以看出，S-BiOBr 的吸收边缘相对于 BiOBr 发生了红移。在可见光区域，BiOBr 的吸收能力较弱，其吸收边缘为 439 nm。$S_{0.1}$-BiOBr、$S_{0.2}$-BiOBr、$S_{0.5}$-BiOBr 和 Bi_2S_3 的吸收边分别红移到 457 nm、472 nm、511 nm 和 499 nm，表明在 S 掺杂后样品的带隙变窄，导致对可见光的吸收效率更高。

Tauc 曲线（图 11.5(b)）通过以下方程计算[18]：

$$\alpha h\nu = A(h\nu - E_g)^{n/2} \tag{11.1}$$

式中，α、$h\nu$、A 和 E_g 分别是吸收系数、光子能量、常数和禁带宽度。作为典型的间接带隙半导体，BiOBr 的 n 值为 4。

使用 XPS 光谱测量样品的价带顶势能（图 11.5(c)）。BiOBr、$S_{0.1}$-BiOBr、$S_{0.2}$-BiOBr 和 Bi_2S_3 的价带顶势能分别为 1.88 eV、1.48 eV、0.24 eV 和 0.66 eV，说明 S 掺杂的 BiOBr 纳米片的价带顶势能比 BiOBr 更小。基于图 11.5(b)的禁带宽度和图 11.5(c)中的价带顶势能，可计算出样品的能带结构（图 11.5(d)）。可以看出，S 掺杂使 BiOBr 的禁带宽度变窄。

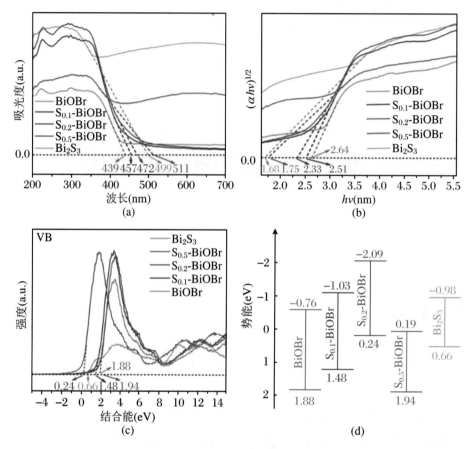

图 11.5　BiOBr、S-BiOBr 和 Bi_2S_3 样品的 UV-Vis DRS(a)、Tauc 曲线(b)、价带(c)和能带结构图(d)

11.4.2

电化学性质

通过 EIS 测试了载流子分离和迁移的效率。如图 11.6(a)所示，各样品的曲率半径大小顺序为：BiOBr＞$S_{0.1}$-BiOBr＞$S_{0.2}$-BiOBr＞$S_{0.5}$-BiOBr，该结果表明，曲率半径随着 S 掺杂浓度的增加而逐渐减小。$S_{0.2}$-BiOBr 的阻抗比 BiOBr

的减小了25.8%,该结果证实了S掺杂降低了材料的电阻和载流子迁移效率。也就是说,$S_{0.2}$-BiOBr较高的电荷分离和转移效率使得光生电子和空穴更易于迁移至光催化剂的表面并在光催化反应期间进入反应物中。

另外,使用下列公式计算Mott-Schottky曲线来表征样品的载流子密度[22]:

$$N_d = \left(\frac{2}{e_0 \varepsilon \varepsilon_0}\right) [d(C^{-2})/dV]^{-1} \tag{11.2}$$

式中,e_0、ε和ε_0分别是电子电荷、样品的介电常数和真空介电常数,$d(C^{-2})/dV$是Mott-Schottky曲线的斜率。

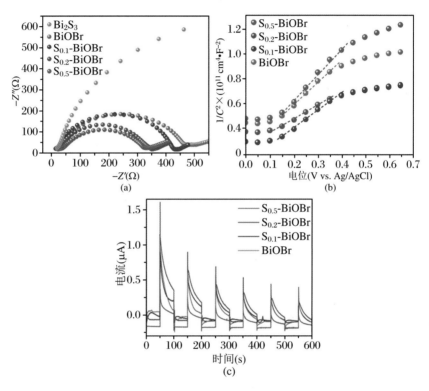

图11.6　BiOBr和S-BiOBr的EIS谱图(a)、Mott-Schottky曲线(b)和瞬态光电流响应测试曲线(c)

因此,样品的本征电荷载流子浓度与Mott-Schottky曲线线性部分的斜率成反比。这些样品的斜率大小顺序如下:$S_{0.5}$-BiOBr＞BiOBr＞$S_{0.1}$-BiOBr＞$S_{0.2}$-BiOBr。结果表明,$S_{0.2}$-BiOBr具有最高的载流子密度,是BiOBr的1.2倍。然而过量的S掺杂($S_{0.5}$-BiOBr)使得载流子的密度降低。

基于光电流密度在很大程度上取决于载流子的浓度和分离效率,因此进行了瞬态光电流响应测试(图11.6(c))来表征电荷的分离和迁移特性。光电流响应强度顺序如下:$S_{0.2}$-BiOBr＞$S_{0.1}$-BiOBr＞BiOBr＞$S_{0.5}$-BiOBr。该顺序证实了$S_{0.2}$-BiOBr纳米片与BiOBr相比具有最佳的电化学性能,表明S掺杂BiOBr不仅可以调整能带结构,而且可以提高电荷分离效率。$S_{0.5}$-BiOBr 的光电流强度很弱,原因可能是转换成热能而遭受光能损失。

11.5 S-BiOBr 纳米片光催化降解双酚 A

11.5.1 S-BiOBr 纳米片降解双酚 A

为了评估光催化剂在可见光($\lambda \geqslant 420$ nm)下的光催化性能,对比测试了不同光催化剂对目标污染物 BPA 的降解效率(图 11.7(a))。在室温下,采用 500 W 氙灯配以 420 nm 截止滤波片作为光源。将 0.01 g 的光催化剂加入 40 mL 浓度为 10 mg·L^{-1} 的双酚 A 溶液中,在黑暗条件下搅拌 0.5 h,达到吸附/解吸平衡。接下来在连续搅拌条件下照射 180 min,以固定的时间间隔取样。采取的样品经过离心和过滤之后,通过高效液相色谱(HPLC)(Primaide,日立公司,日本)测定。空白试验的结果证实,在可见光照射下,不添加光催化剂条件下 BPA 的降解可以忽略不计。照射 180 min 后,只有 21% 的 BPA 被 Bi_2S_3 降解。由于 BiOBr 的吸收边为 439 nm,在可见光照射下其光催化活性较弱,光照 180 min 后有 34% 的 BPA 被 BiOBr 降解。然而,在 S 掺杂之后,当使用 $S_{0.1}$-BiOBr 和 $S_{0.2}$-BiOBr 作为光催化剂时,BPA 的降解效率分别为 87% 和 92%。因此,$S_{0.2}$-BiOBr 纳米片对 BPA 的降解效率最高。$S_{0.5}$-BiOBr 的光催化降解性能很弱(仅为 28%),这可能是由于该光催化剂的电荷分离效率差所致。

为了定量比较这些样品的光催化活性,使用以下伪一级动力学方程拟合了 BPA 降解效率[17]:

$$-\ln(C_t/C_0) = kt \tag{11.3}$$

式中,k、t、C_0 和 C_t 分别表示动力学常数、反应时间、初始浓度和在 t 时间时的浓度。

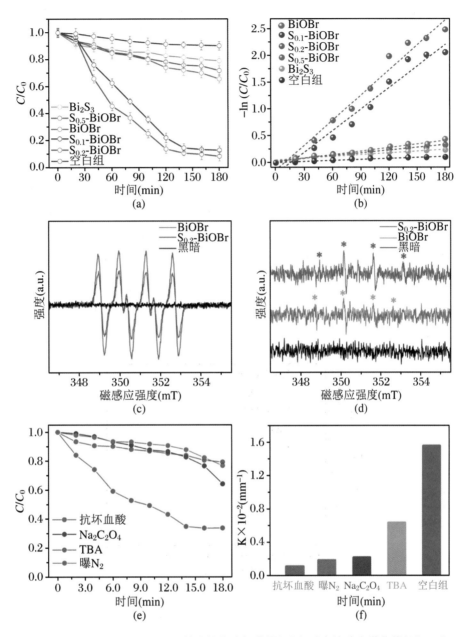

图 11.7　BiOBr、S-BiOBr 和 Bi$_2$S$_3$ 的光催化降解曲线(a)和对应的动力学曲线(b)，·O$_2^-$(d)和·OH 的 EPR 光谱(c)，添加了清除剂的 BPA 光催化降解曲线(e)，以及相应的动力学常数(f)

通过计算得出 BiOBr、S$_{0.1}$-BiOBr、S$_{0.2}$-BiOBr、S$_{0.5}$-BiOBr 和 Bi$_2$S$_3$ 的动力学常数分别为 0.002 min^{-1}、0.014 min^{-1}、0.015 min^{-1}、0.009 min^{-1} 和 0.001 min^{-1}。结果表明，S$_{0.2}$-BiOBr 的光催化降解性能是 BiOBr 的 7.5 倍。另外，如图 11.8 所示，BiOBr、S$_{0.1}$-BiOBr、S$_{0.2}$-BiOBr、S$_{0.5}$-BiOBr 和 Bi$_2$S$_3$ 的比表面积值分别为 6.19 m^2·g^{-1}、12.68 m^2·g^{-1}、15.63 m^2·g^{-1}、19.82 m^2·g^{-1} 和

$9.20\ m^2 \cdot g^{-1}$。为了消除活性位点暴露的差异,BiOBr、$S_{0.1}$-BiOBr、$S_{0.2}$-BiOBr、$S_{0.5}$-BiOBr 和 Bi_2S_3 的比表面积归一化动力学常数(k/S_{BET})分别为 $0.36\ mg \cdot min^{-1} \cdot m^{-2}$、$1.07\ mg \cdot min^{-1} \cdot m^{-2}$、$1.00\ mg \cdot min^{-1} \cdot m^{-2}$、$0.45\ mg \cdot min^{-1} \cdot m^{-2}$ 和 $0.12\ mg \cdot min^{-1} \cdot m^{-2}$。因此,$S_{0.2}$-BiOBr 的本征光催化活性约为 BiOBr 的2.78倍。这些结果表明,通过 S 掺杂提高 BiOBr 性能不仅取决于比表面积的增加,还取决于其可见光吸收能力的提高和催化剂本征电化学活性(例如,浓度、载流子分离和迁移效率)。值得注意的是,在某些情况下,氧空位会促进可见光吸收并增强其光催化性能[22]。但是,在该项研究中,BiOBr 和 S-BiOBr 样品都含有氧空位,而 $S_{0.2}$-BiOBr 的光催化性能仍然优于 BiOBr 的,这表明氧空位的影响可以忽略不计。另外,对样品的稳定性进行了测试,结果表明,性能最好的 $S_{0.2}$-BiOBr 样品在经过 4 次循环之后仍能保持约 90%的降解率,说明样品具有较好的稳定性;并将循环降解后的样品进行 XRD 测试,结果表明,降解前后样品的 XRD 谱图并未发生改变,说明样品的物相组成不变,具有较好的稳定性。

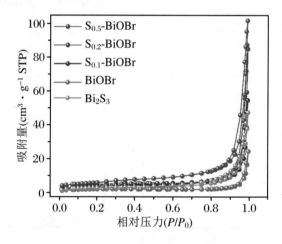

图 11.8　BiOBr 和 S-BiOBr 的氮气吸附/解吸等温线

11.5.2
BPA 的光催化降解机理

活性氧自由基具有强氧化性,能够彻底将有机分子矿化为 CO_2 和 H_2O,因此在光催化降解过程中发挥重要作用。为了探究样品对于 BPA 的降解机理,通过 EPR 测试测定了 BPA 光催化降解过程中产生的活性物质。EPR 谱图表明在黑暗中未检测到共振信号。而在可见光照射下，BiOBr 和 $S_{0.2}$-BiOBr 样品中均出现了以四个等强度峰（1∶1∶1∶1）为特征峰的·O_2^- 信号[19]（图 11.7(c)）。$S_{0.2}$-BiOBr 比 BiOBr 具有更强的·O_2^- 信号，表明 $S_{0.2}$-BiOBr 纳米片比 BiOBr 能够产生更多的·O_2^-。图 11.7(d)显示了在可见光照射下 $S_{0.2}$-BiOBr 和 BiOBr 的·OH 信号峰（四个峰强度为 1∶2∶2∶1）[23]。同样，$S_{0.2}$-BiOBr 的·OH 信号峰强度也大于 BiOBr 的。这些结果表明，由于 S 的掺杂，在 $S_{0.2}$-BiOBr 的光催化过程中，·O_2^- 和·OH 的生成效率更高。由于 $S_{0.2}$-BiOBr 的价带顶势能（+0.24 eV）小于 OH^-/·OH 的氧化电位（+2.38 eV），因此 $S_{0.2}$-BiOBr 的价带中光生空穴不能直接氧化水并生成·OH。然而，$S_{0.2}$-BiOBr 的导带（CB）底部势能（-2.09 eV）比 O_2/·O_2^-（-0.046 eV）的势垒更小[8]。因此，可以通过将光生电子注入到 $S_{0.2}$-BiOBr 表面化学吸收的 O_2 中直接产生·O_2^-，并且可以通过以下一系列自由基反应间接产生·OH[15]：

$$e^- + O_2 \longrightarrow \cdot O_2^- \tag{11.4}$$

$$\cdot O_2^- + H_2O \longrightarrow \cdot OOH + OH^- \tag{11.5}$$

$$\cdot OOH + 2e^- + H_2O \longrightarrow \cdot OH + 2OH^- \tag{11.6}$$

基于 BiOBr 的价带顶势能和导带低势能，BiOBr 中·O_2^- 和·OH 的产生途径与 $S_{0.2}$-BiOBr 相同。由于 $S_{0.2}$-BiOBr 的可见光吸收效率和载流子分离效率均高于 BiOBr，因此，可见光照射下 $S_{0.2}$-BiOBr 生成的自由基的浓度明显高于 BiOBr，导致 $S_{0.2}$-BiOBr 的 EPR 信号强度更高。

为了确定在 BPA 降解过程中的主要活性物质，通过采用草酸钠、叔丁醇、抗坏血酸和曝氮气的方式分别除溶液中的空穴、·OH、·O_2^- 和溶解氧。图 11.7(e)的结果表明，这四种捕获剂都能不同程度地抑制 BPA 的降解，而抗坏血酸对降解过程的抑制作用最大。与不加捕获剂的 BPA 降解动力学常数相比，抗坏血酸、N_2、草酸钠和叔丁醇分别使动力学常数降低了 59.2%、85.8%、88.4%和 92.7%（图 11.7(f)），表明·O_2^- 在 BPA 降解中起着最重要的作用。该结论也与 EPR 测试的结果相一致。另外，空穴的贡献不可忽略，因为部分 BPA 被这些光生空穴直接氧化。综合以上结果可以得出，与 BiOBr 相比，$S_{0.2}$-BiOBr 纳米片在可见光照射下会产生更多的·O_2^-，这导致 BiOBr 进行 S 掺杂改性后，可见光照射下 $S_{0.2}$-BiOBr 对于 BPA 的降解效率得到提高。

11.5.3
DFT 计算

BiOBr 的结构如图 11.9(a)所示,图 11.9(b)、图 11.9(c)为 S 分别掺杂 O 位点和 Br 位点示意图。S 在 O 位点的形成能低于 Br 位点的(图 11.9(d)),表明 S 原子更容易掺杂在 O 位点。另外,基于 DFT 计算得到 BiOBr 和 S-BiOBr 的能带结构图(图 11.9(e)、图 11.9(f))。计算结果表明,对于 BiOBr 结构,价带顶势能为 $-11.36\,\text{eV}$,导带底为 $-8.95\,\text{eV}$;而对于 S-BiOBr 结构,价带顶势能为 $-9.26\,\text{eV}$,导带底为 $-7.09\,\text{eV}$。另外,当在 BiOBr 的 O 位上掺杂 S 时,费米能级增加。BiOBr 和 S-BiOBr 的带隙分别为 $2.41\,\text{eV}$ 和 $2.17\,\text{eV}$。S 掺杂后,BiOBr的带隙减小,这与 Tauc 曲线所得结论一致。通过计算得到的带隙宽度的变化与实验结果一致。DFT 计算和实验结果均表明,通过将 S 掺杂到 BiOBr 晶体结构中,BiOBr 的能带结构得到了调节,从而带隙更窄,对可见光的利用效率更高。

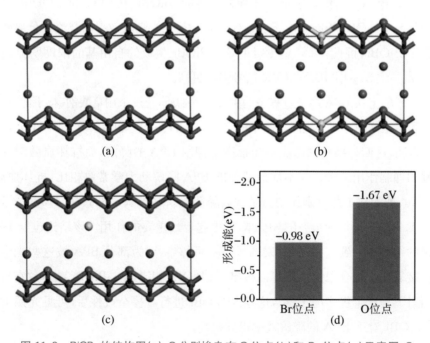

图 11.9 BiOBr 的结构图(a),S 分别掺杂在 O 位点(b)和 Br 位点(c)示意图,S 在 Br 位点和 O 位点的形成能(d),以及 BiOBr(e)和 S-BiOBr(f)的能带结构图

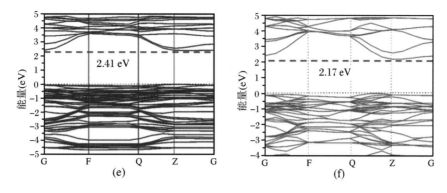

图 11.9(续)　BiOBr 的结构图(a),S 分别掺杂在 O 位点(b)和 Br 位点(c)示意图,S 在 Br 位点和 O 位点的形成能(d),以及 BiOBr(e)和 S-BiOBr(f)的能带结构图

与第 10 章 Co 掺杂 BiOCl 不同的是,S 掺杂 BiOBr 是通过取代 O 位点后使得 BiOBr 的禁带宽度变窄,对其能带结构进行调节,从而提高对可见光的利用效率。而 Co 掺杂 BiOCl 则是使 BiOCl 的价带顶和导带底之间出现了一个额外的掺杂能级,作为电子从价带激发到导带的"台阶",实现可见光响应,提升了可见光吸收效率和载流子分离效率,从而提高了材料的可见光催化活性。

11.5.4

S-BiOBr 纳米片上 BPA 的光催化降解反应模型

上述结果揭示了 BiOBr 的 S 掺杂修饰的结构活性关系,在 S-BiOBr 纳米片上 BPA 的光催化降解模型如图 11.10 所示。$S_{0.2}$-BiOBr 的较窄带隙有利于价带中的电子受激发后跃迁至导带中。此外,S 的掺杂还可以提高样品的电化学性能。在光催化降解过程中,光生电子和 O_2 反应生成 $·O_2^-$,然后通过一系列自由基反应将其转化为 $·OH^-$。因此,在可见光照射下,这些生成的 ROS 和 $S_{0.2}$-BiOBr 纳米片上的光生空穴将 BPA 降解。

本章通过简单的一步水热法制备了尺寸为 100～300 nm 且厚度均匀的 S-BiOBr 纳米片。DFT 计算表明,S 元素掺杂在 BiOBr 晶体的 O 位点上,并使得 BiOBr 的带隙变窄。在这些 S 掺杂的 BiOBr 样品中,$S_{0.2}$-BiOBr 纳米片在可见光照射下对 BPA 的降解效率最高,是 BiOBr 的 2.78 倍。一方面,$S_{0.2}$-BiOBr 纳米片由于其较窄的带隙而具有较强的可见光响应;另一方面,较低的阻抗和较高的载流子浓度导致 $S_{0.2}$-BiOBr 具有较高的电荷分离效率。因此,$S_{0.2}$-BiOBr 在可见光照射下产生了更多的·O_2^-,这是 BPA 光催化降解的主要活性物质,从而提高了 $S_{0.2}$-BiOBr 的光催化效率。此外,$S_{0.2}$-BiOBr 纳米片也表现出较好的稳定性。总之,本章提出了一种有效的 S 掺杂策略来使 BiOBr 纳米材料改性,通过调节能带结构来增强对可见光的利用效率。

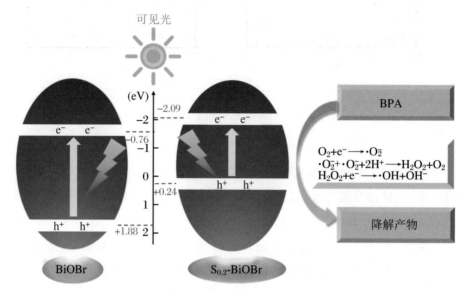

图 11.10　S-BiOBr 纳米片光催化降解 BPA 的反应机理示意图

参考文献

［1］ Hu T, Yang Y, Dai K, et al. A novel z-scheme Bi_2MoO_6/BiOBr photocatalyst for enhanced photocatalytic activity under visible light irradiation[J]. Appl. Surf. Sci., 2018, 456: 473-481.

［2］ Wang X J, Yang W Y, Li F T, et al. Construction of amorphous TiO_2/BiOBr heterojunctions via facets coupling for enhanced photocatalytic activity[J]. J. Hazard. Mater., 2015, 292: 126-136.

［3］ Liu H, Du C. One-pot hydrothermal synthesis of SnO_2/BiOBr heterojunction photocatalysts for the efficient degradation of organic pollutants under visible light[J]. ACS Appl. Mater. Interfaces, 2018, 10: 28686-28694.

［4］ Wu X, Zhang K, Zhang G, et al. Facile preparation of BiOX (X = Cl, Br, I) nanoparticles and up-conversion phosphors/BiOBr composites for efficient degradation of NO gas: Oxygen vacancy effect and near infrared light responsive mechanism[J]. Chem. Eng. J., 2017, 325: 59-70.

[5] Liu D, Chen D, Li N, et al. Surface engineering of g-C_3N_4 by stacked BiOBr sheets rich in oxygen vacancies for boosting photocatalytic performance[J]. Angew. Chem. Int. Ed. Engl., 2020, 59: 4519-4524.

[6] Jiang G, Wang R, Wang X, et al. Novel highly active visible-light-induced photocatalysts based on BiOBr with Ti doping and Ag decorating[J]. ACS Appl. Mater. Interfaces, 2012, 4: 4440-4444.

[7] Jiang G, Wang X, Wei Z, et al. Photocatalytic properties of hierarchical structures based on Fe-doped BiOBr hollow microspheres[J]. J. Mater. Chem. A, 2013, 1: 2406-2410.

[8] Ye L, Liu J, Jiang Z, et al. Facets coupling of BiOBr-g-C_3N_4 composite photocatalyst for enhanced visible-light-driven photocatalytic activity[J]. Appl. Catal. B: Environ., 2013, 142-143: 1-7.

[9] Jiang G, Wang X, Wei Z, et al. Photocatalytic properties of hierarchical structures based on Fe-doped BiOBr hollow microspheres[J]. J. Mater. Chem. A, 2013, 1: 2406-2410.

[10] Low J, Cheng B, Yu J. Surface modification and enhanced photocatalytic CO_2 reduction performance of TiO_2: a review[J]. Appl. Surf. Sci., 2017, 392: 658-686.

[11] Li J, Zhao K, Yu Y, et al. Facet-level mechanistic insights into general homogeneous carbon doping for enhanced solar-to-hydrogen conversion[J]. Adv. Funct. Mater., 2015, 25: 2189-2201.

[12] Arabzadeh A, Salimi A. Facile synthesis of ultra-wide two dimensional Bi_2S_3 nanosheets: characterizations, properties and applications in hydrogen peroxide sensing and hydrogen storage[J]. Electroanalysis, 2017, 29: 2027-2035.

[13] Feng C, Tang L, Deng Y, et al. Enhancing optical absorption and charge transfer: Synthesis of S-doped h-BN with tunable band structures for metal-free visible-light-driven photocatalysis[J]. Appl. Catal. B: Environ., 2019, 256: 117827-117835.

[14] Umebayashi T, Yamaki T, Itoh H, et al. Band gap narrowing of titanium dioxide by sulfur doping[J]. Appl. Phys. Lett., 2002, 81: 454-456.

[15] Wang C Y, Zhang X, Qiu H B, et al. $Bi_{24}O_{31}Br_{10}$ nanosheets with controllable thickness for visible-light-driven catalytic degradation of tetracycline hydro-

chloride[J]. Appl. Catal. B: Environ., 2017, 205: 615-623.

[16] Wang C Y, Zhang X, Qiu H B, et al. Photocatalytic degradation of bisphenol A by oxygen-rich and highly visible-light responsive $Bi_{12}O_{17}Cl_2$ nanobelts[J]. Appl. Catal. B: Environ., 2017, 200:659-665.

[17] Wang C Y, Zhang X, Zhang Y J, et al. Direct generation of hydroxyl radicals over bismuth oxybromide nanobelts with tuned band structure for photocatalytic pollutant degradation under visible light irradiation[J]. Appl. Catal. B: Environ., 2018, 237: 464-472.

[18] Wang C Y, Zhang Y J, Wang W K, et al. Enhanced photocatalytic degradation of bisphenol A by Co-doped BiOCl nanosheets under visible light irradiation[J]. Appl. Catal. B: Environ., 2018, 221: 320-328.

[19] Cao L, Ma D, Zhou Z, et al. Efficient photocatalytic degradation of herbicide glyphosate in water by magnetically separable and recyclable $BiOBr/Fe_3O_4$ nanocomposites under visible light irradiation[J]. Chem. Eng. J., 2019, 368: 212-222.

[20] Fan D, Bao C, Liu X, et al. Facile fabrication of visible light photoelectro-chemical immunosensor for SCCA detection based on $BiOBr/Bi_2S_3$ heterostructures via self-sacrificial synthesis method[J]. Talanta, 2019, 198: 417-423.

[21] Zhang N, Li X Y, Ye H C, et al. Oxide defect engineering enables to couple solar energy into oxygen activation[J]. J. Am. Chem. Soc., 2016, 138: 8928-8935.

[22] Wang J P, Wang Z Y, Huang B B, et al. Oxygen vacancy induced band-gap narrowing and enhanced visible light photocatalytic activity of ZnO[J]. ACS Appl. Mater. Interfaces, 2012, 4: 4024-4030.

[23] Mi Y, Wen L, Wang Z, et al. Fe(Ⅲ) modified BiOCl ultrathin nanosheet towards high-efficient visible-light photocatalyst[J]. Nano Energy, 2016, 30: 109-117.

第 12 章

碘掺杂 Bi_2WO_6 的可见光催化活性及稳定性

12.1 引言

在前几章工作中,针对卤氧化铋(BiOX)光催化剂可见光利用率低和有机物矿化效率低的问题,通过形貌及物相调控、形成异质结和元素掺杂等方法对其进行改性,并证实了这些改性策略的有效性[1-7]。除了卤氧化铋外,在铋基半导体光催化剂家族中,还有很多具有层状结构的半导体材料,例如钨酸铋(Bi_2WO_6)、钒酸铋($BiVO_4$)等[8-11]。其中,Bi_2WO_6作为Aurivillius型化合物,具有无毒、带隙适中等优点,此外,它还具有很高的化学稳定性,是一种理想的光催化剂材料[12-13]。但是,未经修饰的Bi_2WO_6对可见光的利用率不高,且载流子分离效率较低,因此需要对其进行改性[14]。

在相关的工作中,人们提出了一些针对Bi_2WO_6的改性策略。采用助催化剂是最常见的方法,引入的助催化剂通常能够起到活性位点的作用,并促进载流子从半导体注入助催化剂中的界面转移过程[6,15]。许多材料都具有这一作用,例如氧化石墨烯/还原的氧化石墨烯(GO/RGO)、C_{60}、碳量子点(CQDs)、Ag_2O等[14,16-18]。此外,也可以通过将Bi_2WO_6与其他半导体进行复合并形成异质结来提升光催化活性,例如 TiO_2/Bi_2WO_6、$g-C_3N_4/Bi_2WO_6$、$BiVO_4/Bi_2WO_6$等[12,19-21]。基于异质结界面的诱导效应,光生空穴与电子能够彻底分离到两个物相中,从而最大限度地抑制空穴与电子的复合[22]。然而,无论是助催化剂还是异质结,这种二元催化剂体系通常合成过程较为复杂,且产物的均匀性有限。此外,相比于晶体内部,多数情况下两个物相交界面处结合得较为松散,而且如果晶格失配度比较大,界面处还会产生晶格缺陷从而形成复合中心,反而不利于提升光催化活性[4,14]。

元素掺杂也是一种有效的改性方法,且可以避免上述弊端[23-26]。按照杂原子在主晶中的分布情况,掺杂可分为两种形式,即表面掺杂和均相掺杂。第10章提到的Co-BiOCl属于表面掺杂,杂原子在不改变主晶物相的前提下,在价带顶与导带底之间形成掺杂能级,从而改变材料的光学性质,有效提升催化剂的可见光吸收率。然而,为了平衡表面和浅晶格中杂原子的电荷,主晶的体相晶格中通常会产生相应的晶格缺陷,这些缺陷会成为载流子复合中心并降低载流子分离效率[4,27-28]。考虑到Bi_2WO_6的载流子分离效率本身就不高,因此表面掺杂不适合对Bi_2WO_6进行修饰。而均相掺杂则与之相反,杂原子均匀地分布在整个主晶晶格中,不仅能够直接调制能带的形成过程并改变催化剂的能带结构,同时还能调控主晶的电化学活性且不产生额外的晶格缺陷[24,27]。在铋基光催化剂中,碘氧化铋(BiOI)具有强烈的可见光响应和较高的载流子分离效率,但由于卤素层仅靠范德华力结合,反应过程中 I^- 容易脱出,遇到含硫化合物(尤其是 S^{2-})极易转变成 Bi_2S_3 而导致催化剂失活,故 BiOI 稳定性较差[11,29-31]。因此,Bi_2WO_6 和 BiOI 在性能上是互补的,认为均相 I 掺杂是对 Bi_2WO_6 进行改性的理想方法。

本章介绍通过水热法制备一系列不同掺杂量的 I 掺杂 Bi_2WO_6(记作 I-Bi_2WO_6),并采用多种手段对其理化性质进行表征。从光吸收效率和载流子分离效率两个方面研究了 I 掺杂所起到的作用。采用双酚 A(BPA)作为光催化降解的目标污染物测试了 I-Bi_2WO_6 的活性,并考察了其稳定性和对 S^{2-} 的抗干扰能力。此外,明确了 I-Bi_2WO_6 光催化降解 BPA 过程中的主要活性物质,并对此过程进行了机理解析。这也为铋基光催化剂的设计和制备提供了一种可行的策略。

12.2 碘掺杂 Bi_2WO_6 纳米片的制备

本章涉及的所有试剂均购自国药集团化学试剂有限公司,品级为分析纯,无需提纯直接使用。I-Bi_2WO_6 的合成方法如下:将 0.970 g(2 mmol)硝酸铋($Bi(NO_3)_3 \cdot 5H_2O$)加入 10 mL 乙二醇中,充分超声分散直至硝酸铋完全溶解形成均匀的溶液。另外,将 0.330 g(1 mmol)钨酸钠($Na_2WO_4 \cdot 2H_2O$)和一定量的碘化钾(KI)溶解在 25 mL 去离子水中,充分搅拌直至形成均匀的溶液。产物中 I 的掺杂量受 KI 用量的影响,设置了 3 个不同的 KI 用量,即 0.017 g(0.1 mmol)、0.083 g(0.5 mmol)和 0.166 g(1.0 mmol),对应的产物分别记作 BWO-I-0.1、BWO-I-0.5 和 BWO-I-1.0。之后,将上述两种溶液快速混合,并搅拌 15 min 使反应充分进行。反应完成后,将上述反应体系转移至 50 mL 聚四氟乙烯高压水热釜中,在 140 ℃下水热反应 12 h。反应釜降温后,通过离心将固体产物分离出来,并用去离子水和乙醇分别清洗 3 次以去除残留的反应物,并将清洗后的粉体产物。最后,在 70 ℃下真空干燥 12 h 即可得到 I-Bi_2WO_6 纳米材料。作为对照组,Bi_2WO_6 和 BiOI 也通过上述方法制备,制备 Bi_2WO_6 时不添加 KI,制备 BiOI 时加入 0.332 g(2 mmol)KI 且不添加 $Na_2WO_4 \cdot 2H_2O$。

12.3 碘的掺杂形式

12.3.1 物相表征

通过 X 射线衍射图(XRD)测试来表征样品的物相,采用过飞利浦 X'Pert PRO SUPER 衍射仪测定,并配有石墨单色器 Cu Kα 辐射部件(λ = 1.541874 Å)。结果如图 12.1 所示。两个对照组样品的 XRD 衍射峰分别与 Bi_2WO_6(JCPDS 标准卡片编号为 No. 26-1044)和 BiOI(JCPDS 标准卡片编号为 No. 10-0445)标准卡片吻合,且没有杂峰,证实对照组的物相为 Bi_2WO_6 和 BiOI,且纯度高、没有杂质。I-Bi_2WO_6 样品的 XRD 谱图总体上与 Bi_2WO_6(JCPDS 标准卡片编号为 No. 26-1044)相符合,表明 I 掺杂后这些样品的主晶仍然是 Bi_2WO_6。在 BWO-I-0.1 和 BWO-I-0.5 这两个样品的 XRD 谱图中没有出现 BiOI 的信号,说明 I 元素在主晶中保持高度分散且未发生晶化。而 BWO-I-1.0 对应的 XRD 谱图中则出现了一些属于 BiOI 的衍射峰(图 12.1 中以星号标出),且峰强度较低,这表明此时 Bi_2WO_6 主晶中的某些区域的 I 浓度较高,并以 BiOI 的形式发生晶化。换言之,如果继续增加 KI 用量,则所得产物会转变为包含两相的 Bi_2WO_6/BiOI 复合物,因此可以认为,对于 2 mmol $Bi(NO_3)_3$ 而言,1.0 mmol KI 对应的产物是 I 掺杂量的上限。值得注意的是,与 Bi_2WO_6 标准卡片相比,I-Bi_2WO_6 样品的 XRD 衍射峰向低角方向发生了轻微的偏移,这表明 I 掺杂使得主晶的晶胞参数有所增大。

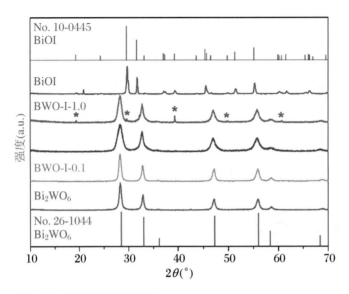

图 12.1　样品的 XRD 谱图

12.3.2
微观形貌

　　样品的扫描电子显微镜(SEM)照片用 X-650 扫描电子显微分析仪和 JSM-6700F 场发射 SEM(日本电子株式会社)拍摄。样品的透射电子显微镜(TEM)照片是用 JEM-2011 TEM(日本电子株式会社)拍摄的,电子束电压为 100 kV。以 BWO-I-0.5 样品为主要研究对象,考察了 I-Bi_2WO_6 样品的形貌和晶体结构。图 12.2(a)和图 12.2(b)中的 SEM 照片表明,样品具有片状形貌,平均尺寸约为 1 μm。而在更高倍率的 SEM 照片中(图 12.2(c))可以看到这些微米级的片又是由更小的纳米片组装而成的。根据 TEM 照片(图 12.2(d)),这些更小的纳米片具有不规则的几何形状,平均尺寸约为 30 nm。选择单个纳米片的边缘区域,拍摄对应的 HRTEM 照片,如图 12.2(e)和图 12.2(f)所示。HRTEM照片显示出连续清晰的晶格条纹,量出的平均晶面间距是 0.27 nm,对应于 Bi_2WO_6(JCPDS标准卡片编号 No. 26-1044)的(200)晶面。HRTEM 的结果也同样说明样品的主晶是 Bi_2WO_6,且具有较高的结晶度,这与 XRD 的测试结果是一致的。其中高分辨透射电子显微镜(HRTEM)照片、选区电子衍射(SAED)照片是用 STEM JEM-ARM200F(日本电子株式会社)拍摄的,加速电压为 200 kV。

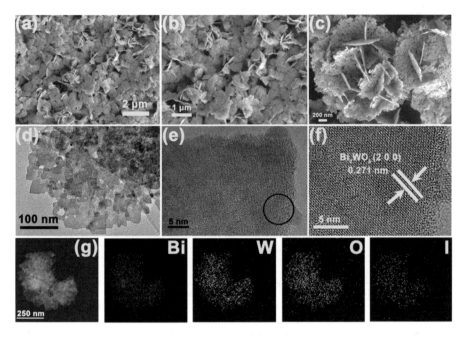

图 12.2 BWO-I-0.5 样品的 SEM 照片(a)~(c),TEM 照片(d),HRTEM 照片(e)、(f),以及 STEM 照片和 EDS mapping 谱图(g)

12.3.3
元素分布

为了表征 I 元素在 Bi_2WO_6 中的分布情况,采集了元素分布图,如图 12.2(g) 所示。测试结果表明,I 元素均匀地分布在 Bi_2WO_6 中,没有产生局部团聚的现象,即 I 元素没有以 BiOI 的形式结晶并与 Bi_2WO_6 形成异质结。

12.3.4
元素组成与化合态

通过 X 射线光电子能谱仪(XPS)ESCALA B250(美国赛默飞科技股份有限公司)测试来比较 I-Bi_2WO_6、Bi_2WO_6 和 BiOI 的元素组成及化学态,测试结果如图 12.3 所示,所有谱图已对 C 1s 峰的标准值(284.6 eV)进行校正。从总谱中,可以得到 Bi、O、W 和 I 四种元素的特征峰。Bi 4f 的 XPS 信号包含两个主峰,其结合能差值为 5.4 eV,这与 Bi^{3+} 的 $4f_{7/2}$ 和 $4f_{5/2}$ 理论值吻合。而 O 1s 高分辨谱中主峰位置大约在 530 eV 处,此结果对应于样品中的 O^{2-} 形成的 W—O 键和 Bi—O 键。在 W 4f 高分辨谱中,35.4 eV 和 37.6 eV 处的两个主峰对应于 +6 价 W 元素的 $4f_{7/2}$ 和 $4f_{5/2}$。此外,I 3d 高分辨谱中的两个主峰分别对应于 I $3d_{3/2}$ 和 $3d_{1/2}$[32]。

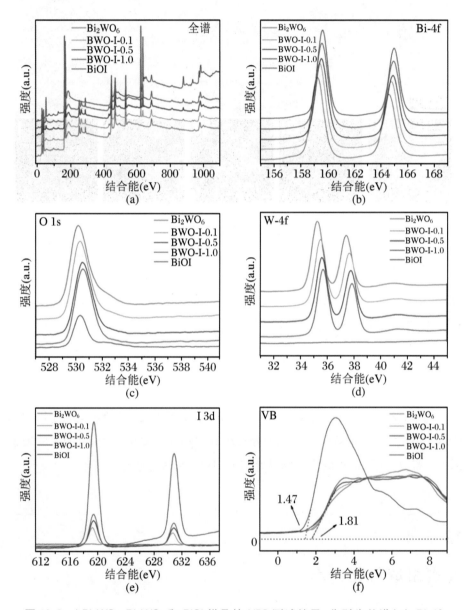

图 12.3 I-Bi_2WO_6、Bi_2WO_6 和 BiOI 样品的 XPS 测试结果,分别为总谱(a),Bi 4f(b)、O 1s(c)、W 4f(d) 和 I 3d(e) 的高分辨谱,以及价带谱(f)

图 12.3(e) 清楚地显示,I-Bi_2WO_6 样品的 I 3d 信号强度远低于 BiOI 对照组,说明 I-Bi_2WO_6 样品中 I 元素含量较少。I 3d 峰强度的顺序为 BWO-I-1.0

＞BWO-I-0.5＞BWO-I-0.1,表明随着KI用量的增加,产物中I的掺杂量也在一定范围内相应地增加。此外,图12.3(b)～图12.3(d)中Bi、O和W的XPS信号在I掺杂过后均向高结合能方向发生偏移,且I掺杂量越大则偏移越明显,这说明I元素通过化学结合被锚定在Bi_2WO_6主晶之中,并使半导体的电子结构发生了重整。考虑到Bi_2WO_6具有由$[Bi_2O_2]^{2+}$层和$[WO_4]^{2-}$层构成的层状结构,而I元素具有较强的电负性,因此I元素应当位于$[Bi_2O_2]^{2+}$层和$[WO_4]^{2-}$层之间,属于间隙式掺杂,同时与Bi、O和W产生相互作用并使其电子云密度降低,从而导致这三种元素的XPS信号峰向高结合能方向发生偏移。而当I元素的掺杂量较大时(如BWO-I-1.0),部分区域I浓度较高,开始产生形成$[I_2]^{2-}$层的趋势,导致这些区域形成了$[Bi_2O_2]^{2+}$层和$[I_2]^{2-}$层交替排列的结构,即BiOI的晶体结构,因此样品对应的XRD谱图中开始出现归属于BiOI的衍射峰。因此,在的合成方法中,对于2 mmol的$Bi(NO_3)_3 \cdot 5H_2O$,KI的最大投加量是1 mmol,如果KI的用量继续增加,则产物势必会转变成BiOI和Bi_2WO_6的复合物。此外,通过XPS价带谱测试了上述样品的价带顶势能,如图12.3(f)所示。结果表明,I的引入对Bi_2WO_6的价带顶势能没有产生显著影响,几乎都在1.81 eV附近,而BiOI的价带顶势能为1.47 eV。

12.4

碘掺杂的影响

12.4.1

光学性质

光催化剂的光吸收效率在很大程度上取决于其能带结构,为了考察I掺杂对Bi_2WO_6的光学性质和能带结构产生的影响,测试了这些催化剂的UV-Vis漫反射谱,通过紫外可见分光光度计Solid 3700(日本岛津制作所有限公司)测定。如图12.4(a)所示。结果表明,未掺杂的Bi_2WO_6吸收边在410 nm附近,刚刚进入可见光区,对可见光的利用率不高。而 I-Bi$_2$WO$_6$ 的吸收边则发生了明显地红移,且 I 掺杂量越大,红移的幅度就越大,即可见光吸收效率越高。有研究表明,表面和浅晶格掺杂倾向于在价带顶和导带底之间形成掺杂能级,这一过程基本不改变主晶的本征能带结构,反映到 UV-Vis 漫反射谱上则是在吸收边之后形成拖尾,例如第 10 章介绍的 Co-BiOCl。而均相掺杂则正好与之相反,它使得主晶的电子结构发生重整,对应的能带结构也会相应改变,反映到 UV-Vis 漫反射谱上则是使吸收边几乎平行地发生红移或蓝移[27]。在图 12.4(a)中,BWO-I-0.1 和 BWO-I-0.5 的吸收边与 Bi$_2$WO$_6$ 基本保持平行,而 BWO-I-1.0 的吸收边则不再保持平行,且 550 nm 位置表现出拖尾的趋势。这一结果表明,BWO-I-0.1 和 BWO-I-0.5 中的 I 元素分布均匀,而 BWO-I-1.0 中 I 元素浓度过高,开始出现局部团聚和晶化,这与 XRD 的测试结果是一致的。

12.4.2
能带结构

根据 UV-Vis 漫反射谱的测试结果计算出了相应的 Tauc 曲线,如图 12.4(b)所示,且各个样品对应的禁带宽度已在图中标出[1,2]。再结合 XPS 价带谱的测试结果,可以得到 I-Bi$_2$WO$_6$、Bi$_2$WO$_6$ 和 BiOI 样品的能带结构,如表 12.1 所示。结果表明,I-Bi$_2$WO$_6$ 的禁带宽度与 Bi$_2$WO$_6$ 相比明显减小,但价带顶势能基本保持不变,因此 I 掺杂提升了催化剂对可见光的利用率,同时保留了光生空穴的氧化能力。

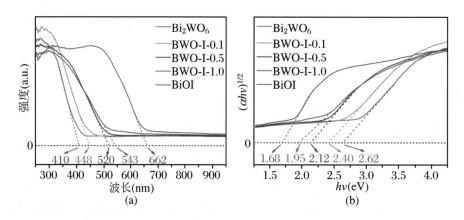

图 12.4 I-Bi$_2$WO$_6$、Bi$_2$WO$_6$ 和 BiOI 样品的 UV-Vis 漫反射谱(a)和 Tauc 曲线(b)

表 12.1　I-Bi_2WO_6、Bi_2WO_6 和 BiOI 样品的能带结构

样品	Bi_2WO_6	BWO-I-0.1	BWO-I-0.5	BWO-I-1.0	BiOI
导带底(eV)	−0.81	−0.59	−0.31	−0.14	−0.21
禁带宽度(eV)	2.62	2.40	2.12	1.95	1.68
价带顶(eV)	1.81	1.81	1.81	1.81	1.47

12.4.3 电化学性质

本章涉及的电化学测试均是在自制的三电极反应池中进行的。测定电化学阻抗谱(EIS)时,工作电极为负载催化剂的玻璃碳电极(CG);而测试光电流响应时,工作电极为负载催化剂的氟掺杂二氧化锡(FTO)导电玻璃。参比电极为 Ag/AgCl(KCl 3 mol·L^{-1})电极,对电极为铂丝(Pt)电极。EIS 测试时使用的电解液为 K_3[Fe(CN)$_6$] 和 K_4[Fe(CN)$_6$] 混合溶液,二者浓度均为 0.05 mol·L^{-1},工作电极施加的电压为 0.2 V,频率范围为 $10^{-6} \sim 10^{-2}$ Hz,电压振幅为 5 mV。测试光电流响应时所使用的电解液为 0.1 mol·L^{-1} Na_2SO_4 溶液,采集 i-t 曲线,持续 650 s,每隔 50 s 切换一次加光/避光状态,初始的 50 s 为避光,对工作电极施加的偏压为 0.4 V。供电和数据采集均通过计算机控制的 CHI 660E 电化学工作站(中国上海辰华仪器有限公司),测试光电流时使用功率为 500 W 的氙灯作为光源,并配以 300 nm 截止滤波片。

半导体的电化学性质也是影响光催化活性的重要因素。为了考察 I 掺杂对电化学性质的影响,测试了 I-Bi_2WO_6、Bi_2WO_6 和 BiOI 样品的 EIS 谱和光电流响应,测试结果如图 12.5 所示。EIS 谱结果(图 12.5(a))显示,BWO-I-0.1 和 BWO-I-0.5 两个样品测得的曲率半径略小于 Bi_2WO_6,BWO-I-0.5 的曲率半径最小,这说明 I 掺杂使得材料的阻抗略有减小。而 BWO-I-1.0 的曲率半径则明显增大,考虑到其中 I 元素开始以 BiOI 的形式晶化,晶化的区域具有较大晶格失配度,两种物相之间形成界面,从而阻碍载流子在晶格中的输运,并使得载流子在异质结界面处发生复合,半导体的阻抗增大、活性降低。光电流测试结果(图 12.5(b))显示,在一系列 I-Bi_2WO_6 样品中,BWO-I-0.5 的光电流响应强度最大且保持稳定。而对照组 Bi_2WO_6 仅在初始阶段具有较高的光电流响应值,但多次测试后响应强度明显下降,说明 Bi_2WO_6 中载流子的分离效率较低。BWO-I-0.1 和 BWO-I-1.0 两个样品的光电流响应强度均低于 BWO-I-0.5,这

一结果表明 BWO-I-0.5 的电荷分离与输运效率最高，这也暗示了 0.5 mmol 的 KI(相对于 2 mmol Bi(NO$_3$)$_3$·5H$_2$O)是最佳用量。

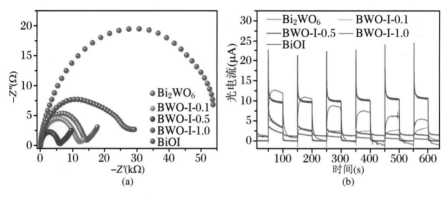

图 12.5　I-Bi$_2$WO$_6$、Bi$_2$WO$_6$ 和 BiOI 样品的 EIS 谱(a)和光电流响应曲线(b)

12.5 碘掺杂 Bi$_2$WO$_6$ 纳米片光催化降解双酚 A

12.5.1

降解性能

本节采用 BPA 作为测试催化剂催化活性的目标污染物，I-Bi$_2$WO$_6$ 可见光催化降解 BPA 在室温下进行，采用 500 W 氙灯作为光源，并配以 400 nm 截止滤波片。开始实验之前，将 10 mg I-Bi$_2$WO$_6$ 光催化剂加入 30 mL 浓度为 10 mg·L^{-1} 的 BPA 水溶液中，之后在黑暗中搅拌 60 min 保证达到吸附/脱附平衡。接着，在光照和持续搅拌中以固定的时间间隔取样，并立即高速离心，将样品中的催化剂分离出来。BPA 浓度通过高效液相色谱(HPLC)(1260 Infinity，美国安捷伦科技股份有限公司)进行测定，色谱柱为安捷伦 Eclipse XDB-C18 柱(4.6 mm×

150 mm),柱温为 30 ℃。测定 BPA 浓度时,流动相为 50%乙腈和 50%去离子水(含 0.1%甲酸),流速为 0.8 mL·min^{-1},检测波长为 273 nm。降解曲线如图 12.6(a)所示。经过 120 min 可见光照射后,Bi_2WO_6 对应的实验组 BPA 浓度没有发生显著变化,说明 Bi_2WO_6 的可见光催化活性十分有限。而 I-Bi_2WO_6 则均表现出一定的光催化活性,BPA 去除率超过 70%。其中,BWO-I-0.5 的催化活性最高,120 min 后 BPA 几乎被完全去除。此外,BiOI 对照组也具有可见光催化活性,BPA 去除率约为 75%。

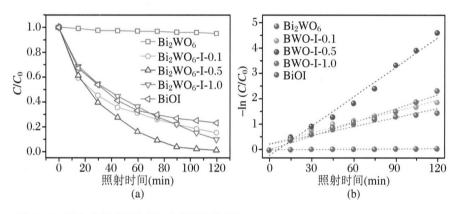

图 12.6　BPA 降解曲线(a)和动力学曲线(b)

为了定量地比较这些催化剂的活性,对 BPA 降解过程进行了动力学拟合。考虑到 BPA 浓度较低,选用准一级动力学模型,计算出的动力学曲线如图 12.6(b)所示。对于准一级动力学模型,动力学曲线的斜率就是对应的动力学常数。因此,各样品对应的动力学常数(k)、通过 BET 法测出的比表面积(S_{BET})和对比表面积进行归一化后的动力学常数(k_S)计算结果如表 12.2 所示。结果表明,尽管 BWO-I-0.5 具有较大的 S_{BET} 数值,但其 k_S 的数值仍然明显高于其他样品,与 BWO-I-0.1、BWO-I-1.0 和 BiOI 相比分别提高了 53%、45% 和 37%,是 Bi_2WO_6 对照组的 50 倍。因此,这一结果充分显示了 BWO-I-0.5 具有出色的光催化性能,且其性能并非来源于比表面积的提升(活性位点的高暴露),而是得益于本征活性的提升,即更高的可见光吸收效率和载流子分离效率。

表 12.2　I-Bi_2WO_6、Bi_2WO_6 和 BiOI 样品的动力学常数、BET 比表面积和比表面积归一化的动力学常数

样品	Bi_2WO_6	BWO-I-0.1	BWO-I-0.5	BWO-I-1.0	BiOI
$k \times 10^3$ (min^{-1})	0.382	14.2	38.4	17.9	11.7
S_{BET} (m^2·g^{-1})	20.9	23.9	42.2	28.6	17.6
k_S (mg·m^{-2}·min^{-1})	0.0183	0.594	0.910	0.626	0.665

12.5.2 稳定性与抗干扰能力

事实上，单纯从降解 BPA 上看，BiOI 也具有不错的性能。然而，BiOI 与 I-Bi_2WO_6 的稳定性则具有很大差异。图 12.7(a) 结果显示，BWO-I-0.5 具有良好的循环稳定性，5 次循环后催化活性仍保持 95% 以上，但 BiOI 循环使用 5 次后催化活性仅剩 80%。此外，有报道指出，很多含硫化合物（尤其是 S^{2-}）会使卤氧化铋很快中毒并失活。因此，考察了 BWO-I-0.5 和 BiOI 在含 S^{2-} 的情况下对 BPA 的降解效果，进行 S^{2-} 干扰实验时，BPA 溶液中再加入 0.01 $mol \cdot L^{-1}$ Na_2S。S^{2-} 的氧化产物 SO_4^{2-} 用离子色谱(IC)进行检测，仪器型号为 ICS-1000（美国戴安有限公司）。测试结果如图 12.7(b) 所示。很显然，当采用 BiOI 作为催化剂时，BPA 的降解几乎被 S^{2-} 完全抑制，在最初的 15 min 内催化剂就已经中毒并失活。而当采用 BWO-I-0.5 作为催化剂时，经过 210 min 可见光照射后仍有超过 90% 的 BPA 被降解。且从降解曲线上看，仅在最初的 60 min 内 BPA 降解速度较慢，随后降解过程开始加速，催化剂的活性也逐渐恢复。通过 IC 检测 BWO-I-0.5 光催化降解 BPA 时体系中 SO_4^{2-} 的浓度变化情况，结果表明最初的 60 min 内 SO_4^{2-} 浓度迅速升高，之后逐渐趋于平缓。这一结果说明，BWO-I-0.5 首先将 S^{2-} 氧化为 SO_4^{2-}，这一阶段内 BPA 降解受到抑制，但催化剂不会中毒和失活，当 S^{2-} 被氧化殆尽后，BPA 的降解过程随之而恢复。

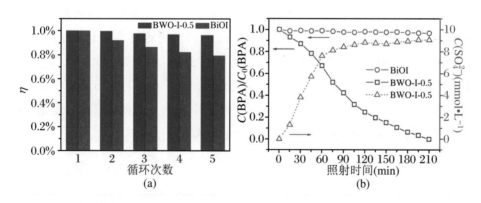

图 12.7　BWO-I-0.5 和 BiOI 样品的循环稳定性(a)和抗 S^{2-} 干扰能力(b)

12.5.3
自由基与主要活性物质

光催化降解有机物在很大程度上依赖于光生空穴的氧化能力和催化剂产生活性氧自由基(ROS)的效率,而本章中各催化剂光生空穴的氧化能力(价带顶势能)远低于 $OH^-/\cdot OH$ 的反应势垒,因此,很显然不能氧化 H_2O 产生 $\cdot OH$。通过电子顺磁共振(EPR)检测了光催化过程中产生的 $\cdot O_2^-$ 和 $\cdot OOH$,使用的捕获剂为5,5-二甲基-1-吡咯啉-N-氧化物(DMPO),$\cdot O_2^-$ 的检测在甲醇相体系中进行,$\cdot OOH$ 的检测在水相体系中进行。如图12.8(a)和(b)所示。图12.8(a)中的等强度四重峰和图12.8(b)中的 1∶2∶1∶2∶1∶2∶1 七重峰分别对应于 DMPO 捕获自由基产生的 $DMPO \cdot O_2^-$ 和 DMPOX。结果表明,BWO-I-0.5 对应的 EPR 信号最强,即光照过程中产生的自由基浓度最高,这也得益于 I 掺杂所带来的光吸收效率和载流子分离效率的提升。此外,通过自由基清除试验来验证各种活性物质 BWO-I-0.5 光催化降解 BPA 过程中发挥的作用,草酸钠($Na_2C_2O_4$)用于清除光生空穴,叔丁醇(TBA)用于清除 $\cdot OH$,抗坏血酸(Ascorbic Acid)用于清除 $\cdot O_2^-$,以及曝 N_2 来去除溶解氧,测试结果如图12.8(c)所示[4]。结果表明,四种清除剂均能不同程度地抑制 BPA 降解。其中 $Na_2C_2O_4$ 的抑制作用明显强于其他清除剂,这表明光生空穴是最主要的活性物质。

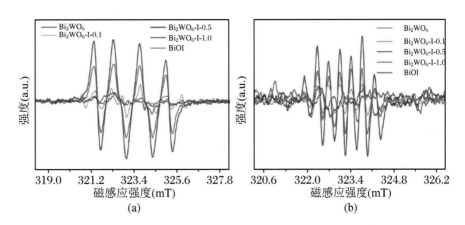

图 12.8 $DMPO \cdot O_2^-$ (a)和 DMPOX 的 EPR 信号(b),以及 BWO-I-0.5 的自由基清除实验结果(c)

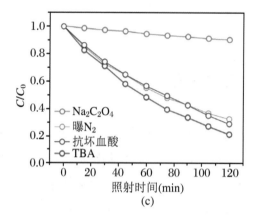

图 12.8(续) DMPO·O_2^-(a)和 DMPOX 的 EPR 信号(b),以及 BWO-I-0.5 的自由基清除实验结果(c)

12.5.4
双酚 A 的降解路径

此外,还通过 GC-MS 检测了 BPA 降解过程中的中间产物,降解过程中间产物通过气相色谱质谱联用系统(GC-MS)来检测,仪器型号为 7890B GC System 和 5977B MDS(美国安捷伦科技股份有限公司),并给出了 BPA 可能的降解路径,如图 12.9 所示。测试结果与前几章类似,故不再赘述。

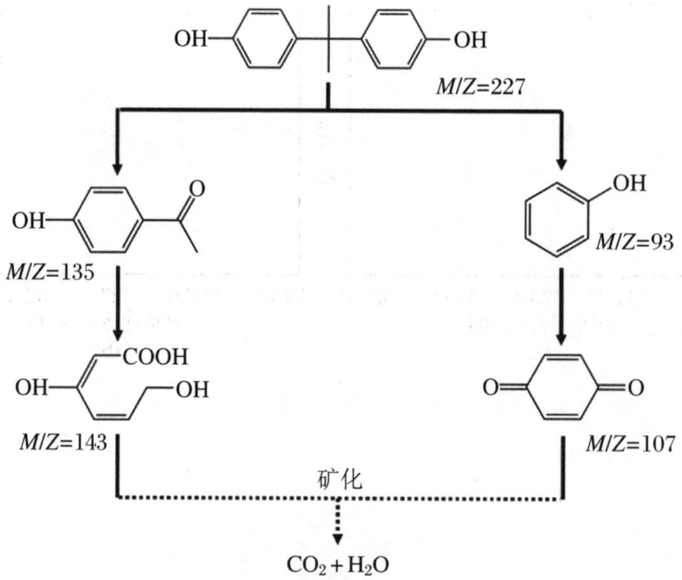

图 12.9 BPA 降解路径示意图

12.5.5
碘掺杂 Bi_2WO_6 纳米片降解双酚 A 的反应机理

基于上述结果,建立了 I-Bi_2WO_6 可见光催化降解 BPA 的反应模型,如图 12.10 所示。尽管机理解析以 BWO-I-0.5 为主要研究对象,但考虑到其与 BWO-I-0.1 和 BWO-I-1.0 的相似性,所得到的结论也是适用于 BWO-I-0.1 和 BWO-I-1.0 两种催化剂的。首先,I 元素的均相掺杂减小了 Bi_2WO_6 催化剂的禁带宽度,使 I-Bi_2WO_6 能够有效吸收可见光。之后,被激发的催化剂中发生了光生电子与空穴的分离,价带空穴作为主要活性物质直接氧化 BPA 分子,同时导带电子活化溶解氧(O_2)产生一系列活性氧自由基,也表现出一定的降解能力。最终,在光生空穴和活性氧自由基的共同作用下,BPA 被逐步降解并矿化为 CO_2 和 H_2O。

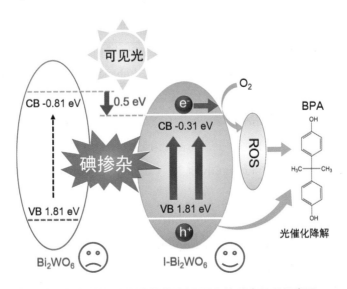

图 12.10 I-Bi_2WO_6 可见光催化降解 BPA 的反应机理示意图

本章通过一步水热法制备了 I-Bi_2WO_6 光催化剂,且 I 元素的掺杂量在一定范围内是可控的。I 元素均匀分布在 Bi_2WO_6 主晶中,并使催化剂本征吸收边发生红移,禁带宽度也相应减小,可见光吸收效率显著上升。此外,I 掺杂也提升了催化剂的载流子分离效率。因此,I-Bi_2WO_6 表现出了良好的可见光催化活性,降解 BPA 的效率最高可达 Bi_2WO_6 的 50 倍。更重要的是,I-Bi_2WO_6 具有良好的稳定性,且能够有效抵抗 S^{2-} 的干扰。在 I-Bi_2WO_6 的光催化过程中,光生空穴是主要的活性物质,而活性氧自由基也发挥一定的作用。本章内容显示了光催化技术在水污染控制领域的应用前景,并为设计和制备可见光驱动的铋基光催化剂纳米材料提供了可靠的思路。

参考文献

[1] Wang C Y, Zhang X, Song X N, et al. Novel $Bi_{12}O_{15}Cl_6$ photocatalyst for the degradation of bisphenol A under visible-light irradiation[J]. ACS Appl. Mater. Interfaces, 2016, 8: 5320-5326.

[2] Wang C Y, Zhang X, Qiu H B, et al. Q. $Bi_{24}O_{31}Br_{10}$ nanosheets with controllable thickness for visible-light-driven catalytic degradation of tetracycline hydrochloride[J]. Appl. Catal. B: Environ., 2017, 205: 615-623.

[3] Wang C Y, Zhang X, Qiu H B, et al. Photocatalytic degradation of bisphenol A by oxygen-rich and highly visible-light responsive $Bi_{12}O_{17}Cl_2$ nanobelts[J]. Appl. Catal. B: Environ., 2017, 200: 659-665.

[4] Wang C Y, Zhang Y J, Wang W K, et al. Enhanced photocatalytic degradation of bisphenol A by Co-doped BiOCl nanosheets under visible light irradiation[J]. Appl. Catal. B: Environ., 2018, 221: 320-328.

[5] Jin X, Ye L, Xie H, et al. Bismuth-rich bismuth oxyhalides for environmental and energy photocatalysis[J]. Coordin. Chem. Rev., 2017, 349: 84-101.

[6] Ye L, Liu J, Gong C, et al. Two different roles of metallic Ag on Ag/AgX/BiOX (X = Cl, Br) visible light photocatalysts: surface plasmon resonance and Z-scheme bridge[J]. ACS Catal., 2012, 2: 1677-1683.

[7] Jia X, Cao J, Lin H, et al. Transforming type-I to type-II heterostructure photocatalyst via energy band engineering: a case study of I-BiOCl/I-BiOBr [J]. Appl. Catal. B: Environ., 2017, 204: 505-514.

[8] Sheng, J, Li X, Xu Y. Generation of H_2O_2 and OH radicals on Bi_2WO_6 for phenol degradation under visible light[J]. ACS Catal., 2014, 4: 732-737.

[9] Li R, Han H, Zhang F, et al. Highly efficient photocatalysts constructed by rational assembly of dual-cocatalysts separately on different facets of $BiVO_4$ [J]. Energy Environ. Sci., 2014, 7: 1369-1376.

[10] Li J, Li H, Zhan G, et al. Solar water splitting and nitrogen fixation with

layered bismuth oxyhalides[J]. Acc. Chem. Res., 2017, 50: 112-121.

[11] Ye L, Su Y, Jin X, et al. Recent advances in BiOX (X = Cl, Br and I) photocatalysts: synthesis, modification, facet effects and mechanisms[J]. Environ. Sci.: Nano, 2014, 1: 90-112.

[12] Xu J, Wang W, Sun S, et al. Enhancing visible-light-induced photocatalytic activity by coupling with wide-band-gap semiconductor: A case study on Bi_2WO_6/TiO_2[J]. Appl. Catal. B: Environ., 2012, 111-112: 126-132.

[13] Tong H, Ouyang S, Bi Y, et al. Nano-photocatalytic materials: possibilities and challenges[J]. Adv. Mater., 2012, 24: 229-251.

[14] Di J, Xia J, Ge Y, et al. Novel visible-light-driven $CQDs/Bi_2WO_6$ hybrid materials with enhanced photocatalytic activity toward organic pollutants degradation and mechanism insight[J]. Appl. Catal. B: Environ., 2015, 168-169: 51-61.

[15] Di J, Xia J, Ji M, et al. New insight of Ag quantum dots with the improved molecular oxygen activation ability for photocatalytic applications[J]. Appl. Catal. B: Environ., 2016, 188: 376-387.

[16] Sun Z, Guo J, Zhu S, et al. A high-performance Bi_2WO_6-graphene photocatalyst for visible light-induced H_2 and O_2 generation[J]. Nanoscale, 2014, 6: 2186-2193.

[17] Zhu S H, Xu T G, Fu H B, et al. Synergetic effect of Bi_2WO_6 photocatalyst with C_{60} and enhanced photoactivity under visible irradiation[J]. Environ. Sci. Technol., 2007, 41: 6234-6239.

[18] Yu H, Liu R, Wang X, et al. Enhanced visible-light photocatalytic activity of Bi_2WO_6 nanoparticles by Ag_2O cocatalyst[J]. Appl. Catal. B: Environ., 2012, 111-112: 326-333.

[19] Tian J, Sang Y, Yu G, et al. A Bi_2WO_6-based hybrid photocatalyst with broad spectrum photocatalytic properties under UV, visible, and near-infrared irradiation[J]. Adv. Mater., 2013, 25: 5075-5080.

[20] Tian Y, Chang B, Lu J, et al. Hydrothermal synthesis of graphitic carbon nitride-Bi_2WO_6 heterojunctions with enhanced visible light photocatalytic activities[J]. ACS Appl. Mater. Interfaces, 2013, 5: 7079-7085.

[21] Ju P, Wang P, Li B, et al. A novel calcined $Bi_2WO_6/BiVO_4$ heterojunction photocatalyst with highly enhanced photocatalytic activity[J]. Chem. Eng. J.,, 2014, 236: 430-437.

[22] Xiang Y, Ju P, Wang Y, et al. Chemical etching preparation of the Bi_2WO_6/BiOI p-n heterojunction with enhanced photocatalytic antifouling activity under visible light irradiation[J]. Chem. Eng. J., 2016, 288: 264-275.

[23] Xu X, Su C, Zhou W, et al. Co-doping strategy for developing perovskite oxides as highly efficient electrocatalysts for oxygen evolution reaction[J]. Adv. Sci., 2016, 3: 1500187-1500192.

[24] Liu G, Wang L, Yang H G, et al. Titania-based photocatalysts-crystal growth, doping and heterostructuring[J]. J. Mater. Chem., 2010, 20: 831-843.

[25] Shmychkova O, Luk'yanenko T, Yakubenko A, et al. Electrooxidation of some phenolic compounds at Bi-doped PbO_2[J]. Appl. Catal. B: Environ., 2015, 162: 346-351.

[26] Zhong X, Sun Y, Chen X, et al. Mo doping induced more active sites in urchin-like $W_{18}O_{49}$ nanostructure with remarkably enhanced performance for hydrogen evolution reaction[J]. Adv. Funct. Mater., 2016, 26: 5778-5786.

[27] Li J, Zhao K, Yu Y, et al. Facet-level mechanistic insights into general homogeneous carbon doping for enhanced solar-to-hydrogen conversion[J]. Adv. Funct. Mater., 2015, 25: 2189-2201.

[28] Tao J, Luttrell T, Batzill M. A two-dimensional phase of TiO_2 with a reduced bandgap[J]. Nat. Chem., 2011, 3: 296-300.

[29] Hoye R L Z, Lee L C, et al. Strongly enhanced photovoltaic performance and defect physics of air-stable bismuth oxyiodide (BiOI)[J]. Adv. Mater., 2017, 29: 1702176-1702185.

[30] Liu C, Zhang D. BiOI nanobelts: synthesis, modification, and photocatalytic antifouling activity[J]. Chem. Eur. J., 2015, 21: 1-10.

[31] Yue D, Zhang T, Kan M, et al. Highly photocatalytic active thiomolybdate $[Mo_3S_{13}]^{2-}$ clusters/BiOBr nanocomposite with enhanced sulfur tolerance[J]. Appl. Catal. B: Environ., 2016, 183: 1-7.

[32] Li C, Chen G, Sun J, et al. Construction of Bi_2WO_6 homojunction via QDs self-decoration and its improved separation efficiency of charge carriers and photocatalytic ability[J]. Appl. Catal. B: Environ., 2014, 160-161: 383-389.